南秀全初等数学系列

极值与最值

(中卷)

南秀全 编著

◎ 代数极值问题

◎ 三角函数的极值问题

◎ 平面几何极值问题

◎ 解析几何中的极值问题

◎ 复合函数的极值问题

◎ 离散量的最大值与最小值问题

哈尔滨工业大学出版社

HARBIN INSTITUTE OF TECHNOLOGY PRESS

内容简介

本书共分 6 章. 分别介绍了代数、三角函数的极值问题,以及平面几何与解析几何中的极值问题. 并对复合函数的极值问题及离散量的最大值与最小值问题进行了阐述.

本书适合中学师生及广大数学爱好者阅读学习.

图书在版编目(CIP)数据

极值与最值. 中卷/南秀全编著. -- 哈尔滨:哈尔滨工业大学出版社,2015.6
ISBN 978 - 7 - 5603 - 5409 - 5

Ⅰ.①极… Ⅱ.①南… Ⅲ.①极值(数学)
Ⅳ.①O172

中国版本图书馆 CIP 数据核字(2015)第 117102 号

策划编辑　刘培杰　张永芹
责任编辑　张永芹　李　欣
封面设计　孙茵艾
出版发行　哈尔滨工业大学出版社
社　　址　哈尔滨市南岗区复华四道街 10 号　邮编 150006
传　　真　0451 - 86414749
网　　址　http://hitpress. hit. edu. cn
印　　刷　哈尔滨市石桥印务有限公司
开　　本　787mm × 960mm　1/16　印张 21.75　字数 223 千字
版　　次　2015 年 6 月第 1 版　2015 年 6 月第 1 次印刷
书　　号　ISBN 978 - 7 - 5603 - 5409 - 5
定　　价　38.00 元

目录

1

代数极值问题

在这一章里,我们将系统地介绍初中代数中所涉及的有关极值问题的类型与解法.

3.1 一次函数的最值

一次函数 $y = kx + b(k \neq 0)$ 在其定义域(全体实数)内是无最值的,但若对 x 的取值范围加以限制(或约束)条件,一次函数就有最值了. 下面对函数

$$y = kx + b(k \neq 0) \qquad (*)$$

的最值先做一般性的讨论.

1. 令 $n \leqslant x \leqslant m$,对于式($*$)就有

当 $k > 0$ 时,$y_{\max} = km + b$,$y_{\min} = kn + b$,即如图 3.1 所示.

当 $k < 0$ 时,$y_{\max} = kn + b$,$y_{\min} = km + b$,即如图 3.2 所示.

2. 令 $n \leqslant x < +\infty$,对于式($*$)就有

当 $k > 0$ 时,y 无最大值,y 有最小值

$y_{\min} = kn + b$,如图 3.3 所示.

当 $k < 0$ 时,y 有最大值 $y_{\max} = kn + b$,y 无最小值,即如图 3.4 所示.

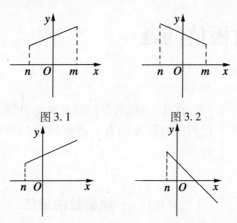

图 3.1　　　　　　　图 3.2

图 3.3　　　　　　　图 3.4

3. 令 $-\infty < x < m$,对于式(*)就有

当 $k > 0$ 时,y 有最大值 $y_{\max} = km + b$,y 无最小值,即如图 3.5 所示.

当 $k < 0$ 时,y 无最大值,y 有最小值 $y_{\min} = km + b$,即如图 3.6 所示.

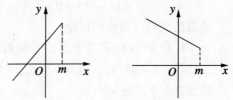

图 3.5　　　　　　　图 3.6

　　由 1,2,3 可知,若 x 定义在闭区间时,函数有最大值和最小值;若 x 定义在半开半闭区间时,函数有最大值或最小值;若 x 定义在开区间时,函数既无最大值又无最小值. 因此,求一次函数的最值,关键就是要找出

自变量的取值范围. 而面积的最大值或最小值, 一般地, 指函数图像之间或坐标轴所构成的平面区域.

例 1　已知 $|x+1|+|3-x|=4$, 求 $y=2x-1$ 的最值 v.

解　由已知 $|x+1|+|3-x|=4$ 可求得 $-1 \leqslant x \leqslant 3$. 又 $k=2>0$, 所以, 当 $x=3$ 时, y 有最大值 $y_{\max}=5$. 当 $x=-1$ 时, y 有最小值 $y_{\min}=-3$.

说明　此题函数自变量的取值范围已明确给出, 下面一例自变量的取值范围隐含在题给的条件中, 必须首先挖掘出来.

例 2　已知关于 x 的方程 $x^2+x-t=0$ 有两个实数根, 设方程两根的立方和为 S, 则 S 的最大值或最小值是多少?

解　设方程 $x^2+x-t=0$ 的两根为 x_1, x_2, 则由韦达定理得

$$x_1+x_2=-1, x_1 x_2=-t$$

所以

$$S = x_1^3+x_2^3 = (x_1+x_2)\left[(x_1+x_2)^2-3x_1 x_2\right]$$
$$= -3t-1$$

要使方程 $x^2+x-t=0$ 有实根, 则

$$\Delta = 1+4t \geqslant 0$$

所以

$$t \geqslant -\frac{1}{4}$$

故当 $t=-\dfrac{1}{4}$ 时, S 有最大值为

$$-3 \times \left(-\frac{1}{4}\right)-1 = -\frac{1}{4}$$

例 3(1989 年上海市初三数学竞赛题)　已知三个非负数 a, b, c 满足条件 $3a+2b+c=5, 2a+b-3c=1$. 记 $S=3a+b-7c$ 的最大值为 M, 最小值为 m, 则 M 与 m 之积 $Mm=$ _____.

3

解 由 $3a + 2b + c = 5, 2a + b - 3c = 1$ 易解得

$$a = 7c - 3, b = 7 - 11c$$

因为 $\qquad a \geqslant 0, b \geqslant 0, c \geqslant 0$

所以 $\qquad 7c - 3 \geqslant 0, 7 - 11c \geqslant 0$

则 $\qquad \dfrac{3}{7} \leqslant c \leqslant \dfrac{7}{11}$

因此

$$\begin{aligned}
S &= 3a + b - 7c \\
&= 3(7c - 3) + 7 - 11c - 7c \\
&= 3c - 2
\end{aligned}$$

故 $\qquad -\dfrac{5}{7} \leqslant 3c - 2 \leqslant -\dfrac{1}{11}$

即 $\qquad -\dfrac{5}{7} \leqslant S \leqslant -\dfrac{1}{11}$

故 $\qquad Mm = \left(-\dfrac{5}{7}\right)\left(-\dfrac{1}{11}\right) = \dfrac{5}{77}$

例 4 对于每个实数 x,设 $f(x)$ 取 $4x + 1$,$x + 2$,$-\dfrac{4}{7}x + 4$ 三个函数值中的最小值(图 3.7),那么 $f(x)$ 的最大值是多少?

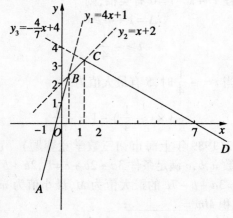

图 3.7

4

分析　首先应理解"对于每个实数 x,设 $f(x)$ 取 $4x+1, x+2, -\dfrac{4}{7}x+4$ 三个函数值中的最小值"的含意. 不妨取 $x=-1$,这时 $4x+1=-3, x+2=1, -\dfrac{4}{7}x+4=4\dfrac{4}{7}$,所以取 $4x+1$ 对应的函数值,即 $f(-1)=3$,从图 3.7 来看,$x=-1$ 所对应的三点 $(-1,-3)$,$(-1,1)$,$(-1,4\dfrac{4}{7})$ 中应取其最低点 $(-1,-3)$ 的函数值. 由于 $y_1=4x+1, y_2=x+2, y_3=-\dfrac{4}{7}x+4$ 表示三条直线,因此,对每一个 x 值,应取三条直线上对应的三点中的最低点的函数值.

解　令 $y_1=4x+1, y_2=x+2, y_3=-\dfrac{4}{7}x+4$. 在同一直角坐标系中,作出这三个函数的图像,如图 3.7. 因此函数 $f(x)$ 的图像是实折线 $AB-BC-CD$. 显然在点 C 达到最大值. 解方程组

$$\begin{cases} y=x+2 \\ y=-\dfrac{4}{7}x+4 \end{cases}$$

得 $\begin{cases} x=1\dfrac{3}{11} \\ y=3\dfrac{3}{11} \end{cases}$

即当 $x=1\dfrac{3}{11}$ 时,$f(x)$ 的值最大为 $3\dfrac{3}{11}$.

例 5　求直线 $y=px, (1-p^2)y=2p(x-a)$ 与 x 轴

围成的部分,当 p 取什么值时面积最大? 最大值是多少? (其中 $a>0,p\neq0$)

解 易知直线 $y=px$ 经过原点,直线 $(1-p^2)y=2(p-a)$ 经过定点 $(a,0)$,所以,这两条直线与 x 轴所围成的区域一定是一个三角形且这个三角形的一条边长为 a,因此,只要求出 a 边上的高即可.

由于 a 边上的高即为两直线交点中的纵坐标,因此,解方程组

$$\begin{cases} y=px \\ (1-p^2)y=2p(x-a) \end{cases}$$

得

$$y=\frac{2py}{1+p^2}$$

若设三角形面积为 S,则

$$S=\frac{1}{2}a\left|\frac{2py}{1+p^2}\right|=\frac{1}{2}\cdot a\cdot\frac{2a|p|}{1+p^2}$$

即　　$(1+p^2)S=|p|a^2,\ Sp^2-a^2|p|+S=0$

因为 $p\neq0$,所以

$$\Delta=a^4-4S^2\geq0$$

所以　　　　$(a^2-2S)(a^2+2S)\geq0$

但 $a^2+2S>0$,所以

$$a^2-2S\geq0,\ S\leq\frac{a^2}{2}$$

这就是说,三角形面积 S 的最大值为 $\dfrac{a^2}{2}$,此时可解得 $p=\pm1$,其图像如图 3.8 所示.

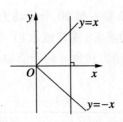

图 3.8

下面再看看几个应用方面的问题.

例 6(1990 年第 1 届希望杯数学邀请赛初一试题)　两辆汽车从同一地点同时出发,沿同一方向同速直线行驶,每车最多只能带 24 桶汽油,途中不能用别的油,每桶油可使一车前进 60 km,两车都必须返回出发地点,但是可以不同时返回,两车相互可借用对方的油. 为了使其中一辆车尽可能地远离出发地点,另一辆车应当在离出发地点多少千米的地方返回? 离出发地点最远的那辆车一共行驶了多少千米?

解　设甲前行用了 x 桶油,即返回,则甲给乙 $(24-x)$ 桶汽油. 乙继续前行,携 $(24-2x)+(24-x)=48-3x$ 桶汽油. 依题意应有

$$48-3x \leqslant 24$$

所以　　　　　　　　　　$x \geqslant 8$

甲、乙分手后,乙继续前行的路程是

$$S(x)=\frac{(24-2x)+(24-2x)}{2} \times 60$$

$$=30(48-4x)$$

故 $x=8$ 时,$S(x)$ 最大值为

$$S(8)=480(\text{km})$$

因此,乙车共行路是

$$2 \times \left[60x+480\right]_{x=8}=1\,920(\text{km})$$

7

例7 生产队要安排20个劳动力来耕种50亩土地,这些地可以种蔬菜、棉花或水稻. 如果种这些农作物地所需要的劳动力和预计的产值如表1:

表1

	每亩需要劳动力/人	每亩预计产值/元
蔬菜	$\dfrac{1}{2}$	110
棉花	$\dfrac{1}{3}$	75
水稻	$\dfrac{1}{4}$	60

怎样安排才能使土地都种上作物,所有劳动力都有工作,而农作物的预计总产值最高.

解 设种蔬菜、棉花、水稻的土地分别为 $x, y,$ z 亩,预计总产值为 w 元. 依题意有

$$\begin{cases} x + y + z = 50 & (1) \\ \dfrac{x}{2} + \dfrac{y}{3} + \dfrac{z}{4} = 20 & (2) \\ w = 110x + 75y + 60z & (3) \end{cases}$$

又 $x, y, z \geqslant 0$,由式(2)得

$$6x + 4y + 3z = 240 \qquad (4)$$

式(4) $-$ (1) $\times 3$ 得

$$3x + y = 90$$

所以

$$y = 90 - 3x \qquad (5)$$

(4) $-$ (1) $\times 4$ 得

$$2x - y = 40$$

所以

$$z = 2x - 40 \tag{6}$$

由 $90 - 3x \geqslant 0, 2x - 40 \geqslant 0$ 得 $20 \leqslant x \leqslant 30$.

再把式(5),(6)代入式(3)得

$$w = 5x + 4\ 350$$

所以,当 $x = 30$ 时

$$w_{max} = 5 \times 30 + 4\ 350 = 4\ 500$$

此时 $y = 0, z = 20$.

所以,应当种 30 亩地蔬菜,20 亩的水稻,才能使所有的劳动力都有工作且总产值最高.

例 8(1960 年上海市高三数学竞赛题) 有两个面粉厂供应三个居民区面粉,第一个面粉厂月产 60 t,第二个面粉厂月产 100 t;第一个居民区每月需 45 t,第二个居民区每月需 75 t,第三个居民区每月需 40 t. 第一个面粉厂与三个居民区供应站的距离依次是 10 km,5 km,6 km,第二个面粉厂与三个居民区供应站的距离依次是 4 km,8 km,15 km,问怎样分配面粉,才能使运输最经济?

解法 1 设第一个面粉厂运给第一个居民区供应站的面粉是 x t,运给第二个居民区供应站的面粉是 y t,因为供需平衡,其他的运输情况可推出如图 3.9 所示. 若以 t,km 为单位,则运输总量为

$$S = 10x + 5y + 6(60 - x - y) + 4(45 - x) +$$
$$8(75 - y) + 15(x + y - 20)$$
$$= 15x + 6y + 840$$

9

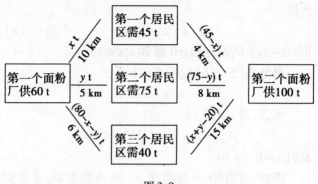

图 3.9

因 $0 \leqslant x \leqslant 45, 0 \leqslant y \leqslant 60$ 及 $20 \leqslant x+y \leqslant 60$. 故有

$$S = 9x + 6(x+y) + 840 \geqslant 9x + 960$$

所以,当 $x=0$ 时,S 有最小值 960. 此时,再看运输总量

$$S = 15x + 6y + 840$$

y 越小,S 越小. 但因 $x+y \geqslant 20$,现 $x=0$,所以 $y \geqslant 20$,当 $y=20$ 时,S 最小.

故所求运输总量最小的运输方案,可列表如下表 2:

表 2

需 供	第一个 居民区	第二个 居民区	第三个 居民区	总供量
第一个面粉厂	0	20	40	60
第二个面粉厂	45	55	0	100
总需量	45	75	40	160

解法 2 先把题中已知条件列成一产销平衡表与

10

运价表(表3):

表3

发点	收点			发量/t
	第一个居民区	第二个居民区	第三个居民区	
第一个面粉厂	$10x_{11}$	$5x_{12}$	$6x_{13}$	60
第二个面粉厂	$4x_{21}$	$8x_{22}$	$15x_{23}$	100
收量/t	45	75	40	160

设第一个面粉厂运给三个居民区 x_{11}, x_{12}, x_{13} t 面粉. 第二个面粉厂运给三个居民区 x_{21}, x_{22}, x_{23} t 面粉. 则

$$\begin{cases} x_{11} + x_{12} + x_{13} = 60 & (7) \\ x_{21} + x_{22} + x_{23} = 100 & (8) \\ x_{11} + x_{21} = 45 & (9) \\ x_{12} + x_{22} = 75 & (10) \\ x_{13} + x_{23} = 40 & (11) \\ x_{ij} \geqslant 0 \quad (i = 1,2; j = 1,2,3) & (12) \end{cases}$$

这是限制条件.

总的运费为

$$C = 10x_{11} + 5x_{12} + 6x_{13} + 4x_{21} + 8x_{22} + 15x_{23}$$

这是目标函数,是一个含六个变量的一次(线性)函数. 从式(9),(10)可得

$$x_{21} = 45 - x_{11}, \quad x_{22} = 75 - x_{12}$$

从式(7),(11)可得

$$x_{13} = 60 - x_{11} - x_{12}$$

$$x_{23} = 40 - x_{13} = 40 - 60 + x_{11} + x_{12} = x_{11} + x_{12} - 20$$

代入目标函数

$$C = 10x_{11} + 5x_{12} + 6(60 - x_{11} - x_{12}) + 4(45 - x_{11}) +$$
$$8(75 - x_{12}) + 15(x_{11} + x_{12} - 20)$$
$$= 15x_{11} + 6x_{12} + 840$$
$$= 9x_{11} + 6(x_{11} + x_{12}) + 840$$

因为 $\quad\quad\quad\quad x_{23} = x_{11} + x_{12} - 20 \geqslant 0$

所以 $\quad\quad\quad\quad x_{11} + x_{12} \geqslant 20$

所以

$$C = 9x_{11} + 6(x_{11} + x_{12}) + 840$$
$$\geqslant 9x_{11} + 6 \times 20 + 840$$
$$= 9x_{11} + 960$$
$$\geqslant 960$$

当 $x_{11} = 0, x_{12} = 20, x_{13} = 60 - x_{11} - x_{12} = 40, x_{21} = 45 - x_{11} = 45, x_{22} = 75 - x_{12} = 55, x_{23} = x_{11} + x_{12} - 20 = 0$ 时,$C_{\min} = 960$.

说明 这类利用线性函数(目标函数)解决的极值问题称为线性规划问题.它是近代数学"规划论"的一个重要分支.例 7 是其中一个简单的问题.像上面式(7)~(12)这种把实际问题中的各种限制条件,用线性不等式或等式分别表示出来,我们称它为约束条件,其中 S 叫作目标函数.这种寻求在约束条件下能达到目标的最优方案的数学方法,就叫作线性规则.所以,线性规则问题实际上是寻求最优解的问题.它的应用是十分广泛的,在后面本书有专门的章节作介绍.

习 题

1.(1991 年太原市初中数学竞赛题)当 $x \geqslant -2$ 时,函数 $y = -\dfrac{1}{2}x + 3$ ( ).

A. 有最大值和最小值

B. 有最大值,无最小值

C. 无最大值,有最小值

D. 无最大值也无最小值

2.(1989 年南昌市初中数学竞赛题)若 $x+y+z=30, 3x+y-z=50, x, y, z$ 都是非负数,则 $M=5x+4y+2z$ 的取值范围是(　　).

A. $100 \leqslant M \leqslant 110$　　　　B. $110 \leqslant M \leqslant 120$

C. $120 \leqslant M \leqslant 130$　　　　D. $130 \leqslant M \leqslant 140$

3. 已知 x, y, z 是非负数,且满足条件

$$x = 3 - 3y - 2z = \frac{4}{3} - y - \frac{1}{3}z$$

求 $w = 2x + 3y + 4z$ 的最大值与最小值.

4.(1987 年南昌市初中数学竞赛题)平面直角坐标系上有点 $P(-1, 2)$,点 $Q(4, 2)$.取点 $R(1, m)$,试求当 m 为何值时,$PR + RQ$ 有最小值.

5. 甲、乙两工厂生产的布匹要分配给 A, B 两个销售点. 甲厂年产 10 万匹,乙厂年产 8 万匹,这两个工厂到销售点的距离以及两销售点的实际需要量是(表 4):

表 4

	甲厂到销售点的距离	乙厂到销售点的距离	布匹销售量
A 销售点	12 km	4 km	6 万匹
B 销售点	10 km	10 km	12 万匹

如果每万匹每千米运费是 9 元,这两个厂各供应 A, B 两销售点多少布匹才使运费最省? 最省的费用是多少?

13

6. 设 $x \geqslant 0, y \geqslant 0, z \geqslant 0, p = -3x + y + 2z, q = x - 2y + 4z, x + y + z = 1$. 试求满足上述条件的点 (p,q) 的取值范围.

3.2 一次式绝对值函数的最值

若干个一次式绝对值的代数和图像为折线. 因一次函数 $y = ax + b$ 当 $a > 0$ 时为增函数,$a < 0$ 时为减函数,而折线函数可仿定义在闭区间上一次函数的方法处理,故它的最大值在转折点或端点上取到.

例 1(1983 年第 1 届美国数学邀请赛试题) 设 $f(x) = |x - p| + |x - 15| + |x - p - 15|$. 其中 $0 < p < 15$. 试求:对于区间 $p \leqslant x \leqslant 15$ 中的 x,求 $f(x)$ 的最小值.

解 由题设 $p \leqslant x \leqslant 15$ 及 $p > 0$,所以 $p + 15 \geqslant x$,于是有

$$f(x) = x - p + 15 - x + p + 15 - x = 30 - x$$

由 $x \leqslant 15$ 得

$$f(x) = 30 - x \geqslant 30 - 15 = 15$$

所以,当 $x = 15$ 时,$f(x)$ 的最小值为 15.

例 2 求函数 $y = \sqrt{(x-1)^2} + |x + 4| - 9$ 的最值.

解 原式可化为 $y = |x - 1| + |x + 4| - 9$.

当 $x < -4$ 时,$y = -(x - 1) - (x + 4) - 9 = -2x - 12$;

当 $-4 \leqslant x \leqslant 1$ 时,$y = -(x - 1) + (x + 4) - 9 = -4$;

14

当 $x > 1$ 时, $y = 2x - 6$.

画出此函数的图像,由图 3.10 可以看出,当 x 取 $-4 \leqslant x \leqslant 1$ 内的任意一个值时,均有 $y_{\min} = -4$.

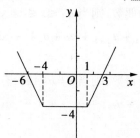

图 3.10

说明　用"分范围消去绝对值",再由一次函数图像(折线段)获解,这是解含有两个或两个以上绝对值问题的常用方法.

例 3(1985 年上海市初中数学竞赛题)　设 $a < b < c$,则函数 $y = |x - a| + |x - b| + |x - c|$ 的最小值是多少?

解法 1　由于 x 为任意实数,所以 y 无最大值. 因折线函数如有最大(小)值,必在转折点或端点处取到. 比较

$$f(a) = b + c - 2a, f(b) = c - a, f(c) = 2(-a - b)$$

知

$$y_{\min} = f(b) = c - a$$

解法 2　y 的几何意义是点 x 到点 a、点 b、点 c 的距离之和,故 y 无最大值. 欲使 y 最小,点 x 必在 $[a, c]$ 内,且只有当 $x = b$ 时

$$y = |b - a| + |b - b| + |b - c|$$
$$\leqslant |x - a| + |x - b| + |x - c|$$

即当 $x = b$ 时, $y_{\min} = c - a$.

一般地,关于含一次式绝对值的函数有如下定理:

定理 1 设 $a_1 < a_2 < \cdots < a_n$,那么函数

$$y = |x - a_1| + |x - a_2| + \cdots + |x - a_n|$$

(1)若 n 为偶数,则当 $a_{\frac{n}{2}} \leqslant x \leqslant a_{\frac{n}{2}+1}$ 时,有

$$y_{\min} = (a_{\frac{n}{2}+1} + a_{\frac{n}{2}+2} + \cdots + a_n) - (a_{\frac{n}{2}} + \cdots + a_2 + a_1);$$

(2)若 n 为奇数,则当 $x = a_{\frac{n+1}{2}}$ 时,有

$$y_{\min} = (a_{\frac{n+3}{2}} + a_{\frac{n+5}{2}} + \cdots + a_n) - (a_{\frac{n+1}{2}} + \cdots + a_2 + a_1).$$

为了证明这一定理,先证一个引理.

引理 1 设 $a_1 < a_2$,则函数 $f(x) = |x - a_1| + |x - a_2|$,当 $x \in [a_1, a_2]$ 时,有最小值 $f_{\min} = a_2 - a_1$.

证明 设数轴上点 P, A, B 的坐标分别为 x, a_1, a_2,则 $|PA| = |x - a_1|$,$|PB| = |x - a_2|$,则问题转化为求 $|PA| + |PB|$ 的最小值. 显然,当点 P 在 A, B 两点中间时,即当 $x \in [a_1, a_2]$ 时,y 有最小值,其最小值为 $a_2 - a_1$.

下面再来证明前面的定理.

(1)若 $n = 2k (k \in \mathbf{Z})$ 时:

当 $x \in [a_1, a_n]$ 时,$|x - a_1| + |x - a_n|$ 有最小值 $a_n - a_1$;

当 $x \in [a_2, a_{n-1}]$ 时,$|x - a_2| + |x - a_{n-1}|$ 有最小值 $a_{n-1} - a_2$;

……

当 $x \in [a_{\frac{n}{2}}, a_{\frac{n}{2}+1}]$ 时,$|x - a_{\frac{n}{2}}| + |x - a_{\frac{n}{2}+1}|$ 有最小值 $a_{\frac{n}{2}+1} - a_{\frac{n}{2}}$.

所以,当 $x \in [a_1, a_n] \cap [a_2, a_{n-1}] \cap \cdots \cap [a_{\frac{n}{2}},$

$a_{\frac{n}{2}+1}$]时

$$y_{\min} = (a_n - a_1) + (a_{n-1} - a_2) + \cdots + (a_{\frac{n}{2}+1} - a_{\frac{n}{2}})$$

$$= \sum_{i=\frac{n}{2}+1}^{n} a_i - \sum_{i=1}^{\frac{n}{2}} a_i$$

(2)若 $n = 2k+1 (k \in \mathbf{Z})$ 时,同样可证得:

当 $x = a_{\frac{n+1}{2}}$ 时

$$y_{\min} = \sum_{i=\frac{n+3}{2}}^{n} a_i - \sum_{i=1}^{\frac{n-1}{2}} a_i$$

由定理,我们得到下述推论:

推论 1　已知函数 $f(x) = |x-1| + |x-2| + \cdots + |x-n|$,则:

(1)当 n 为奇数时,$f_{\min} = \dfrac{n^2-1}{4}$;

(2)当 n 为偶数时,$f_{\min} = \dfrac{n^2}{4}$.

推论 2　设 $a_1 < a_2 < \cdots < a_n$,若 m 为函数 $f(x) = |x-a_1| + |x-a_2| + \cdots + |x-a_n|$ 的最小值,则方程 $|x-a_1| + |x-a_2| + \cdots + |x-a_n| = m$ 的解为:

(1)当 n 为奇数时,$x = a_{\frac{n+1}{2}}$;

(2)当 n 为偶数时,$a_{\frac{n}{2}} \leqslant x \leqslant a_{\frac{n}{2}+1}$.

推论 3　设 $a_1 < a_2 < \cdots < a_n$,若 m 是函数 $f(x) = |x-a_1| + |x-a_2| + \cdots + |x-a_n|$ 的最小值,则不等式 $|x-a_1| + |x-a_2| + \cdots + |x-a_n| > m$ 的解集为:

(1)当 n 为奇数时,$x \neq a_{\frac{n+1}{2}}$;

(2)当 n 为偶数时,$x < a_{\frac{n}{2}}$ 或 $x > a_{\frac{n}{2}+1}$.

上述结论,在解某些含有绝对值的最值,方程或不等式有关问题,有着广泛的应用.

例4(1989年北京市高一数学竞赛题) 设 x 是实数,且 $f(x) = |x+1| + |x+2| + |x+3| + |x+4| + |x+5|$,求 $f(x)$ 的最小值.

解 因为 $f(x) = |x-(-5)| + |x-(-4)| + |x-(-3)| + |x-(-2)| + |x-(-1)|$. 故由定理知,$f(x)$ 的最小值是 $f(x)_{\min} = f(-3) = 6$.

例5(1987年全国初中数学联赛题) 在一直线上已知四个不同的点依次是 A,B,C,D,那么到 A,B,C,D 的距离之和为最小的点( ).

A.可以是直线 AD 外某一点

B.只是点 B 或点 C

C.只是线段 AD 的中点

D.有无穷多个

解 因为"两点之间线段最短",故所求点应在直线 AD 上.设所求点和 A,B,C,D 依次对应于数轴上的数 x,a,b,c,d. 显然按题设有 $a<b<c<d$. 于是问题转化为求函数 $f(x) = |x-a| + |x-b| + |x-c| + |x-d|$ 取最小值时的 x. 由定理知,这样的 x 对应于线段 BC 上任意一点,故满足条件的点有无数个. 从而答案为 D.

例6(1985年广州、武汉、福州三市初中数学联赛题) 已知 $|x-1| + |x-5| = 4$,则 x 的取值范围是( ).

A. $1 \leqslant x \leqslant 5$ B. $x \leqslant 1$

C. $x \geqslant 5$ D. $1 < x < 5$

解 由定理知,函数 $f(x) = |x-1| + |x-5|$ 的最小值是4,再根据推论2知方程 $|x-1| + |x-5| = 4$ 的解是 $1 \leqslant x \leqslant 5$. 故应选 A.

例 7　解方程 $|x-1|+|x-3|+|x-5|+|x+2|+$ $|x+5|+|x+8|=10$.

解　因为 $-8<-5<-2<1<3<5$,所以当 $-2\leqslant$ $x\leqslant1$ 时,$|x-1|+|x-3|+|x-5|+|x+2|+|x+5|+$ $|x+8|$ 的最小值为 $(5+3+1)-(-8-5-2)=24$. 故原方程无解.

例 8(1959 年第 1 届 IMO 试题)　对于 x 的哪些实数值,下列等式成立

$$\sqrt{x+\sqrt{2x-1}}+\sqrt{x-\sqrt{2x-1}}=\sqrt{2} \qquad (1)$$

$$\sqrt{x+\sqrt{2x-1}}+\sqrt{x-\sqrt{2x-1}}=1 \qquad (2)$$

解　原方程(1)可化为

$$\frac{1}{\sqrt{2}}(|\sqrt{2x-1}+1|+|\sqrt{2x-1}-1|)=\sqrt{2}$$

即　$|\sqrt{2x-1}+1|+|\sqrt{2x-1}-1|=2 \quad (x\geqslant\frac{1}{2})$

由定理知,当 $0\leqslant\sqrt{2x-1}\leqslant1$ 时,$|\sqrt{2x-1}+1|+$ $|\sqrt{2x-1}-1|$ 有最小值 2,故 $\frac{1}{2}\leqslant x\leqslant1$.

对于方程(2),因为

$$|\sqrt{2x-1}+1|+|\sqrt{2x-1}-1|=\sqrt{2}$$

而

$$|\sqrt{2x-1}+1|+|\sqrt{2x-1}-1|$$

在 $\frac{1}{2}\leqslant x\leqslant1$ 时,有最小值 2,故没有这样的实数 x 使方程(2)成立.

例 9　解下列不等式

$$|x+2|+|x-4|+|x+7|>11 \qquad (3)$$

$$|x-1|+|x-2|+|x-3|+|x+1|+|x+2|+|x+3|\geqslant 9$$
$$(4)$$

$$|x-1|+|x-2|+|x-\frac{3}{2}|+|x-4|+|x+3|+|x-5|\geqslant\frac{23}{2}$$
$$(5)$$

解 对于不等式(3),因为 $-7<-2<4$,所以,当 $x=-2$ 时,$|x+2|+|x-4|+|x+7|$ 有最小值为 $4-(-7)=11$.

所以,原不等式的解集为 $x\neq 2$.

对于不等式(4)由定理知,因为 $-3<-2<-1<1<2<3$,所以当 $-1\leqslant x\leqslant 1$ 时,$|x-1|+|x-2|+|x-3|+|x+1|+|x+2|+|x+3|$ 有最小值 $1+2+3-(-1-2-3)=12$.

所以,原不等式的解集是一切实数.

对于不等式(5),因为 $-3<1<\frac{3}{2}<2<4<5$,所以,当 $-\frac{3}{2}\leqslant x\leqslant 2$ 时,不等式左端有最小值 $(2+4+5)-(\frac{3}{2}+1-3)=\frac{23}{2}$. 所以,不等式的解集为 $\frac{3}{2}\leqslant x\leqslant 2$.

例 10(1981 年内蒙古自治区高中数学竞赛题) 有环形排列的 A,B,C,D,E 五个房间,住的人数分别为 $17,9,14,16,4$ 人. 现欲使各房间住的人数相同,但调整时只能向相邻的左右房间调动,并使调动的总人数为最少,求其各房间左右调动的人数.

解 因为五个房间的总人数为 $17+9+14+16+4=60$ 人,要使各房间住的人数相同,则每间房应住 12 人. 设从 A 房间调给 B 房间,从 B 房间调给 C 房间,……,从 E 房间调给 A 房间的人数分别为 $x_1,x_2,$

$x_3, x_4, x_5,$ 则

$$x_1 + 9 - x_2 = 12, x_2 + 14 - x_3 = 12, x_3 + 16 - x_4 = 12$$
$$x_4 + 4 - x_5 = 12, x_5 + 17 - x_1 = 12$$

解得 $x_2 = x_1 - 3, x_3 = x_1 - 1, x_4 = x_1 + 3, x_5 = x_1 - 5$

要使总的搬动人数为最少，即

$$y = |x_1 - 5| + |x_1| + |x_1 - 3| + |x_1 - 1| + |x_1 + 3|$$

取得最小值. 由于 $-3 < 0 < 1 < 3 < 5$, 由定理知当 $x_1 = 1$ 时, y 有最小值 $5 + 3 - (-3) = 11$. 于是 $x_1 = 1, x_2 = -2, x_3 = 0, x_4 = 4, x_5 = -4$.

也就是说, A 迁入 B 1 人, C 迁入 B 2 人, D 迁入 E 4 人, A 迁入 E 4 人.

前面的定理可以推广到一般情形, 研究函数 $y = \sum_{i=1}^{n} |k_i x + b_i| \ (k_i \neq 0)$ 的最小值. 我们把 $|k_i x + b_i|$ 写成 $l_i |x + a_i|$ 的形式, 其中 $l_i = |k_i|, a_i = \dfrac{b_i}{k_i}$.

定理 2 设 $a_1 < a_2 < \cdots < a_n, l_1, l_2, \cdots, l_n$ 为 n 个正数, $y = f(x) = \sum_{i=1}^{n} l_i(x + a_i)$, 令 $S_i = \sum_{j=1}^{i} l_j$. 则:

(1) 当 k 满足 $S_{k-1} = \dfrac{1}{2} S_n$ 时

$$y_{\min} = f[-a_k + \theta(a_k - a_{k-1})]$$
$$= \sum_{i=k}^{n} l_i a_i - \sum_{i=1}^{k-1} l_i a_i \quad (0 \leqslant \theta \leqslant 1)$$

(2) 当 k 满足 $S_{k-1} < \dfrac{1}{2} S_n$ 时, 且 $S_k > \dfrac{1}{2} S_n$ 时

$$y_{\min} = f(-a_k) = \sum_{i=k}^{n} l_i a_i - \sum_{i=1}^{k-1} l_i a_i - a_k(S_n - 2S_{k-1})$$

证明 因为 $a_1 < a_2 < \cdots < a_n$, 所以 $-a_n <$

$-a_{n-1} < \cdots < -a_1$. 当 $x \in (-\infty, -a_n)$ 时, $f(x) = \sum_{i=1}^{n} l_i(-x - a_i)$ 是减函数; 当 $x \in (-a_1, +\infty)$ 时,

$f(x) = \sum_{i=1}^{n} l_i(x + a_i)$ 是增函数.

当 $x \in [-a_j, -a_{j-1}] (j = 2, 3, \cdots, n)$ 时

$$f(x) = \sum_{i=1}^{j-1} l_i(-x - a_i) + \sum_{i=j}^{n} l_i(x + a_i)$$

$$= \sum_{i=j}^{n} l_i a_i - \sum_{i=j}^{j-1} l_i a_i + x\left(\sum_{i=j}^{n} l_i - \sum_{i=j}^{j-1} l_i\right)$$

$$= \sum_{i=j}^{n} l_i a_i - \sum_{i=1}^{j-1} l_i a_i + x(S_n - 2S_{j-1})$$

若 $S_{j-1} > \frac{1}{2}S_n$, 则 $f(x)$ 在 $[-a_j, -a_{j-1}]$ 中是减函数, 若 $S_{j-1} < \frac{1}{2}S_n$, 则 $f(x)$ 在 $[-a_j, -a_{j-1}]$ 中是增函数, 若 $S_{j-1} = \frac{1}{2}S_n$, 则 $f(x)$ 在 $[-a_j, a_{j-1}]$ 中是常量.

由于 S_i 随 j 的增大而增大, 故总有一个自然数 $k(k = 1, 2, \cdots, n-1)$, 使 $S_{k-1} \leqslant \frac{1}{2}S_n$ 且 $S_k > \frac{1}{2}S_n$. 因为 $S_{n-1} > S_{n-2} > \cdots > S_k > \frac{1}{2}S_n$. 根据上段的讨论, 可知 $f(x)$ 在 $[-a_n, -a_{n-1}]$, $[-a_{n-1}, -a_{n-2}]$, $\cdots$, $[-a_{k+1}, -a_k]$ 中都是减函数; 类似地可知 $f(x)$ 在 $[-a_{k-1}, -a_{k-2}]$, $[-a_{k-2}, -a_{k-3}]$, $\cdots$, $[-a_2, -a_1]$ 中都是增函数; 而在 $[-a_k, -a_{k-1}]$ 中, 若 $S_{k-1} < \frac{1}{2}S_n$, 则 $f(x)$ 是增函数, 若 $S_{k-1} = \frac{1}{2}S_n$, 则 $f(x)$ 是常量.

综上讨论,定理的结论成立.

例 11　如图 3.11 是一张交通图,A,D,E 站分别有 16 t,1 t,2 t 同种货物需要调出,B,C,F,G 站分别需要调入 8 t,6 t,2 t,3 t 同种货物. 相邻两站之间的路程(km)标注在道路旁,试求使总吨千米数最小的流量图.

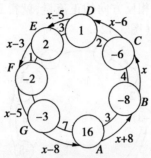

图 3.11

解　由于收发量平衡,调拨后应使各站中的数字化为 0. 随便从哪一站(如 B 站)出发,从该站调出 x t 货物,按一个方向(如逆时针方向),编制出含变数 x 的动态流量图(图 3.11),则总吨千米数为

$$f(x)=4|x|+2|x-6|+3|x-5|+|x-3|+$$
$$2|x-5|+7|x-8|+3|x+8|$$
$$=7|x-8|+2|x-6|+5|x-5|+$$
$$|x-3|+4|x|+3|x+8|$$

列出 a_i,l_i,S_i 的对应值表(表 5):

表 5

i	1	2	3	4	5	6
a_i	-8	-6	-5	-3	0	8
l_i	7	2	5	1	4	3
S_i	7	9	14	15	19	22

因为 $$S_2 < \frac{1}{2}S_6, S_3 > \frac{1}{2}S_6$$

所以 $f(x)$ 的最小值为 $f(-a_3) = f(5) = 84$.

把 $x = 5$ 代入图 3.11 中各动态流量,并将所得各个负流量改成相反方向的正流量,就得到总吨千米数最小的流量图(图 3.12).

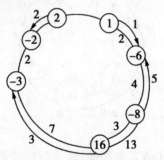

图 3.12

例 11 是单圈交通图上收发量平衡的物资调运问题. 根据定理不难证明:单圈流量图最优的充要条件是正流量所对应的弧长和负流量所对应的弧长总和都不超过圈长的一半. 这个结论对于多圈情形的每一圈也适用.

例 12 位于一条道路上的五个产麦点 A, B, C, D, E(图 3.13),它们的产麦量依次是 $5\,t, 3\,t, 1\,t, 4\,t, 7\,t$,现在准备把麦子集中到一个地方打场,麦场应设在何处,才能使总运输力最省?

图 3.13

解 不妨设五个产麦点在一条直线上,在这条直

24

线上任取一点 O 为原点,从 E 到 A 的方向为正方向,建立数轴. 在这条直线上任取一点 M 作为打麦场. 设 A,B,C,D,E,M 的坐标依次为 a_1,a_2,a_3,a_4,a_5,x. 运输力为

$$f(x) = 5|x - a_1| + 3|x - a_2| + |x - a_3| +$$
$$4|x - a_4| + 7|x - a_5|$$

因为 $a_1 > a_2 > a_3 > a_4 > a_5$,所以

$$-a_1 < -a_2 < -a_3 < -a_4 < -a_5$$

列出 l_i 与 S_i 的对应值表(表 6):

表 6

i	1	2	3	4	5
l_i	5	3	1	4	7
S_i	5	8	9	13	20

因为 $\qquad S_3 > \dfrac{1}{2}S_5 , S_4 > \dfrac{1}{2}S_5$

所以 $f(x)$ 的最小值为 $f(a_4)$,即 $x = a_4$ 时运输力最省. 故麦场应设在 D 处.

习　题

7. (1982 年第 33 届美国中学数学竞赛题)设 $y = |x - 2| + |x - 4| - |2x - 6|, 2 \leqslant x \leqslant 8$. 试求 y 的最大值与最小值之和.

8. 函数 $y = |x - 1| + |x - 2| + |x - a|$,若要在 $x = a$ 时取得最小值,则 a 的取值范围是什么?此时最小值又为多少?

9. 求下列函数的最值:

(1) $y = |x| - 1 (-3 \leqslant x \leqslant \frac{3}{2})$;

(2) $y = x - |1 + x| (|x| \leqslant 2)$.

10. (1987 年湖北省奥林匹克函数学校暑期高中组测试题)在一直线上依次有 $p_1, p_2, \cdots, p_7$ 七个点(间隔不一定相等), p 为同一直线上一点,要使 $S = |pp_1| + |pp_2| + \cdots + |pp_7|$ 为最小,则 p 应是_____点.

11. 解方程:

(1) $|x+1| + |x-2| + |x-3| = 4$;

(2) $|2x+3| + |2x+5| + |2x-6| = 11$;

(3) $|x-1| + |x-2| + \cdots + |x-1\ 992| = 996^2$.

12. (1)(1990 年第 41 届美国中学数学竞赛题)方程 $|x-2| + |x-3| = 1$ 的实数解的个数是( ).

A. 0　　B. 1　　C. 2　　D. 3　　E. 多于 3

(2)(1957 年上海市高中数学竞赛题)解方程 $|3x-2| + |3x+1| = 3$.

13. 解不等式:

(1) $|x-2| + |x+3| > 5$;

(2) $|2x+1| + |2x+3| + |2x-8| > 11$;

(3) $\sqrt{x - 2\sqrt{x-1}} + \sqrt{x+3 - 4\sqrt{x-1}} + \sqrt{x+8 - 6\sqrt{x-1}} > 2$.

14. 设 $[x]$ 表示不超过 x 的最大整数,试求函数 $f(x) = \left| \frac{1}{x} - \left[\frac{1}{x} + \frac{1}{2} \right] \right|$ 的最大值,并求此时 x 的值.

15. 设 $a > 0$,函数 $y = |x - (a^3 + a^2 - a)|$ 在区间 $0 \leqslant x \leqslant \frac{4}{5}$ 中的最小值为 $\frac{1}{5}$,求 a.

16. 某城市沿环形公路有五所中学,顺次是一中、二中、三中、四中、五中. 各校分别有计算机 15 台、7 台、11 台、3 台、4 台. 现在为了使各校的台数相等,问各校应调出几台给邻校,才能使调动的总台数最少?并证明你的结论.

3.3　二次函数的最值

求二次函数的最大(小)值,有两种不同的类型的问题. 在这一节中,我们将分别予以讨论.

一、定义域为全体实数

我们知道,二次函数 $y = f(x) = ax^2 + bx + c (a \neq 0)$ 利用配方法,可以得出

$$y = f(x) = ax^2 + bx + c$$
$$= a(x + \frac{b}{2a})^2 + \frac{4ac - b^2}{4a}$$

它的图像是开口向上或向下的抛物线,其顶点坐标是 $(-\frac{b}{2a}, \frac{4ac - b^2}{4a})$.

当 $a > 0$ 时,二次函数的图像的开口向上,它的顶点是最低点,在这一点函数 y 的值最小. 因此,当 $x = -\frac{b}{2a}$ 时,函数 y 有最小值,即

$$y_{\min} = \frac{4ac - b^2}{4a}$$

当 $a < 0$ 时,二次函数的图像的开口向下,它的顶点是最高点,在这一点函数 y 的值最大. 因此,当 $x = -\frac{b}{2a}$ 时,函数 y 有最大值,即

$$y_{\max} = \frac{4ac - b^2}{4a}$$

所以,求定义域为全体实数的二次函数的最值,常用的有公式法(或配方法)或判别式法.

1. 公式法(或配方法)

由前面的讨论知,对于给定的二次函数 $y = ax^2 + bx + c (a \neq 0)$ 经配方总可以化为

$$y = a(x + \frac{b}{2a})^2 + \frac{4ac - b^2}{4a} \tag{1}$$

的形式,之后,视其 a 的正负,即可直接求出函数的最值来. 或者干脆把式(1)看成是一个公式,直接将 $y = ax^2 + bx + c$ 中的 a, b, c 代入(1)然后再做回答.

例1 求下列函数的最值:

$(1) y = -2x^2 + 8x + 6$;$(2) y = \frac{1}{2}x^2 + \frac{2}{3}x - 1$;

$(3) y = 2\sin^2 x - 6\sin x + \frac{21}{4}$.

解 $(1) y = -2(x^2 - 4x - 3) = -2(x - 2)^2 + 14$

因为 $a = -2 < 0$,所以,当 $x = 2$ 时,$y_{\max} = 14$.

$(2) y = \frac{1}{2}x^2 + \frac{2}{3}x - 1 = \frac{1}{2}(x + \frac{2}{3})^2 - \frac{11}{9}$

因为 $a = \frac{1}{2} > 0$,所以,当 $x = -\frac{2}{3}$ 时,$y_{\min} = -\frac{11}{9}$.

$(3) \qquad y = 2(\sin^2 x - 3\sin x + \frac{21}{8})$

$$= 2(\sin x - \frac{3}{2})^2 + \frac{3}{4}$$

按公式,应有当 $\sin x = \frac{3}{2}$ 时,$y_{\min} = \frac{3}{4}$,但是 $\sin x$ 的函数值最大是 1,最小值是 -1,而不会等于 $\frac{3}{2}$. 所以,

只能有当 $\sin x = 1$ 时，$y_{\min} = 2 \times (1 - \dfrac{3}{2})^2 + \dfrac{3}{4} = \dfrac{5}{4}$.

例2 已知函数 $f(x) = (3 - a)x^2 + 2(a - 2)x - 4$ 的最大值小于 0.5，求常数 a.

解 $f(x) = (3 - a)x^2 + 2(a - 2)x - 4$

$$= (3 - a)(x - \frac{a - 2}{a - 3})^2 + \frac{a^2 - 8a + 16}{a - 3}$$

因为 $f(x)$ 有最大值，且最大值小于 0.5，所以

$$\begin{cases} 3 - a < 0 & (2) \\ \dfrac{a^2 - 8a + 16}{a - 3} < \dfrac{1}{2} & (3) \end{cases}$$

由式(2)得 $\qquad a > 3$

由式(3)得 $\qquad \dfrac{7}{2} < a < 5$

所以 $\qquad \dfrac{7}{2} < a < 5$

例3 求函数 $y = \displaystyle\sum_{i=1}^{n} (x - i)^2$ 的极值.

解 展开并整理，得

$$y = nx^2 - 2(\sum_{i=1}^{n} i)x + \sum_{i=1}^{n} i^2$$

因为 $n > 0$，所以 y 有极小值.

所以，当 $x = -\dfrac{b}{2a} = \dfrac{-(-2\sum\limits_{i=1}^{n} i)}{2n} = \dfrac{1 + 2 + \cdots + n}{2n} = \dfrac{n + 1}{2}$ 时，y 的极小值为

$$y_{\text{极小}} = \frac{4ac - b^2}{4a} = c - \frac{b^2}{4a} = \sum_{i=1}^{n} i^2 - \frac{(-2\sum\limits_{i=1}^{n} i)^2}{4n}$$

$$= \frac{n(2n+1)(n+1)}{6} - \frac{(1+n)^2 n}{4} = \frac{n^3 - n}{12}$$

这也是 y 的最小值.

例4(1964 年北京市高中数学竞赛题) 已知某二次三项式当 $x = \frac{1}{2}$ 时,取得极大值 25;这个二次三项式的两根的立方和等于 19,求这个二次三项式.

解 由题设知,抛物线 $y = f(x)$ 的顶点坐标为 $\left(\frac{1}{2}, 25\right)$,且开口向下. 故可设 $f(x) = a\left(x - \frac{1}{2}\right)^2 + 25 (a < 0)$. 令 $f(x) = 0$,即可解得抛物线与 x 轴相交两点的横坐标

$$x_{1,2} = \frac{1}{2} \pm \sqrt{-\frac{25}{a}}$$

所以 $\qquad x_1 + x_2 = 1, x_1 x_2 = \frac{1}{4} + \frac{25}{a}$

所以

$$x_1^3 + x_2^3 = (x_1 + x_2)\left[(x_1 + x_2)^2 - 3 x_1 x_2\right]$$

$$= 1 - 3\left(\frac{1}{4} + \frac{25}{a}\right) = \frac{1}{4} - \frac{75}{a} = 19$$

所以 $a = -4$,代入 $f(x)$ 中求得

$$f(x) = -4x^2 + 4x + 24$$

因为二次项系数是负的,所以 25 是极大值.

例5(1984 年芜湖市初中数学竞赛题) 已知二次函数 $y = -x^2 + px + q$ 的极大值为 4,那么它的图像与 x 轴两个交点之间的距离是_____.

解 因为函数 $y = -x^2 + px + q$ 的极大值是

$$\frac{p^2 + 4q}{4} = 4$$

所以　　　　　　　　$p^2 + 4q = 16$

又因为方程 $-x^2 + px + q = 0$ 的判别式 $\Delta = p^2 + 4q = 16$,所以它有两个实数根. 所以

$$x_1 = -\frac{1}{2}(-p + \sqrt{16}) = \frac{1}{2}p - 2$$

$$x_2 = \frac{1}{2}p + 2$$

函数 $y = -x^2 + px + q$ 的图像与 x 轴两个交点的横坐标恰是 x_1, x_2,所以,这两个交点的距离是 $|x_1 - x_2| = 4$.

例 6　证明抛物线 $y = mx^2 + 3(m-4)x - 9$ 与 x 轴交于两点,并求使两个交点间的距离最小的 m 值.

解　因为 $y = mx^2 + 3(m-4)x - 9$ 的图像是抛物线,所以 $m \neq 0$,配方得

$$y = m\left[x + \frac{3(m-4)}{2m}\right]^2 - \frac{9(m-4)^2}{4m} - 9$$

$$= m\left\{\left[x + \frac{3(m-4)}{2m}\right]^2 - \frac{9(m^2 - 4m + 16)}{4m^2}\right\}$$

$$= m\left\{\left[x + \frac{3(m-4)}{2m}\right]^2 - \frac{9}{4}\left(1 - \frac{4}{m} + \frac{16}{m}\right)\right\}$$

$$= m\left\{\left[x + \frac{3(m-4)}{2m}\right]^2 - \frac{9}{4}\left[\left(\frac{4}{m} - \frac{1}{2}\right)^2 + \frac{3}{4}\right]\right\}$$

设上式右边等于 0,可得它的两个不同的实数根

$$x_{1,2} = \frac{3(m-4)}{2m} \pm \frac{3}{2}\sqrt{\left(\frac{4}{m} - \frac{1}{2}\right)^2 + \frac{3}{4}}$$

这就证明了抛物线与 x 轴确实相交于两点. 又

$$|x_1 - x_2| = \frac{3}{2}\sqrt{\left(\frac{4}{m} - \frac{1}{2}\right)^2 + \frac{3}{4}}$$

要使两交点间的距离最短,必须而且只需

$$\frac{4}{m} - \frac{1}{2} = 0$$

所以 $\qquad m = 8$

例7 设 $f(x)$ 是最大值为 5 的二次函数,$g(x)$ 是最小值为 -2 的二次函数. 且

$$f(x) + g(x) = x^2 + 16x + 13$$

如果当 $x = d$ 时,$f(x)$ 有最大值,且 $\alpha > 0$,$g(\alpha) = 25$,求 α 的值和 $g(x)$.

解 设 $f(x) = m(x - \alpha)^2 + 5 (m < 0)$,所以

$$\begin{aligned}
g(x) &= x^2 + 16x + 13 - f(x) \\
&= x^2 + 16x - 13 - m(x - \alpha)^2 - 5 \qquad (4)
\end{aligned}$$

因为

$$g(\alpha) = 25 \qquad (5)$$

由式(4),(5),可知

$$\alpha^2 + 16\alpha + 8 = 25$$

所以 $\alpha^2 + 16\alpha - 17 = 0$ 解得 $\alpha_1 = -17$,$\alpha_2 = 1$.

又 $\alpha > 0$,所以 $\alpha = 1$. 把 $\alpha = 1$ 代入式(4)中,得

$$\begin{aligned}
g(x) &= (1 - m)x^2 + 2(m + 8)x + 8 - m \\
&= (1 - m)\left(x + \frac{m + 8}{1 - a}\right)^2 + 8 - m - \frac{(m + 8)^2}{1 - a}
\end{aligned}$$

又 $g(x)$ 有最小值 -2,所以二次项系数应大于 0,即 $1 - a > 0$,此时有 $8 - m - \frac{(m + 8)^2}{1 - a} = -2$,解得 $m = -2$. 把 $m = -2$,$\alpha = 1$ 代入式(4)中,得

$$g(x) = 3x^2 + 12x + 10$$

2. 判别式法

根据一元二次方程有实根的充要条件是判别式 $\Delta \geqslant 0$,我们可以把某一个二次函数看作是关于某一个未知数的方程,按照未知数取实数的条件,可推出所求

函数的最值.

设二次函数 $y = ax^2 + bx + c (a \neq 0)$,则有

$$ax^2 + bx + (c - y) = 0$$

欲使该二次方程有实数根,必须有

$$\Delta = b^2 - 4a(c - y) \geq 0$$

即　　　　　　　　$4ay \geq -(b^2 - 4ac)$

当 $a > 0$ 时,有 $y \geq \dfrac{4ac - b^2}{4a}$,所以 $y_{\min} = \dfrac{4ac - b^2}{4a}$;

当 $a < 0$ 时,有 $y \leq \dfrac{4ac - b^2}{4a}$,所以 $y_{\max} = \dfrac{4ac - b^2}{4a}$.

在上述两种情况下,把 $y = \dfrac{4ac - b^2}{4a}$ 代入二次方程,

即可求得相应的 $x = -\dfrac{b}{2a}$.

例 8　求下列函数的最值:

$(1) y = 2x^2 + x - 2$;$(2) y = 2 - 3x - \dfrac{4}{x}$.

解　$(1) 2x^2 + x - 2 - y = 0$. 为使此方程有实根,必须有

$$\Delta = 1^2 - 4 \times 2 \times (-2 - y) \geq 0$$

所以 $y \geq -\dfrac{17}{8}$,有 $y_{\min} = -\dfrac{17}{8}$.

当 $y = -\dfrac{17}{8}$ 时,$x = -\dfrac{1}{4}$.

(2)　　　　　　$xy = 2x - 3x^2 + 4$

$$3x^2 + (y - 2)x + 4 = 0$$

因为 x 为实数,所以

$$\Delta = (y - 2)^2 - 4 \times 3 \times 4 \geq 0$$

即　　　　　　　　$y^2 - 4y - 44 \geq 0$

所以 $y \leq 2 - 4\sqrt{3}$ 或 $y \geq 2 + 4\sqrt{3}$. 因此

当 $x > 0$ 时,$y_{\max} = 2 - 4\sqrt{3}$;

当 $x < 0$ 时,$y_{\min} = 2 + 4\sqrt{3}$.

利用判别式法求最值是比较方便的,但再求相应的 x 值时,就显得麻烦一些. 不过,这种方法,对于求分式函数与无理函数的最值,就显示出它的优越性了.

二、定义域不为全体实数的二次函数的最值

对于二次函数,如果定义域为 $\alpha \le x \le \beta$,则二次函数既有最大值又有最小值. 对于自变量在特定区间内的函数的最大值和最小值,我们称之为条件最值. 这种类型的最值常采用配方法和比较区间端点的函数值大小的方法.

1. 配方法

函数 $y = ax^2 + bx + c(a \neq 0)$,$x \in [\alpha, \beta]$. 经配方成

$$y = a\left(x + \frac{b}{2a}\right)^2 + \frac{4ac - b^2}{4a}$$ 的形式.

当 $a > 0$,$|x + \dfrac{b}{2a}|$ 的值最小时,y 取得最小值;$|x + \dfrac{b}{2a}|$ 的值最大时,y 取得最大值.

当 $a < 0$,$|x + \dfrac{b}{2a}|$ 的值最小时,y 取得最小值,$|x + \dfrac{b}{2a}|$ 的值最大时,y 取得最小值.

2. 比较区间端点的函数值的大小的方法

函数 $y = f(x) = ax^2 + bx + c(a \neq 0)$,$x \in [\alpha, \beta]$,结合图像,$y$ 的最值有下列几种情形:

(1)若 $-\dfrac{b}{2a} \in [\alpha, \beta]$,当 $a > 0$ 时,$f(x)$ 的图像如图

3.14 所示. 当 $x = -\dfrac{b}{2a}$ 时,y 的最小值是 $y_{\min} = f\left(-\dfrac{b}{2a}\right) =$

$\dfrac{4ac-b^2}{4a}$；求出 $f(\alpha)$ 与 $f(\beta)$，并比较其大小，其中较大者就是 y 的最大值. 即

$$y_{\max} = \max\{f(\alpha),f(\beta)\}$$

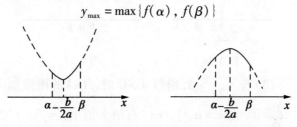

图 3.14　　　　　　　　图 3.15

当 $a<0$ 时，$f(x)$ 的图像如图 3.15 所示. 当 $x=-\dfrac{b}{2a}$ 时，y 的最大值是

$$y_{\max} = f\left(-\dfrac{b}{2a}\right) = \dfrac{4ac-b^2}{4a}$$

求出 $f(\alpha)$ 与 $f(\beta)$，并比较其大小，其较小者就是 y 的最小值. 即

$$y_{\min} = \min\{f(\alpha),f(\beta)\}$$

(2)若 $-\dfrac{b}{2a}<\alpha$，当 $a>0$ 时，函数 $f(x)$ 的图像如图 3.16 所示.

当 $x=\beta$ 时，y 有最大值 $y_{\max}=f(\beta)$；

当 $x=\alpha$ 时，y 有最小值 $y_{\min}=f(\alpha)$.

当 $a<0$ 时，$f(x)$ 的图像如图 3.17 所示. 当 $x=\alpha$ 时，y 有最大值 $y_{\max}=f(\alpha)$；当 $x=\beta$ 时，y 有最小值 $y_{\min}=f(\beta)$.

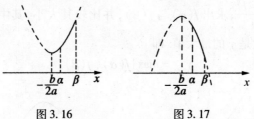

图 3.16　　　　　　图 3.17

(3)若 $-\dfrac{b}{2a}>\beta$,则当 $a>0$ 时,$f(x)$ 的图像如图

3.18所示.当 $x=\alpha$ 时,$f(x)$ 有最大值 $y_{\max}=f(\alpha)$;当 $x=\beta$ 时,$f(x)$ 有最小值.

　　当 $a<0$ 时,$f(x)$ 的图像如图 3.19 所示.当 $x=\alpha$ 时,y 有最小值 $y_{\min}=f(\alpha)$;当 $x=\beta$ 时,y 有最大值 $y_{\max}=f(\beta)$.

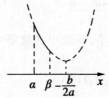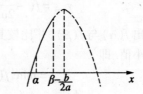

图 3.18　　　　　图 3.19

　　例9　若 $0\leqslant x\leqslant3$,求函数 $y=f(x)=-2x^2-4x+1$ 的最大值与最小值.

　　解　因为
$$y=-2x^2-4x+1$$
$$=-2(x+1)^2+3$$

且 -1 不在 $[0,3]$ 内,所以,函数在 $[0,3]$ 内是单调的.而 $f(0)=1$,$f(3)=-29$.

　　故　　　　　$y_{\max}=1,y_{\min}=-29$

　　例10　若 $x^2-4x-5\leqslant0$,$y=x^2-5x+6$,求 x 为何值时,函数 y 取得最值?最值为多少?

解法 1 解不等式 $x^2 - 4x - 5 \leqslant 0$，得 $-1 \leqslant x \leqslant 5$.

又 $\quad y = x^2 - 5x + 6 = (x - \dfrac{5}{2})^2 - \dfrac{1}{4}$

因为 $\quad\quad\quad\quad -1 \leqslant x \leqslant 5$

故 $x = \dfrac{5}{2}$ 时，$|x - \dfrac{5}{2}|$ 的值最小，$y_{\min} = -\dfrac{1}{4}$.

当 $x = -1$ 时，$|x - \dfrac{5}{2}|$ 的值最大，$y_{\max} = 12$.

解法 2 解不等式 $x^2 - 4x - 5 \leqslant 0$，得

$$-1 \leqslant x \leqslant 5$$

因为 $\quad\quad x = -\dfrac{b}{2a} = \dfrac{5}{2} \in [-1, 5]$

所以 $x = \dfrac{5}{2}$ 时，y 的值最小为 $-\dfrac{1}{4}$；$x = -1$ 时，y 的值最大为 6.

例 11 求函数 $y = |-2x^2 + 8x - 6|$ $(1 \leqslant x \leqslant \dfrac{17}{5})$ 的最值.

解 因为

$y = |-2x^2 + 8x - 6|$

$$= \begin{cases} -2x^2 + 8x - 6 = -2(x-2)^2 + 2 & ,1 \leqslant x \leqslant 3 \\ 2x^2 - 8x + 6 = 2(x-2)^2 - 2 & ,3 < x \leqslant \dfrac{17}{5} \end{cases}$$

作出函数 $y = |-2x^2 + 8x - 6|$ 的图像，如图 3.20 所示.

由图像知：

当 $x = 2$ 时，$y_{\max} = 2$；

当 $x = 1$ 或 3 时，$y_{\min} = 0$.

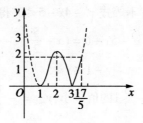

图 3.20

说明 一般地,对于二次式绝对值函数的最值问题,经常是借助其图像来解比较方便.

例 12 函数 $y = |x^2 - 4| - 3x$ 在区间 $-2 \leqslant x \leqslant 5$ 中,何时取最大值,何时取最小值?

解 如图 3.21 所示,若 $x^2 - 4 \geqslant 0$ 即 $|x| \geqslant 2$ 时,则

$$y = |x^2 - 4| - 3x = x^2 - 3x - 4 = \left(x - \frac{3}{2}\right)^2 - \frac{25}{4} \quad (6)$$

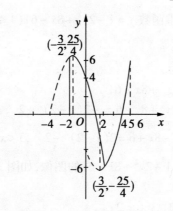

图 3.21

所以,虽然当 $x = \frac{3}{2}$ 时,函数有最小值 $-\frac{25}{4}$,但是 $x = \frac{3}{2}$ 不在 $|x| \geqslant 2$ 的区间内. 由 $|x| \geqslant 2$ 得 $x \leqslant -2$ 或 $x \geqslant 2$ 知 $x < -2$ 不在 $-2 \leqslant x \leqslant 5$ 的区间内.

38

当 $x \geqslant 2$ 时,函数式(6)为单调递增函数. 所以,当 $x = 2$ 时,函数式(6)有最小值 -6.

若 $x^2 - 4 < 0$,即 $|x| \leqslant 2$ 时

$$y = |x^2 - 4| - 3x = -x^2 - 3x + 4$$

$$= -(x + \frac{3}{2})^2 + \frac{25}{4} \tag{7}$$

当 $x = -\frac{3}{2}$ 时,函数式(7)取最大值 $\frac{25}{4}$(因为 $-2 < -\frac{3}{2} < 2$). 所以,在区间 $-2 \leqslant x \leqslant 5$ 中,当 $x = -\frac{3}{2}$ 时,函数取最大值 $\frac{25}{4}$;当 $x = 2$ 时,函数取最小值 -6.

例 13(1987 年沈阳市初中数学竞赛题)　已知 x_1 与 x_2 是方程 $x^2 + (m-1)x + (m^2 - 3m + \frac{9}{4}) = 0$ 的两实根,求 $x_1^2 + x_2^2$ 的最大值与最小值.

解　$x_1^2 + x_2^2 = (x_1 + x_2)^2 - 2x_1 x_2$

$$= (1 - m)^2 - 2(m^2 - 3m + \frac{9}{4})$$

$$= -m^2 + 4m - \frac{7}{2} = -(m - 2)^2 + \frac{1}{2}$$

又　　　$\Delta = (m-1)^2 - 4(m^2 - 3m + \frac{9}{4}) \geqslant 0$

解得　　　　$\frac{4}{3} \leqslant m \leqslant 2$

所以,当 $m = 2$ 时,$x_1^2 + x_2^2$ 有最大值 $\frac{1}{2}$;当 $m = \frac{4}{3}$ 时,$x_1^2 + x_2^2$ 有最小值 $\frac{1}{18}$.

说明　本例容易错解为 $x_1^2 + x_2^2$ 的最大值为 $\frac{1}{2}$,无

最小值,这是忽略了条件"方程有实根"这一条件而造成的,应引起我们的重视. 1982 年全国高中数学联赛也出了一个类似的题目,即:

已知 x_1, x_2 是方程 $x^2 - (k-2)x + (k^2 + 3k + 5) = 0$($k$ 为实数)的两个实数根,$x_1^2 + x_2^2$ 的最大值是（　　）.

A. 19　　　　　　　　B. 18

C. $5\dfrac{5}{9}$　　　　　　　D. 不存在

由以上几个例子可以看出,约束条件的表现形有两种,一种是直接给出自变量 x 在某个区间内取值;另一种是没有明确指出 x 的限制条件,但在具体问题中,x 确实有某些限制. 对于这些隐含的限制条件,要特别加以注意.

三、含参系数二次函数条件的最值问题

这类问题与前两类问题相比较,解起来难度要大一些,下面通过一些例子来说明.

例 14　函数 $y = x^2 - 4ax + 5a^2 - 3a$ 的最小值 m 是一个与 a 有关的数,若 a 满足 $0 \leqslant a^2 - 4a - 2 \leqslant 10$,求 m 的最值.

解　$y = x^2 - 4ax + 5a^2 - 3a = (x - 2a)^2 + a^2 - 3a$,显然,当 $x = 2a$ 时,y 取最小值为

$$m = a^2 - 3a = \left(a - \dfrac{3}{2}\right)^2 - \dfrac{9}{4}$$

由 $0 \leqslant a^2 - 4a - 2 \leqslant 10$,解得

$$-2 \leqslant a \leqslant 2 - \sqrt{6} \ \text{或} \ 2 + \sqrt{6} \leqslant a \leqslant 6$$

在上述范围内,由图像或直接计算知:当 $a = 6$ 时,m 的最大值是 18;当 $a = 2 - \sqrt{6}$ 时,m 的最小值是 $4 - \sqrt{6}$.

例 15（1981 年太原市高中数学竞赛题）　在 $0 \leqslant x \leqslant 1$ 的条件下，求函数 $y = x^2 + ax + 5$ 的最大值和最小值.

解　当 $x = 0$ 时，$y = 5$. 当 $x = 1$ 时，$y = a + 6$. 比较 $a + 6$ 与 5 的大小.

$$(a + 6) - 5 = \begin{cases} a + 1 < 0, a < -1 \\ a + 1 \geqslant 0, a \geqslant -1 \end{cases}$$

又知抛物线的顶点坐标为

$$x = -\frac{a}{2}, y = \frac{20 - a^2}{4}$$

当 $0 \leqslant -\frac{a}{2} \leqslant 1$ 时，即 $-2 \leqslant a \leqslant 0$.

（1）当 $-2 \leqslant a < -1$ 时，$y_{\min} = \frac{20 - a^2}{4}$，$y_{\max} = 5$.

（2）当 $-1 \leqslant a \leqslant 0$ 时，$y_{\min} = \frac{20 - a^2}{4}$，$y_{\max} = a + 6$.

当 $-\frac{a}{2} < 0$ 或 $-\frac{a}{2} > 1$ 时，即 $a < -2$ 或 $a > 0$.

（1）当 $a < -2$ 时，$y_{\min} = a + 6$，$y_{\max} = 5$.

（2）当 $a > 0$ 时，$y_{\min} = 5$，$y_{\max} = a + 6$.

例 16（1981 年莫斯科大学心理系入学试题）　设二次三项式 $4x^2 - 4ax + (a^2 - 2a + 2)$ 在区间 $0 \leqslant x \leqslant 2$ 上的最小值等于 3，求 a 的所有值.

解　设

$$f(x) = 4x^2 - 4ax + a^2 - 2a + 2$$
$$= 4(x - \frac{a}{2})^2 + 2 - 2a$$

如果 x 为实数，则当 $x = \frac{a}{2}$ 时，$f(x)$ 的最小值为 $2 - 2a$. 下面分别讨论如下：

(1)若 $\frac{a}{2} \in [0,2]$，即 $0 \leqslant \frac{a}{2} \leqslant 2$，那么 $2-2a=3$，

所以 $a=-\frac{1}{2}$. 但 $a=-\frac{1}{2}$ 与 $0 \leqslant \frac{a}{2} \leqslant 2$ 相矛盾，所以这种情形不能成立;

(2)若 $\frac{a}{2}<0$，则 $f(0)=a^2-2a+2$ 是最小值(图 3.22)，故 $a^2-2a+2=3$，解得 $a_1=1-\sqrt{2}$，$a_2=1+\sqrt{2}$.

其中满足条件 $\frac{a}{2}<0$ 的，仅有 $a=1-\sqrt{2}$.

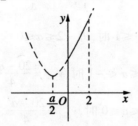

图 3.22

(3)如果 $\frac{a}{2}>2$，则 $f(2)$ 是最小值(图 3.23)，所以 $f(2)=3$，即

$$16-8a+a^2-2a+2=3, a^2-2a+15=0$$

解得　　$a_3=5-\sqrt{10}$，$a_4=5+\sqrt{10}$

其中满足条件 $\frac{a}{2}>2$ 的仅有 $a=5+\sqrt{10}$.

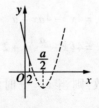

图 3.23

综上所述,可知适合题意的 a 值是

$$1 - \sqrt{2} \text{ 与 } 5 + \sqrt{10}$$

例 17(1982 年上海市高中数学竞赛题)   已知函数 $f(x) = x^2 - 2x + 2, x \in [t, t+1]$ 的最小值是 $g(t)$. 试写出 $S = g(t)$ 的解析表达式,并画出它的图像.

解 $f(x) = (x-1)^2 + 1(x \in [t, t+1])$. 当 $t \leq 1 \leq t+1$,即 $0 \leq t \leq 1$ 时,$f(x)$ 在 $[t, t+1]$ 上的最小值 $g(t) = g(1) = 1$. 当 $1 > t+1$ 即 $t < 0$ 时,$f(x)$ 在 $[t, t+1]$ 上的最小值 $g(t) = f(t+1) = t^2 + 1$. 当 $1 < t$ 即 $t > 1$ 时,$f(x)$ 在 $[t, t+1]$ 上的最小值 $g(t) = f(t) = (t-1)^2 + 1$. $S = g(t)$ 的图像如图 3.24 所示.

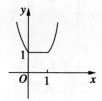

图 3.24

例 18   已知函数 $f(x) = 4x - 4x^2$ 及 $a > 0$.

(1)求它在 $0 \leq x \leq a$ 中的最大值;

(2)求它在 $a \leq x \leq a+1$ 中的最大值.

解 $y = f(x) = -(x-2)^2 + 4$,抛物线 $y = 4x - x^2$ 的对称轴为 $x = 2$.

(1)当 $2 \in [0, a]$,即 $a \geq 2$ 时,$y_{max} = f(2) = 4$;当 $0 < a < 2$ 时,$y_{max} = f(a) = 4a - a^2$.

(2)当 $2 \in [a, a+1]$,即 $1 \leq a \leq 2$ 时,$y_{max} = f(2) = 4$;当 $0 < a < 1$ 时,$y_{max} = f(a+1) = -a^2 + 2a + 3$;当 $a > 2$ 时,$y_{max} = f(a) = 4a - a^2$.

例 19   设 $a > 0$,在区间 $-1 \leq x \leq 1$ 中,求 $f(x) = $

43

$|x^2-ax|$ 的最大值.

解 当 $x^2-ax \geqslant 0$ 即 $x \leqslant 0$ 或 $x \geqslant a$ 时

$$f(x) = |x^2-ax| = x^2-ax$$

当 $x^2-ax < 0$ 即 $0 < x < a$ 时,函数

$$f(x) = |x^2-ax| = -x^2+ax = -\left(x-\frac{a}{2}\right)^2+\frac{a^2}{4}$$

所以函数 $f(x) = |x^2-ax|$ 的图像如图 3.25 中的实线部分.

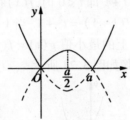

图 3.25

当 $\dfrac{a}{2} > 1$,即 $a > 2$ 时,在区间 $-1 \leqslant x \leqslant 1$ 中,$f(x)$ 的最大值是 $f(1)$ 和 $f(-1)$ 的最大者.

因为 $\dfrac{a}{2} \leqslant 1, \dfrac{a^2}{4} \leqslant 1$

所以 $1+a > 1 \geqslant \dfrac{a^2}{4}$

因此,函数 $f(x)$ 的最大值为 $1+a$.

例 20 已知 $0 \leqslant x \leqslant 1$,$f(x) = x^2-ax+\dfrac{a}{2}(a>0)$,$f(x)$ 的最小值为 m.

(1)用 a 表示 m;

(2)求 m 的最大值及此时 a 的值.

解 (1)$f(x) = x^2-ax+\dfrac{a}{2} = \left(x-\dfrac{a}{2}\right)^2+\dfrac{a}{2}-\dfrac{a^2}{4}$,

44

其图像为开口向上,顶点为 $(\frac{a}{2}, \frac{a}{2} - \frac{a^2}{4})$ 的抛物线. 因为 $0 \leq x \leq 1$,所以当 $0 < \frac{a}{2} \leq 1$,即 $0 < a \leq 2$ 时,$f(x)$ 的最小值 $m = f(\frac{a}{2}) = \frac{a}{2} - \frac{a^2}{4}$;当 $\frac{a}{2} > 1$,即 $a > 2$ 时,$f(x)$ 的最小值 $m = f(1) = 1 - \frac{a}{2}$. 由此得

$$m = \begin{cases} \dfrac{a}{2} - \dfrac{a^2}{4}, \text{若 } 0 < a \leq 2 \text{ 时} \\ 1 - \dfrac{a}{2}, \text{若 } a > 2 \text{ 时} \end{cases}$$

(因为 $a > 0$,所以 $a \leq 0$ 不必考虑).

(2)注意到,$a = 2$ 时,$1 - \frac{a}{2} = \frac{a}{2} - \frac{a^2}{4} = 0$,故当 $a \geq 2$ 时,$m = 1 - \frac{a}{2}$ 是 a 的减函数,当 $a = 2$ 时 m 有最大值 0;当 $0 \leq a \leq 2$ 时

$$m = \frac{a}{2} - \frac{a^2}{4} = -\frac{1}{4}(a-1)^2 + \frac{1}{4}$$

$a = 1$ 时,m 有最大值 $\frac{1}{4}$.

综合以上两种情况,m 的最大值是 $\frac{1}{4}$,此时 $a = 1$.

例 21 求出二次函数 $f(x) = x^2 + px + q$,使它在闭区间 $-1 \leq x \leq 1$ 中的最大绝对值取得最小.

解 $f(x) = x^2 + px + q$ 的图像为抛物线,对称轴为 $x = -\frac{p}{2}$. 对对称轴的位置讨论如下:

(1)当 $-1 \leq -\frac{p}{2} \leq 0$,即 $0 \leq p \leq 2$ 时,如图 3.26 所

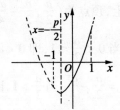

图 3.26

示. $f(x)$ 的最大值 $M = f(1) = 1 + p + q$, 最小值 $m = f(-\frac{p}{2}) = \frac{4q - p^2}{4}$. 则

$$M - m = (1 + p + q) - \frac{4q - p^2}{4} = \frac{(2 + p)^2}{4} \geq 1$$

(2) 当 $0 < -\frac{p}{2} \leq 1$, 即 $-2 \leq p < 0$ 时

$$M = f(-1) = 1 - p + q, m = f(-\frac{p}{2}) = \frac{4q - p^2}{4}$$

$$M - m = (1 - p + q) - \frac{4q - p^2}{4} = \frac{(2 - p)^2}{4} > 1$$

(3) 当 $-\frac{p}{2} < -1$, 即 $p > 2$ 时, 如图 3.27 所示

$$M = f(1) = 1 + p + q, m = f(-1) = 1 - p + q$$
$$M - m = 2p > 4$$

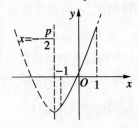

图 3.27

46

(4)当 $-\dfrac{p}{2} > 1$,即 $p < -2$ 时

$$M = f(-1) = 1 - p + q, m = f(1) = 1 + p + q$$
$$M - m = -2p > 4$$

因为,在 $[-1,1]$ 上,$|f(x)|$ 的最大值不小于 $\dfrac{M-m}{2}$,当且仅当 $M = -m$ 时等号成立. 又 $\dfrac{M-m}{2} \geqslant \dfrac{1}{2}$,当且仅当 $p = 0$ 时等号成立. 当 $p = 0$ 时,$M = 1 + q, m = q$. 从 $M = -m$ 得 $1 + q = -q, q = -\dfrac{1}{2}$. 故所求的二次函数 $f(x) = x^2 - \dfrac{1}{2}$. 此时在 $[-1,1]$ 上 $|f(x)|$ 的最大值为 $\dfrac{1}{2}$.

例 22　设变量 x 满足 $x^2 + bx \leqslant -x(b < -1)$,并且 $x^2 + bx$ 的最小值是 $-\dfrac{1}{2}$,求 b.

解　由 $x^2 + bx \leqslant -x$,得 $x^2 + (b+1)x \leqslant 0$,所以

$$0 \leqslant x \leqslant -(b+1) \tag{8}$$

因为 $b < -1, b + 1 < 0$,因此上述不等式非空集. 又

$$f(x) = x^2 + bx = (x + \dfrac{b}{2})^2 - \dfrac{b^2}{4} \tag{9}$$

由式(9),当 $x = -\dfrac{b}{2}$ 时,$f(x)$ 有最小值 $-\dfrac{b^2}{4}$.

现在在式(8)的范围内求式(9)的最小值.

(1)若 $-(b+1) < -\dfrac{b}{2}$,即 $-2 < b < -1$,则 $f(x)$ 在 $x = -(b+1)$ 时取最小值,最小值为

$$f(-b-1) = (\dfrac{b}{2} + 1)^2 - \dfrac{b^2}{4} = b + 1$$

所以 $$b + 1 = -\frac{1}{2}$$

所以 $$b = -\frac{3}{2}$$

(2)若 $-\frac{b}{2} \leqslant -(b+1)$(显然 $-\frac{b}{2} > 0$),即 $b \leqslant$

-2 时,则 $f(x)$ 在 $x = -\frac{b}{2}$ 时,有最小值,最小值为

$-\frac{b^2}{4}$,因而 $-\frac{b^2}{4} = -\frac{1}{2}$,所以 $b = \pm\sqrt{2}$.

但是,$b = \pm\sqrt{2}$ 不满足 $b \leqslant -2$,所以只有 $b = -\frac{3}{2}$.

例 23(1985 年日本高考数学试题) 设系数 a,b 为整数的二次函数 $f(x) = x^2 + ax + b$ 中,$f(x) = 0$ 的根为 $\alpha,\beta,\alpha > 1, -1 < \beta < 1$. 回答下列问题:

(1)写出 a,b 满足的不等式;

(2)固定 a,a 与 b 在满足(1)中所求的关系下变化 b 时,用 a 表示使 α 为最小的 b 值;

(3)a,b 满足(1)中所求的关系时,求使 α 为最小的 a,b 值,α 的最小值为多少?

解 (1)$f(x) = x^2 + ax + b$,由 $\alpha > 1, -1 < \beta < 1$,$f(x) = 0$ 的根 α,β 等价于

$$f(1) < 0, f(-1) > 0$$

所以 $1 + a + b < 0$ 且 $1 - a + b > 0$,有

$$a - 1 < b < -a - 1 \tag{10}$$

(2)$f(x) = 0$ 的根为

$$x = \frac{-a \pm \sqrt{a^2 - 4b}}{2}$$

由(1)的式(10)知,因 $a > 0$,故

48

$$\alpha = \frac{-a + \sqrt{a^2 - 4b}}{2}$$

固定 a 时,使 α 最小,尽量大地取 $a^2 - 4b$ 中的 b 即可. 因此,由式(10),因 a,b 是整数,故

$$b = -a - 2 \tag{11}$$

(3)由(2)的式(11),得

$$\alpha = \frac{-a + \sqrt{a^2 + 4a + 8}}{2} = \frac{-a + \sqrt{(a+2)^2 + 4}}{2}$$

从而,$a = -1$ 时,$-a + \sqrt{(a+2)^2 + 4} = 1 + \sqrt{5}$;$a \leqslant -2$ 时,$-a + \sqrt{(a+2)^2 + 4} \geqslant 4$.

于是,$a = b = -1$ 时,α 最小,最小值为 $\frac{1+\sqrt{5}}{2}$.

例24(1983 年哈尔滨市高中数学竞赛题)　设 $f(x) = (1-a)x^2 - 2x + 1(a < 1)$,在 $[1,4]$ 上的最大值减去最小值的差为 $q(a)$.

(1)求出函数 $g(a)$ 的解析式;

(2)求函数 $g(a)$ 的最小值.

解　(1) $f(x) = (1-a)x^2 - 2x + 1(a < 1)$ 的图像是开口向上的抛物线,其对称轴为 $x = \frac{1}{1-a}$,极值为

$$f\left(\frac{1}{1-a}\right) = 1 - \frac{1}{1-a}.$$

1)当 $\frac{1}{1-a} \leqslant 1$,即 $a \leqslant 0$ 时,$f(x)$ 在 $[1,4]$ 内为增函数,所以 $f_{\max} = f(4) = 9 - 16a$,$f_{\min} = f(1) = -a$. 这时 $g(a) = 9 - 15a(a \leqslant 0)$.

2)当 $1 < \frac{1}{1-a} < 4$,即 $0 < a < \frac{3}{4}$ 时,$f(x)$ 在 $x <$

$\dfrac{1}{1-a}$ 为减函数,在 $x > \dfrac{1}{1-a}$ 为增函数.

$f_{\min} = f\left(\dfrac{1}{1-a}\right) = 1 - \dfrac{1}{1-a}$, $f_{\max}$ 为 $f(1) = -a$ 和

$f(4) = 9 - 16a$ 中之较大者. 当 $a \leqslant \dfrac{3}{5}$ 时,这时 $g(a) =$

$8 - 16a + \dfrac{1}{1-a} \left(0 < a \leqslant \dfrac{3}{5}\right)$. 当 $a > \dfrac{3}{5}$ 时, $f_{\max} = -a$. 这

时 $g(a) = -1 - a + \dfrac{1}{1-a} \left(\dfrac{3}{5} < a < \dfrac{3}{4}\right)$.

3) 当 $\dfrac{1}{1-a} \geqslant 4$ 即 $\dfrac{3}{4} \leqslant a < 1$ 时, $f(x)$ 在 $[1,4]$ 内为

减函数. 与 1) 同理可得

$$g(a) = 15a - 9 \quad \left(\dfrac{3}{4} \leqslant a < 1\right)$$

故 $g(a)$ 的解析式为

$$g(a) = \begin{cases} 9 - 15a, & a \leqslant 0 \\ 8 - 16a + \dfrac{1}{1-a}, & 0 < a \leqslant \dfrac{3}{5} \\ -1 - a + \dfrac{1}{1-a}, & \dfrac{3}{5} < a < \dfrac{3}{4} \\ 15a - 9, & \dfrac{3}{4} \leqslant a < 1 \end{cases}$$

(2)易知在 $a \leqslant 0$ 时, $g(a) = 9 - 15a$ 为减函数. 在

$\dfrac{3}{4} \leqslant a < 1$ 时, $g(a) = 15a - 9$ 为增函数.

在 $0 < a \leqslant \dfrac{3}{5}$ 时, $g(a) = 8 - 16a + \dfrac{1}{1-a}$ 为减函数.

事实上,在此区间内任取两点 $a_1 < a_2$, 则

$$g(a_1) - g(a_2) = \left(8 - 16a_1 + \dfrac{1}{1-a_1}\right) - \left(8 - 16a_2 + \dfrac{1}{1-a_2}\right)$$

$$= (a_2 - a_1)\left[16 - \frac{1}{(1-a_1)(1-a_2)}\right] > 0$$

因为 $\qquad a_1, a_2 < \dfrac{3}{4}, (1-a_1)(1-a_2) > \dfrac{1}{16}$

所以 $\qquad\qquad g(a_1) > g(a_2)$

同理可证,在 $\dfrac{3}{5} < a < \dfrac{3}{4}$ 时,$g(a) = -1 - a + \dfrac{1}{1-a}$ 为增函数.

故 $g(a)$ 在 $\left(-\infty, \dfrac{3}{5}\right)$ 内为减函数,在 $\left(\dfrac{3}{5}, 1\right)$ 内为增函数. 所以,当 $a = \dfrac{3}{5}$ 时,$g(a)$ 取最小值 $g\left(\dfrac{3}{5}\right) = \dfrac{9}{10}$.

例 25(1996 年全国高中数学联赛题) 如果在区间 $[1, 2]$ 上,函数 $f(x) = x^2 + px + q$ 与 $g(x) = x + \dfrac{1}{x^2}$ 在同一点取得相同的最小值,那么 $f(x)$ 在该区间上的最大值是( ).

A. $4 + \dfrac{11}{2}\sqrt[3]{2} + \sqrt[3]{4}$

B. $4 - \dfrac{5}{2}\sqrt[3]{2} + \sqrt[3]{4}$

C. $1 - \dfrac{1}{2}\sqrt[3]{2} + \sqrt[3]{4}$

D. 以上答案都不对

解 在 $[1, 2]$ 上

$$g(x) = x + \frac{1}{x^2} = \frac{x}{2} + \frac{x}{2} + \frac{1}{x^2} \geqslant 3\sqrt[3]{\frac{1}{4}} = \frac{3}{2}\sqrt[3]{2}$$

当 $\dfrac{x}{2} = \dfrac{1}{x^2}$,即 $x = \sqrt[3]{2} \in [1, 2]$ 时,$g(x)_{\min} = \dfrac{3}{2}\sqrt[3]{2}$.

因为 $f(x)$ 与 $g(x)$ 在同一点上取相等的最小值,

所以

$$-\frac{p}{2}=\sqrt[3]{2},\frac{4q-p^2}{4}=\frac{3}{2}\sqrt[3]{2}$$

解得

$$p=-2\sqrt[3]{2},q=\frac{3}{2}\sqrt[3]{2}+\sqrt[3]{4}$$

所以

$$f(x)=x^2-2\sqrt[3]{2}x+\frac{3}{2}\sqrt[3]{2}+\sqrt[3]{4}$$

因为

$$\sqrt[3]{2}-1<2-\sqrt[3]{2}$$

所以

$$f(x)_{\max}=f(2)=4-\frac{5}{2}\sqrt[3]{2}+\sqrt[3]{4}$$

故选 B.

说明 我们先要利用均值不等式求 $g(x)$ 的最小值,而二次函数 $y=ax^2+bx+c$ 当 $a>0$ 时最大值在离对称轴较远的端点处取得.

例 26(1999 年全国数学希望杯竞赛试题) 已知函数 $y=9^{-x^2+x-1}-2\times3^{-x^2+x-1}$ 的图像与直线 $y=m$ 的交点在平面直角坐标系的右半平面内,则 m 的取值范围是_____.

解 题意即为求 $m=9^{-x^2+x-1}-2\times3^{-x^2+x-1}$ 当 $x>0$ 时的值域,设 $u=3^{-x^2+x-1}$,则

$$m=u^2-18u=(u-9)^2-81$$

因为 $x>0$,所以

$$-x^2+x-1=-(x-\frac{1}{2})^2-\frac{3}{4}\leqslant-\frac{3}{4}$$

所以

$$0<u=3^{-x^2+x-1}\leqslant3^{-\frac{3}{4}}=\frac{4\sqrt{3}}{3}$$

所以,当 $u=0$ 时,$m=0$;当 $u=\frac{4\sqrt{3}}{3}$ 时,$m_{\min}=\frac{\sqrt{3}}{9}-6\sqrt[4]{3}$. 故 m 的取值范围是 $\frac{\sqrt{3}}{9}-6\sqrt[4]{3}\leqslant m<0$.

52

习　题

17. 填空题

(1)(1987 年苏州市初中数学竞赛题)已知某二次三项式在 $x = \frac{1}{2}$ 时取极小值 $-\frac{49}{4}$,它的两个根的四次方之和等于 337,则这个二次三项式是_____.

(2)(1988 年上海市高三数学竞赛题)二次函数 $y = -2x^2 + 2x + 1\,989$ 在 $[0, 2]$ 上的最小值是_____.

(3)(1986 年全国部分省市初中数学通讯赛试题)如果关于 x 的实系数一元二次方程 $x^2 + 2(k+3)x + k^2 + 3 = 0$ 有两个实数根 α, β,那么 $(\alpha - 1)^2 + (\beta - 1)^2$ 的最小值是_____.

(4)(1986 年合肥市初中数学竞赛题)设 x_1, x_2 是方程 $2x^2 - 4mx + 2m^2 + 3m - 2 = 0$ 的两个实根,当 m _____时,$x_1^2 + x_2^2$ 有最小值,其最小值为_____.

(5)函数 $y = x^2 + ax + a - 2$ 的图像与 x 轴的两个交点的最短距离为_____.

18. 选择题

(1)(1985 年上海市高中数学竞赛题)函数 $f(x) = -9x^2 - 6ax + 2a - a^2$ 在区间 $\left[-\frac{1}{3}, \frac{1}{3}\right]$ 上的最大值为 -3,则 a 的值可为(　　).

A. $-\frac{3}{2}$ 　　　　　B. $\sqrt{2}$

C. $2 + \sqrt{6}$ 　　　　　D. $-2 + \sqrt{6}$

(2)(1991年湖北省黄冈地区初中竞赛题)二次函数 $y = -x^2 + 6x - 7$,当 x 取值为 $t \leq x \leq t + 2$ 时,此函数的最大值为 $y = -(t-3)^2 + 2$,则 t 的取值范围是(   ).

A. $t \leq 0$ B. $0 \leq t \leq 3$

C. $t \geq 3$ D. 以上都不对

19. (1985年北京市初中数理竞赛题)二次函数 $y = ax^2 + bx + c$,当 $x = 1$ 时有最小值 -1,方程 $ax^2 + bx + c = 0$ 的两个解 α 与 β 满足关系式 $\alpha^3 + \beta^3 = 4$,求此二次函数.

20. 设二次函数 $f(x) = ax^2 + bx + c$,当 $x = 3$ 时取得最大值10,并且它的图像在 x 轴上截得的线段长为4,求 a, b, c 的值.

21. 求下列函数的最值:

(1) $y = -2x^2 + 2x - 1 \left(x \geq \dfrac{1}{3}, x \leq 1 \right)$;

(2) $y = (|x| - 1)^2 - 1$;

(3) $y = |-2x^2 + 8x - 6| \left(1 \leq x \leq \dfrac{17}{5} \right)$.

22. 求下列函数的最值:

(1) $f(x) = 2x - x^2 (x \geq a)$;

(2) $f(x) = 4x - x^2 (a \leq x \leq a+1, a > 0)$;

(3) $f(x) = -x(x-a) (-1 \leq x \leq 1, -2 \leq a \leq 2)$.

23. 已知定义在区间 $[0, a]$ 上的函数 $y = x^2 - 2x + 3$,问当 a 在什么范围内取值时,y 的最大值是3且最小值是2?

24. 已知二次方程 $x^2 - 2ax + 10x + 2a^2 - 4a - 2 = 0$ 有实根,求两根之积的最大值和最小值.

25. (1980年哈尔滨市高中数学竞赛题)函数

$f(x) = x^2 - 4x + 3$ 在 $t \leqslant x \leqslant t + 5$ 内的最小值是 t 的函数,记为 $g(t)$,求函数 $g(t)$ 的表达式.

26. 设 $-1 \leqslant x \leqslant 1$,求 $y = x^2 + ax + 3$ 在常数 a 满足下列条件时的最大值和最小值:

(1) $0 < a < 2$;

(2) $a > 2$.

27. 求二次函数 $f(x) = x^2 + ax + b$ 在区间 $0 \leqslant x \leqslant 1$ 的最大值与最小值.

28. 设 $f(x) = x|x - a| \, (0 \leqslant x \leqslant 1)$ 的最大值是 $g(a)$,试以 a 的式子表示 $g(a)$.

29. 设 $0 \leqslant x \leqslant 1$,$x$ 为变量,a 为常数,求函数 $f(x) = (4 - 3a)x^2 - 2x + a$ 的最大值.

30. 已知函数 $f(x) = ax^2 + (2a - 1)x - 3 \, (a \neq 0)$ 在区间 $\left[-\dfrac{3}{2}, 2 \right]$ 上的最大值为 1,求实数 a 的值.

31. 求关于 x 的二次方程 $x^2 - 2\sin\theta \cdot x + \cos^2\theta = 0$ 的两个实根的平方和的最大值和最小值.

32. 设二次函数 $y = ax^2 + bx + c \, (a \neq 0)$,$x = \dfrac{3}{2}$ 时,有最大值 $\dfrac{1}{2}$,方程 $ax^2 + bx + c = 0$ 的两个根的立方和等于 9,求 a, b, c 的值.

33. 设 α, β 为二次方程 $x^2 - x + \cos\theta = 0 \, (-\pi \leqslant \theta \leqslant \pi)$ 的两个根. 求 $\alpha^5 + \beta^5$ 的最大值与最小值.

34. (1988 年上海市高中数学竞赛题) 已知 $f(x) = x^2 - (2\sin\theta)x + 2\sin\theta + \cos^2\theta$,并把 $f(x)$ 的最小值记为 $m(\theta)$. 若 θ 的值取遍所有的实数,则 $m(\theta)$ 的最大值 M 与最小值 m 的比 $M : m = $ _____.

35. 设 $f(x) = \sin^2 x - a\sin^2 \dfrac{1}{2}x$ (x 为实数), a 为实数,试以 a 表示 $f(x)$ 的最大值 b,并画出动点 (a, b) 所描出的图形.

3.4 特殊的多元二次函数的最值

在初中阶段,求特殊的多元二次函数的最值,常用的方法有下面几种.

1. 配方法

这种方法就是将已给的多项式用配方法化成一个或几个平方和的形式,然后再求最值.

例1(1990 年全国部分省市初中数学通讯赛试题) 如果多项式 $p = 2a^2 - 8ab + 17b^2 - 16a - 4b + 1\,990$,那么 p 的最小值为多少?

解 $p = 2a^2 - 8ab + 17b^2 - 16a - 4b + 1\,990$

$\quad = 2(a^2 + 4b^2 + 16 - 4ab - 8a + 16ab) +$

$\qquad 9(b^2 - 4b + 4) + 1\,992$

$\quad = 2(a - 2b - 4)^2 + 9(b - 2)^2 + 1\,992$

由此可见,对一切实数 $a, b, p \geq 1\,992$,而且仅当 $a - 2b - 4 = 0, b = 2$ 即 $a = 8, b = 2$ 时,p 取最小值 $1\,992$.

例2 设 x, y 为实数,求 $x^2 + xy + y^2 - x - 2y + 5$ 的最小值.

解 $x^2 + xy + y^2 - x - 2y + 5$

$\quad = x^2 + (y - 1)x + y^2 - 2y + 5$

$\quad = (x + \dfrac{y-1}{2})^2 - \dfrac{(y-1)^2}{4} + y^2 - 2y + 5$

56

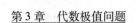

$$= (x + \frac{y-1}{2})^2 + \frac{3}{4}y^2 - \frac{3}{2}y + \frac{19}{4}$$

$$= (x + \frac{y-1}{2})^2 + \frac{3}{4}(y-1)^2 + 4 \geqslant 4$$

当 $x + \frac{y-1}{2} = 0, y - 1 = 0$，即 $x = 0, y = 1$ 时上式等号成立，故所求的最小值为 4.

2. 判别式法

这种方法就是将所求最值的代数式利用约束条件转化成关于某一字母的二次方程，再利用方程有实数根的条件判别式大于或等于零求出所要求的最值.

例 3（1988 年广东省数学奥林匹克学校暑期集训测试题）　已知 $x^2 - xy + y^2 = 2$，其中 x, y 是实数，试求式子 $x^2 + xy + y^2$ 的取值范围.

解　令

$$x^2 + xy + y^2 = k \tag{1}$$

而

$$x^2 - xy + y^2 = 2 \tag{2}$$

式 (1) - (2)，得

$$2xy = k - 2$$

所以

$$xy = \frac{k-2}{2}$$

又　　$(x+y)^2 = k + xy = k + \frac{k-2}{2} = \frac{3k-2}{2} \geqslant 0$

所以 $k \geqslant \frac{2}{3}$，故

$$x + y = \pm\sqrt{\frac{3k-2}{2}}$$

所以 x,y 是方程 $z^2 \mp \sqrt{\dfrac{3k-2}{2}}z + \dfrac{k-2}{2} = 0$ 的两个实数根,由此可得

$$\Delta = (\mp \sqrt{\dfrac{3k-2}{2}})^2 - 4 \cdot \dfrac{k-2}{2} \geqslant 0$$

解得
$$k \leqslant 6$$

所以
$$\dfrac{2}{3} \leqslant x^2 + xy + y^2 \leqslant 6$$

例4(1988年江苏省初中数学竞赛题) 已知 p,q 为实数,$p^3 + q^3 = 2$. 求 $p+q$ 的最大值.

解 因为 $p^2 - pq + q^2$ 的判别式

$$\Delta = q^2 - 4q^2 = -3q^2 < 0$$

所以必有
$$p^2 - pq + q^2 > 0$$

因为
$$p^3 + q^3 = (p+q)(p^2 - pq + q^2) = 2$$

所以
$$p + q = \dfrac{2}{p^2 - pq + q^2}$$

设 $p+q = x$,则由 $p = \sqrt[3]{2 - q^3}$ 得 $\sqrt[3]{2 - q^3} + q = x$,两边立方并整理得 $3xq^2 - 3x^2 q + x^3 - 2 = 0$.

因为 $x \neq 0$,q 是实数,所以

$$\Delta = 9x^4 - 12x(x^3 - 2) \geqslant 0$$

则 $x^3 \leqslant 8$,$x \leqslant 2$,即 $p+q \leqslant 2$.

故 $p+q$ 的最大值为2.

例5 当 $x^2 + xy + y^2 = 1$ 时,求 $x^2 + y^2$ 的最值.

解法1 设 $k = x^2 + y^2$,$y = mx$(m 为实数),代入 $x^2 + xy + y^2 = 1$,得

$$x^2 + x \cdot xm + (mx)^2 = 1, (1 + m + m^2)x^2 = 1$$

因为 $m^2 + m + 1 \neq 0$,所以

$$x^2 = \dfrac{1}{m^2 + m + 1} \qquad (3)$$

又

$$y^2 = m^2 x^2 = \frac{m^2}{m^2 + m + 1} \qquad (4)$$

把式(3),(4)代入 $k = x^2 + y^2$ 中,得

$$k = x^2 + y^2 = \frac{m^2 + 1}{m^2 + m + 1}$$

所以

$$(k-1)m^2 + km + (k-1) = 0 \qquad (5)$$

式(5)的判别式 $\Delta = k^2 - 4(k-1)^2 \geqslant 0$,解得

$$\frac{2}{3} \leqslant k \leqslant 2$$

由式(5)知,当 $k = 2$ 时,可得 $m = -1$,把 $m = -1$ 代入式(3),(4)中,得 $x^2 = y^2 = 1$,得 $xy = -1$.

由式(5)知当 $k = \frac{2}{3}$,得 $m = 1$. 把 $m = 1$ 代入式 (3),(4)中,得 $x^2 = y^2 = \frac{1}{3}$. 再把 $x^2 = \frac{1}{3}$,$y^2 = \frac{1}{3}$ 代入 $x^2 + xy + y^2 = 1$,得 $xy = \frac{1}{3}$. 故:

当 $\begin{cases} x = 1 \\ y = -1 \end{cases}$ 或 $\begin{cases} x = -1 \\ y = 1 \end{cases}$ 时,$x^2 + y^2$ 取最大值 2;

当 $\begin{cases} x = \dfrac{\sqrt{3}}{3} \\ y = \dfrac{\sqrt{3}}{3} \end{cases}$ 或 $\begin{cases} x = -\dfrac{\sqrt{3}}{3} \\ y = -\dfrac{\sqrt{3}}{3} \end{cases}$ 时,$x^2 + y^2$ 取最小值 $\dfrac{2}{3}$.

解法 2　因为 $x^2 + y^2 = 1 - xy$,所以

$$xy \leqslant 1$$

令 $y = \dfrac{k}{x}$,代入得

$$x^4 + (k-1)x^2 + k^2 = 0$$

所以　　　　　$\Delta = -3k^2 - 2k + 1 \geq 0$

则　　　　　　$-1 \leq k \leq \dfrac{1}{3}$

有　　　　　　$-1 \leq xy \leq \dfrac{1}{3}$

故　　　　　　$\dfrac{2}{3} \leq 1 - xy \leq 2$

因为　　　　　$x^2 + y^2 = 1 - xy$

所以　　　　　$\dfrac{2}{3} \leq x^2 + y^2 \leq 2$

所以 $x^2 + y^2$ 有最大值 2 和最小值 $\dfrac{2}{3}$.

例6 已知 x, y 满足 $x^2 - 2xy + y^2 - \sqrt{2}\,x - \sqrt{2}\,y + 6 = 0$，求 $\dfrac{y}{x}, x+y, xy$ 的最大值或最小值.

解 把已知等式配方得

$$(x-y)^2 - \sqrt{2}(x+y) + 6 = 0 \tag{6}$$

令 $\dfrac{y}{x} = k$，则 $y = kx$，代入式(6)中，得

$$(1-k)^2 x^2 - \sqrt{2}(1+k)x + 6 = 0 \tag{7}$$

(1) 当 $k = 1$ 时，代入式(7)中，得 $x = \dfrac{3\sqrt{2}}{2}$.

(2) 当 $k \neq 1$ 时，式(7)有实数根的条件是

$$\begin{aligned}
\Delta &= \left[-\sqrt{2}(1+k) \right]^2 - 4(1-k)^2 \times 6 \\
&= 2(k+1)^2 - 24(1-k)^2 \geq 0
\end{aligned}$$

解不等式得

$$\dfrac{13 - 4\sqrt{3}}{11} \leq k \leq \dfrac{13 + 4\sqrt{3}}{11}$$

故 $\dfrac{y}{x}$ 的最大值为 $\dfrac{13+4\sqrt{3}}{11}$，最小值为 $\dfrac{13-4\sqrt{3}}{11}$.

又设 $x+y=t$，则 $y=t-x$，代入式（6）中得

$$(2x-t)^2-\sqrt{2}t+6=0$$

所以　　　　$\sqrt{2}t-6=(2x-t)^2\geqslant 0$

则　　　　$t\geqslant 3\sqrt{2}$　（此时 $x=y=\dfrac{3\sqrt{2}}{2}$）

t 取最小值 $3\sqrt{2}$，即 $x+y$ 取最小值 $3\sqrt{2}$.

又设 $xy=m$，则 $4xy=4m$. 在式（6）两边同时加上 $4m$，得

$$4xy+(x-y)^2-\sqrt{2}(x+y)+6=4m$$

即　　　　$\left[(x+y)-\dfrac{\sqrt{2}}{2}\right]^2+\dfrac{11}{2}=4m$

当 $x+y$ 取最小值 $3\sqrt{2}$ 时，由上式，可得

$$4m\geqslant (3\sqrt{2}-\dfrac{\sqrt{2}}{2})^2+\dfrac{11}{2}=18$$

所以　　　　$m\geqslant \dfrac{9}{2}$

即当 $x=y=\dfrac{3\sqrt{2}}{2}$ 时，xy 取最小值 $\dfrac{9}{2}$.

例 7（1978 年第 7 届美国中学数学奥林匹克试题）　已知 a,b,c,d,e 是满足 $a+b+c+d+e=8$，$a^2+b^2+c^2+d^2+e^2=16$ 的实数，试确定 e 的最大值.

解　构造二次函数

$$y=4x^2+2(a+b+c+d)x+(a^2+b^2+c^2+d^2)$$
$$=(x+a)^2+(x+b)^2+(x+c)^2+(x+d)^2\geqslant 0$$

且二次项系数为 $4>0$，故

$$\Delta=4(a+b+c+d)^2-16(a^2+b^2+c^2+d^2)\leqslant 0$$

61

即 $$4(8-e)^2 - 16(16-e)^2 \leqslant 0$$

解得 $$0 \leqslant e \leqslant \frac{16}{5}$$

故 e 的最大值为 $\frac{16}{5}$.

3. 三角代换法

如果题目所给的约束条件符合三角函数的某些特性，那么可以选取适当的三角函数进行代替，将问题里的变元化为某一个变化角度的三角函数式，从而将目标函数化为三角式，用三角法去求解.

例8 若 $x^2 + y^2 = 4$，试求 $x^2 + xy + y^2$ 的最大值与最小值.

解 令 $x = 2\cos\theta, y = 2\sin\theta(0 \leqslant \theta \leqslant 2\pi)$，得

$$k = 4\cos^2\theta + 4\sin\theta\cos\theta + 4\sin^2\theta$$

$$= 4\left(1 + \frac{1}{2}\sin 2\theta\right)$$

当 $\sin 2\theta = 1$ 时，$k_{\max} = 6$；当 $\sin 2\theta = -1$ 时，$k_{\min} = 2$.

例9 在约束条件 $x \geqslant 0, y \geqslant 0$ 及 $3 \leqslant x + y \leqslant 5$ 下，求目标函数 $w = x^2 - xy + y^2$ 的最大值与最小值.

解 根据约束条件，可令 $x = a\sin^2\theta, y = a\cos^2\theta$，其中 $0 \leqslant \theta < 2\pi, 3 \leqslant a \leqslant 5$. 于是，目标函数为

$$w = a^2\sin^4\theta - a^2\sin^2\theta\cos^2\theta + a^2\cos^4\theta$$

$$= a^2\left[(\sin^2\theta + \cos^2\theta) - 3\sin^2\theta\cos^2\theta\right]$$

$$= a^2\left(1 - \frac{3}{4}\sin^2 2\theta\right)$$

所以，当 $\sin 2\theta = 0, a = 5$，即 $x = 5, y = 0$ 或 $x = 0$，$y = 5$ 时，有 $w_{\max} = 25$；当 $\sin 2\theta = \pm 1, a = 3$，即 $x = y = \frac{3}{2}$ 时，有 $w_{\min} = \frac{9}{4}$.

当约束条件是二元二次方程时,可以根据解析几何的有关知识,将其化为参数方程(以角为参数)或极坐标方程,这样把目标函数化成三角式,从而用三角法来解.

例 10　已知 $4x^2 + 9y^2 - 32x - 54y + 109 = 0$,求函数 $w = 5x + 4y - xy$ 的最大值.

解　由已知可化为 $4(x-4)^2 + 9(y-3)^2 = 36$,即

$$\frac{(x-4)^2}{3^2} + \frac{(y-3)^2}{2^2} = 1$$

这是一个椭圆方程,将其化为参数方程

$$\begin{cases} x = 4 + 3\cos\theta \\ y = 3 + 2\sin\theta \end{cases} \quad (\theta \text{ 为参数,且 } -\pi \leq \theta < \pi)$$

所以

$$\begin{aligned} w &= 5(4 + 3\cos\theta) + 4(3 + 2\sin\theta) - \\ &\quad (4 + 3\cos\theta)(3 + 2\sin\theta) \\ &= 20 + 6(\cos\theta - \sin\theta\cos\theta) \\ &= 20 + 6\cos\theta(1 - \sin\theta) \end{aligned}$$

由于 $1 - \sin\theta \geq 0$,因此 w 的最大值在 $\cos\theta > 0$ 时取得. 所以,只需考虑在 $\theta \in (-\frac{\pi}{2}, \frac{\pi}{2})$ 时来求 w 的最大值. 这时,可将目标函数化为

$$\begin{aligned} w &= 20 + 6\sqrt{1 + \sin^2\theta}(1 - \sin\theta) \\ &= 20 + 6\sqrt{(1 + \sin\theta)(1 - \sin\theta)^3} \end{aligned}$$

由于 $3(1 + \sin\theta) + (1 - \sin\theta) + (1 - \sin\theta) + (1 - \sin\theta) = 6$ 是定值,根据平均不等式定理知,当 $3(1 + \sin\theta) = 1 - \sin\theta$(即 $\sin\theta = -\frac{1}{2}$,由此得 $\theta = -\frac{\pi}{2}$ 时,$3(1 + \sin\theta)(1 - \sin\theta)^3$ 有最大值. 这时,w 也

同时达到最大值. 这就是说, 当 $x = 4 + 3\cos\left(-\dfrac{\pi}{6}\right) =$

$4 + \dfrac{3}{2}\sqrt{3}, y = 3 + 2\sin\left(-\dfrac{\pi}{6}\right) = 2$ 时, 有 $w_{max} = 20 +$

$\dfrac{9}{2}\sqrt{3}$.

例 11 在约束条件 $4x^2 - 5xy + 4y^2 = 5$ 下, 求目标函数 $w = x^2 + y^2$ 的最大值与最小值.

解 将约束条件化为极坐标方程, 即令 $x = \rho\cos\theta, y = \rho\sin\theta$, 得

$$4\rho^2\cos^2\theta - 5\rho\cos\theta \cdot \rho\sin\theta + 4\rho^2\sin^2\theta = 5$$

即

$$\rho^2 = \frac{10}{8 - 5\sin 2\theta}$$

所以

$$w = x^2 + y^2 = \rho^2 = \frac{10}{8 - 5\sin 2\theta}$$

所以, 当 $\sin 2\theta = 1$ 时, 有 $w_{max} = \dfrac{10}{3}$ (这时, 对应有

$x = \pm\sqrt{\dfrac{5}{3}}, y = \pm\sqrt{\dfrac{5}{3}}$); 当 $\sin 2\theta = -1$ 时, 有 $w_{min} =$

$\dfrac{10}{13}$ (此时有 $x = \pm\sqrt{\dfrac{5}{13}}, y = \pm\sqrt{\dfrac{5}{13}}$).

例 12 若 $3x^2 + 2y^2 = 6x$, 求 $x^2 + y^2$ 的极大值.

解 约束条件是过原点的椭圆, 显然该题的几何意义是求外切于椭圆的圆的半径(图 3.28).

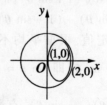

图 3.28

令

$$x^2 + y^2 = k \tag{8}$$

将 $3x^2 + 2y^2 = 6x$ 配方后, 得

$$(x-1)^2 + \frac{2}{3}y^2 = 1$$

其参数方程为

$$\begin{cases} x = 1 + \cos\theta \\ y = \sqrt{\dfrac{3}{2}}\sin\theta \end{cases} \tag{9}$$

将式 (9) 代入式 (8), 得

$$R^2 = (1 + \cos\theta)^2 + \frac{3}{2}\sin^2\theta$$

即 $\qquad\qquad 2R^2 = 9 - (\cos\theta - 2)^2$

当 $\cos\theta = 1$ 时, $(2R^2)_{\max} = 9 - 1 = 8$.

故 $\qquad\qquad (x^2 + y^2)_{\max} = 4$

例 13 若 $3x^2 + 2\sqrt{2}xy + 2y^2 = 4$, 求 $x^2 + y^2$ 的极大、极小值.

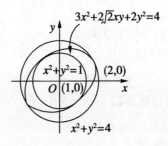

图 3.29

解 约束条件是中心在原点, 对称轴倾斜的椭圆

$(\theta = \dfrac{1}{2}\mathrm{arccot}\dfrac{\sqrt{2}}{2})$, 求 $x^2 + y^2$ 的极大、极小值, 就是求

外切于和内切于该椭圆的两个圆的半径 (图 3.29).

令 $x^2 + y^2 = R^2$,其参数方程为 $\begin{cases} x = R\cos\theta \\ y = R\sin\theta \end{cases}$,代入椭

圆方程中,得

$$3R^2\cos^2\theta + 2\sqrt{2}R^2\sin\theta\cos\theta + 2R^2\sin^2\theta = 4$$

$$R^2\left[2 + \sqrt{2}\sin 2\theta + \frac{1 + \cos 2\theta}{2}\right] = 4$$

$$R^2\left[\frac{5}{2} + \frac{3}{2}\sin\left(2\theta + \arctan\frac{1}{2\sqrt{2}}\right)\right] = 4$$

$$R^2 = \frac{4}{\dfrac{5}{2} + \dfrac{3}{2}\sin\left(2\theta + \arctan\dfrac{1}{2\sqrt{2}}\right)}$$

因为 $|\sin x| \leqslant 1$,所以

$$1 \leqslant R^2 \leqslant 4$$

即

$$1 \leqslant x^2 + y^2 \leqslant 4$$

故 $(x^2 + y^2)_{\max} = 4, (x^2 + y^2)_{\min} = 1$

4. 解析几何计算法

例 14   若 $x^2 + y^2 = k(k > 0)$,求 $x + y$ 的极大、极小值.

解   本题的一般解法是:

由 $x^2 + y^2 = k(k > 0)$,得

$$y = \pm\sqrt{k - x^2} \tag{10}$$

将式(10)代入目标函数 $x + y = S$ 中,得

$$S = x \pm\sqrt{k - x^2}$$

移项、平方、化简,得

$$2x^2 - 2Sx + S^2 - k = 0$$

因为 $x \in \mathbf{R}$,故判别式 $\Delta \geqslant 0$.

即 $S^2 - 2(S^2 - a) \geqslant 0$. 解得

$$-\sqrt{2k} \leqslant S \leqslant \sqrt{2k}$$

66

即 $\qquad -\sqrt{2k} \leqslant x + y \leqslant \sqrt{2k}$

故 $\qquad (x+y)_{\max} = \sqrt{2k}, (x+y)_{\min} = \sqrt{2k}$

下面再给出另一种方法：

题目的几何意义十分明显，$x^2 + y^2 = k$ 表示圆心在原点，半径为 $\sqrt{k}$ 的圆，若令 $x + y = m$，即 $y = -x + m$（m 为参数），它表示斜率为 -1 的直线族. 求 $x + y$ 的极值，即求直线和 y 轴相交截的最高、最低位置，但因受条件的约束，该直线不能离开圆，故必切于圆（图 3.30）. 于是得下面的解法

$$\begin{cases} x^2 + y^2 = k & (11) \\ x + y = m & (12) \end{cases}$$

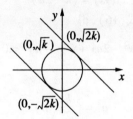

图 3.30

把式（12）代入式（11），消去 y 得

$$2x^2 - 2mx + m^2 - k = 0$$

令 $\Delta = 0$，即

$$m^2 - 2(m^2 - k) = 0$$

解得 $\qquad m = \pm\sqrt{2k}$

所以 $(x+y)_{\max} = \sqrt{2k}, (x+y)_{\min} = -\sqrt{2k}$.

例 15　若 $x + y = 2a(a > 0)$，求 $\sqrt{x} + \sqrt{y}$ 的极大值.

分析　$x + y = 2a$ 是一条斜率为 -1，截距为 $2a$ 的定直线，令 $\sqrt{x} + \sqrt{y} = \sqrt{k}$（$k$ 为参数，$k > 0$），这是以 $y = x$

为轴对称、图像只在第一象限的抛物线族.（若把坐标轴旋转$\frac{\pi}{4}$,再适当移轴不难得到它的标准方程 $y'^2 = 2px'$）很显然 k 值越大,抛物线的顶点越远离原点,但因受条件的约束,又不能离开直线,所以问题又归结为抛物线和直线相切.

$$\begin{cases} \sqrt{x} + \sqrt{y} = \sqrt{k} & (13) \\ x + y = 2a & (14) \end{cases}$$

由式(13)平方得

$$2\sqrt{xy} = k - 2a \qquad (15)$$

由式(15)平方得

$$4xy = (k - 2a)^2 \qquad (16)$$

把式(14)代入式(16),得

$$x^2 - 2ax + \left(\frac{k}{2} - a\right)^2 = 0$$

令 $\Delta = 0$,即

$$a^2 = \left(\frac{k}{2} - a\right)^2$$

所以 $\qquad k_1 = 4a, k_2 = 0 (舍去)$

因此 $\qquad (\sqrt{x} + \sqrt{y})_{\max} = 2\sqrt{a}$

例 16(首届大学生数学夏令营试题) 证明:$(u - v)^2 + \left(\sqrt{2 - u^2} - \frac{9}{v}\right)^2$ 在 $0 < u < \sqrt{2}, v > 0$ 上的极小值是 8.

证明 $(u - v)^2 + \left(\sqrt{2 - u^2} - \frac{9}{v}\right)^2$ 可以视为 $p_1(u, \sqrt{2 - u^2})$ 到 $p_2(v, \frac{9}{v})$ 的距离的平方.

如图 3.31 所示,在平面 uOv 内,p_1 满足 $u^2 + v^2 =$

$2(0 < u < \sqrt{2})$，p_2 满足 $uv = 9(v > 0)$.

显然，当 p_1,p_2 在第一象限的角分线上时，即 p_1 在 M,p_2 在点 N 时 $|p_1p_2|^2$ 最小.

易得 $M(1,1),N(3,3)$，所求极小值为 $(3-1)^2 + (3-1)^2 = 8$.

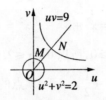

图 3.31

5. 转化为求一元函数的条件最值求解

在初中阶段求多元函数的极值（或最值），最常用的另一种方法就是先通过约束条件转化为一元函数，然后，确定它的定义域，最后再求极值（或最值）.

例 17（1983 年湖北省初中数学竞赛题）　已知 $x^2 + 2y^2 = 1$，求 $2x + 5y^2$ 的最大值和最小值.

解　由已知 $x^2 + 2y^2 = 1$ 可得 $2y^2 = 1 - x^2 \geq 0$，所以

$$-1 \leq x \leq 1$$

且

$$y^2 = \frac{1}{2}(1 - x^2)$$

所以

$$2x + 5y^2 = 2x + \frac{5}{2}(1 - x^2) = -\frac{5}{2}\left(x - \frac{2}{5}\right)^2 + \frac{29}{10}$$

当 $x = \frac{2}{5}$ 时，$\left(x - \frac{2}{5}\right)^2$ 最小且 $-1 < \frac{2}{5} < 1$. 所以此时 $2x + 5y^2$ 有最大值 $\frac{29}{10}$（此时 $y = \pm\frac{\sqrt{42}}{10}$）.

当 $x = -1$ 时,$(x - \frac{2}{5})^2$ 最大. 所以,此时 $2x + 5y^2$ 有最小值 -2(此时 $y = 0$).

例18 已知 $3x^2 + 2y^2 = 6x$,求 $x^2 + y^2$ 的最大值.

解 由约束条件解得 $y^2 = \frac{1}{2}(6x - 3x^2)$.

设 $u = x^2 + y^2 = x^2 + 3x - \frac{3}{2}x^2 = -\frac{1}{2}x^2 + 3x$. 由约束条件知 $6x - 3x^2 \geqslant 0$,所以 $0 \leqslant x \leqslant 2$.

又抛物线 $u = -\frac{1}{2}x^2 + 3x$ 顶点的横坐标为 3 不在 $[0,2]$ 内.

$x = 0$ 时,$u = 0$;$x = 2$ 时,$u = 4$. 故当 $x = 2$ 时,$x^2 + y^2$ 的最大值为 4.

如果得出 $x^2 + y^2 = -\frac{1}{2}x^2 + 3$ 就认为,抛物线 $u = -\frac{1}{2}x^2 + 3x$ 顶点的横坐标是 3,故当 $x = 3$ 时,$x^2 + y^2$ 取得最大值 $4\frac{1}{2}$,那就错了. 因 $x = 3$ 不是定义域内的值. 可见利用约束条件确定函数的定义域是很重要的.

例19 在条件 $x + y - z = 1$,$x - 5y + 2z = 16$,$3y + z = 5a$ 下,试确定 a 取什么整数时可以使 $w = x^2 + y^2 + z^2$ 取得最小值?并求出这个最小值.

解 由已知解得
$$x = a + 5, y = a - 1, z = 2a + 3$$

所以 $\quad w = 6a^2 + 20a + 35 = 6(a + \frac{5}{3})^2 + \frac{55}{3}$

因为 a 是整数,所以 $a = -2$ 时,w 有最小值,最小值为 19.

例 20　求三元函数 $w = xy + yz + zx$ 的最小值,其中 x, y, z 是实数,且满足约束条件 $x^2 - yz - 8x + 7 = 0$,$y^2 + z^2 + yz - 6x + 6 = 0$.

解　由已知得

$$yz = x^2 - 8x + 7$$

$$(y + z)^2 = yz + 6x - 6$$

$$= (x^2 - 8x + 7) + 6x - 6$$

$$= (x - 1)^2$$

所以　　$y + z = \pm(x - 1), z = -y \pm(x - 1)$

代入 $y - z$ 中,得

$$y^2 \pm (x - 1)y + (x^2 - 8x + 7) = 0$$

由于 y 是实数,所以

$$(x - 1)^2 - 4(x^2 - 8x + 7) \geqslant 0$$

所以 $1 \leqslant x \leqslant 9$,这是 x 的允许值的范围.

再将 yz 和 $y + z$ 代入目标函数中消去变量 y, z,得

$$w = x(y + z) + yz$$

$$= \pm x(x - 1) + (x^2 - 8x + 7)$$

$$= \begin{cases} 2x^2 - 9x + 7 = 2\left(x - \dfrac{9}{4}\right)^2 - \dfrac{25}{8} \\ -7x + 7 \end{cases}$$

若 $w = 2\left(x - \dfrac{9}{4}\right)^2 - \dfrac{25}{8}$,当 $x = \dfrac{9}{4}$ 时,$w_{\min} = -\dfrac{25}{8}$.

若 $w = -7x + 7$,当 $x = 9$ 时,$w_{\min} = -50$.

总之,在区间 $[1, 9]$ 上,当 $x = 9$ 时,w 的最小值为 -50.

6. 利用函数的单调性

例 21(第 47 届美国普特南数学竞赛题)　求出并证明 $f(x) = x^3 - 3x$ 的最大值,其中 x 为任意实数,满

71

足 $x^4 + 36 \leqslant 13x^2$.

解 不等式 $x^4 + 36 \leqslant 13x^2$,即 $4 \leqslant x^2 \leqslant 9$,其解为 $-3 \leqslant x \leqslant -2$ 或 $2 \leqslant x \leqslant 3$.

设 $x \geqslant y$,则

$$f(x) - f(y) = (x - y)(x^2 + xy + y^2 - 3)$$

令 $f(x) \geqslant f(y)$,即 $f(x) - f(y) \geqslant 0$. 所以

$$x^2 + xy + y^2 - 3 \geqslant 0$$

因为 x 为 $[-3, -2] \cup [2, 3]$ 上的任意实数,所以

$$y^2 - 4(y^2 - 3) \leqslant 0$$

故 $y^2 \geqslant 4$,$y \leqslant -2$ 或 $y \geqslant 2$.

从而知 $f(x)$ 在 $[-3, -2] \cup [2, 3]$ 上为增函数,其最大值为 $f(-2)$ 或 $f(3)$,计算得 $f(x)$ 的最大值为 $f(3) = 18$.

说明 本题为一元函数的条件最值,对这类问题,一般先据条件确定出自变量的范围,再据函数的单调性及微分法求得最值.

例 22(1990 年全国高中数学联赛试题) 设 n 为自然数,a, b 为正实数,且 $a + b = 2$,则 $\dfrac{1}{1 + a^n} + \dfrac{1}{1 + b^n}$ 的最小值是_____.

解 构造函数 $f(x) = \dfrac{1}{1 + x}$,易知其在区间 $(0, +\infty)$ 上为减函数.

由于 $a + b = 2$,得

$$ab \leqslant 1, \quad a^n b^n \leqslant 1$$

即

$$0 < a^n \leqslant \frac{1}{b^n}$$

所以

$$f(a^n) \geqslant f\left(\frac{1}{b^n}\right)$$

即
$$\frac{1}{1+a^n} \geqslant \frac{1}{1+b^{-n}}$$

整理,得
$$\frac{1}{1+a^n} \geqslant \frac{1}{1+b^n} \geqslant 1$$

即 $\dfrac{1}{1+a^n} + \dfrac{1}{1+b^n}$ 的最小值为 1.

说明　构造单调函数证明不等式或求最值也是一种重要方法,关键是视问题的特点,构造出相应的函数.

7. 应用重要不等式

例 23(第 22 届全苏中学生数学奥林匹克试题)

设正数 x, y, z 满足 $x^2 + y^2 + z^2 = 1$,求 $S = \dfrac{xy}{z} + \dfrac{yz}{x} + \dfrac{zx}{y}$ 的最小值.

解　先将函数式平方,得
$$S^2 = \frac{x^2 y^2}{z^2} + \frac{y^2 z^2}{x^2} + \frac{z^2 x^2}{y^2} + 2x^2 + 2y^2 + 2z^2$$
$$= \frac{1}{2}\left(\frac{x^2 y^2}{z^2} + \frac{z^2 x^2}{y^2}\right) + \frac{1}{2}\left(\frac{z^2 x^2}{y^2} + \frac{y^2 z^2}{x^2}\right) +$$
$$\frac{1}{2}\left(\frac{y^2 z^2}{x^2} + \frac{x^2 y^2}{z^2}\right) + 2$$
$$\geqslant x^2 + y^2 + z^2 + 2 = 3$$

即
$$S \geqslant \sqrt{3} \quad (S \leqslant -\sqrt{3} \text{ 舍去})$$

当且仅当 $x = y = \dfrac{\sqrt{3}}{3}$ 时,S 的最小值为 $\sqrt{3}$.

例 24(1999 年全国高中数学联赛试题)　给定正整数 n 和正数 M,对于满足条件 $a_1^2 + a_{n+1}^2 \leqslant M$ 的所有等差数列 $a_1, a_2, a_3, \cdots$,试求 $S = a_{n+1} + a_{n+2} + \cdots + a_{2n+1}$ 的最大值.

解 依题意得

$$S = \frac{(n+1)(a_{n+1} + a_{2n+1})}{2} \qquad (17)$$

因为 $\qquad a_1 + a_{2n+1} = 2a_{n+1}$

即 $\qquad a_{2n+1} = 2a_{n+1} - a_1$

代入式(17)得

$$S = \frac{n+1}{2}(3a_{n+1} - a_1)$$

由柯西不等式得

$$S \leqslant \frac{n+1}{2}\sqrt{[3^2 + (-1)^2](a_1^2 + a_{n+1}^2)}$$

$$= \frac{n+1}{2}\sqrt{10M}$$

当且仅当 $3a_{n+1} - a_1 > 0$,且 $a_1^2 + a_{n+1}^2 = M$,$\dfrac{a_{n+1}}{3} = -a_1$ 时等号成立,由此得

$$a_1 = -\frac{\sqrt{10M}}{10}, \quad a_{n+1} = \frac{3\sqrt{10M}}{10}$$

故 S 的最大值为 $\dfrac{(n+1)\sqrt{10M}}{2}$.

说明 例23 应用了基本不等式 $a^2 + b^2 \geqslant 2ab$,在应用它或均值不等式求最值时,为使用条件,应据函数式的特点灵活处理,本题若不将函数式平方,则难以求解. 柯西不等式在证明不等式或求最值时都很有用,例24 也可以用其他方法求解,但均不及此法简便.

例25 在约束条件 $x \geqslant 0, y \geqslant 0, z \geqslant 0$ 及 $2x + 3y + 5z = 6$ 下,求目标函数 $w = x^2 yz$ 的最大值.

解 注意到目标函数 $y = \dfrac{1}{15}(x \cdot x \cdot 3y \cdot 5z)$.

由已知 $x + x + 3y + 5z = 6$ 是定值,因此,由平均不等式可知当 $x = 3y = 5z = \dfrac{6}{4}$,即 $x = \dfrac{3}{2}, y = \dfrac{1}{2}, z = \dfrac{3}{10}$ 时,

有 $w_{max} = \dfrac{1}{15} \times (\dfrac{3}{2})^4 = \dfrac{27}{80}$.

运用平均不等式求极值有一定的局限性,为了解决更一般的问题,下面先介绍幂平均的定义.

定义　设 $a_1, a_2, \cdots, a_n$ 是任意一组正数,则称

$$M_\alpha(a_1, a_2, \cdots, a_n) = \left[\frac{a_1^\alpha + a_2^\alpha + \cdots + a_n^\alpha}{n} \right]^{\frac{1}{\alpha}}$$

为这组数的 α 次幂平均数,简记为 M_α.

例如,取 $\alpha = 1$,即为我们熟知的算术平均数

$$M_1 = \frac{a_1 + a_2 + \cdots + a_n}{n}$$

取 $\alpha = -1$,则

$$M_{-1} = \left[\frac{a_1^{-1} + a_2^{-1} + \cdots + a_n^{-1}}{n} \right]^{-1} = \frac{1}{\dfrac{1}{a_1} + \dfrac{1}{a_2} + \cdots + \dfrac{1}{a_n}}$$

就是通常所说的调和平均数.

注意在幂平均的定义中,当 $\alpha = 0$ 时,M_0 是没有意义的. 但可以证明

$$\lim_{\alpha \to 0} M_\alpha = \sqrt[n]{a_1 a_2 \cdots a_n}$$

因此,可以认为零次幂平均数表示几何平均数. 即

$$M_0 = \sqrt[n]{a_1 a_2 \cdots a_n}$$

幂平均定理　设 $a_1, a_2, \cdots, a_n$ 是任意几个正数,如果 $\alpha > \beta$,那么 $M_\alpha \geqslant M_\beta$,当且仅当 n 个正数全相等时等号成立.

特别地,由于 $-1 < 0 < 1 < 2$,因此由幂平均定理有

$$M_{-1} \leqslant M_0 \leqslant M_1 \leqslant M_2$$

即调和平均数不大于几何平均数,几何平均数不大于算术平均数,算术平均数不大于平方平均数. 它是幂平均定理的特例.

当条件极值问题里的约束条件是一些正数的同次幂的和为定值时,就可以根据平均定理去确定这些正数的另一个同次幂和的最大值(或最小值).

例26 已知 $x \geqslant 0, y \geqslant 0, z \geqslant 0, 9x^2 + 12y^2 + 5z^2 = 9$,求函数 $w = 3x + 6y + 5z$ 的最大值.

解 考虑 9 个正数,即一个 $3x$,三个 $2y$,五个 z 的幂平均. 由 $M_1 \leqslant M_2$,即

$$\frac{3x + 3(2y) + 5z}{9} \leqslant \left[\frac{(3x)^2 + 3(2y)^2 + 5z^2}{9} \right]^{\frac{1}{2}}$$

代入约束条件,得

$$3x + 6y + 5z \leqslant 9$$

当 9 个正数全相等时,上式等号成立. 即当 $3x = 2y = z = 1$,即 $x = \dfrac{1}{3}, y = \dfrac{1}{2}, z = 1$ 时,有 $w_{\max} = 9$.

例27 已知 $a + b + c = 1, a \geqslant 0, b \geqslant 0, c \geqslant 0$,求 $w = (a + \dfrac{1}{a})^3 + (b + \dfrac{1}{b})^3 + (c + \dfrac{1}{c})^3$ 的最大值.

解 考虑 3 个正数 $(a + \dfrac{1}{a})$,$(b + \dfrac{1}{b})$,$(c + \dfrac{1}{c})$ 的幂平均数. 由 $M_3 \geqslant M_1$,即

$$\left[\frac{(a + \frac{1}{a})^3 + (b + \frac{1}{b})^3 + (c + \frac{1}{c})^3}{3} \right]^{\frac{1}{3}}$$

$$\geqslant \frac{(a + \frac{1}{a}) + (b + \frac{1}{b}) + (c + \frac{1}{c})}{3}$$

$$= \frac{1 + \dfrac{1}{a} + \dfrac{1}{b} + \dfrac{1}{c}}{3}$$

其中仅当 $a + \dfrac{1}{a} = b + \dfrac{1}{b} = c + \dfrac{1}{c}$，即 $a = b = c$ 时等号成立.

另一方面，考虑三个正数 a, b, c 的幂平均，由 $M_{-1} \leqslant M_1$，即

$$\left(\frac{\dfrac{1}{a} + \dfrac{1}{b} + \dfrac{1}{c}}{3} \right)^{-1} \leqslant \frac{a + b + c}{3} = \frac{1}{3}$$

所以
$$\frac{1}{a} + \frac{1}{b} + \frac{1}{c} \geqslant 9$$

所以
$$\left[\frac{(a + \dfrac{1}{a})^3 + (b + \dfrac{1}{b})^3 + (c + \dfrac{1}{c})^3}{3} \right]^{\frac{1}{3}} \geqslant \frac{10}{3}$$

即
$$(a + \frac{1}{a})^3 + (b + \frac{1}{b})^3 + (c + \frac{1}{c})^3 \geqslant \frac{1\,000}{9}$$

注意到两次使用幂平均定理时的等号均在 $a = b = c$ 时成立. 因此，当 $a = b = c = \dfrac{1}{3}$ 时，有 $w_{\max} = \dfrac{1\,000}{9}$.

例 28　在约束条件 $x^5 + y^5 + z^5 = 5, x \geqslant 0, y \geqslant 0,$ $z \geqslant 0$ 下，求函数 $w = (x^2 + y^2 + z^2)(x^3 + y^3 + z^3)$ 的最大值.

解　由幂平均不等式定理，有
$$M_5(x, y, z) \geqslant M_2(x, y, z)$$
$$M_5(x, y, z) \geqslant M_3(x, y, z)$$

所以

$$[M_5(x,y,z)]^2 \geqslant [M_2(x,y,z)]^2$$
$$[M_5(x,y,z)]^3 \geqslant [M_3(x,y,z)]^3$$

两式同向分别相乘,得

$$[M_5(x,y,z)]^5 \geqslant [M_2(x,y,z)]^2 \cdot$$
$$[M_3(x,y,z)]^3$$

即

$$\frac{x^5+y^5+z^5}{3} \geqslant \frac{x^2+y^2+z^2}{3} \cdot \frac{x^3+y^3+z^3}{3}$$

所以

$$w = (x^2+y^2+z^2)(x^3+y^3+z^3)$$
$$\leqslant 3(x^5+y^5+z^5) = 15$$

所以,当 $x=y=z=\sqrt[5]{\dfrac{5}{3}}$ 时,有 $w_{max}=15$.

8. 待定常数法

即设一个常数 k,利用这个常数将函数配成几个差(或和)的平方与常数和的形式,然后令这几个差(或和)等于 0,列出关于 x 与 k 的方程组,再解方程组求出常数 k,从而使极值问题得以解决.

例 29 已知 $x>0$,求函数 $4x+\dfrac{9}{x^2}+1$ 的极值.

解 设 k 为正的常数,则

$$4x+\frac{9}{x^2}+1$$

$$= (\frac{9}{x^2}-\frac{6k}{x}+k^2) + \frac{6k}{x}+4x-k^2+1$$

$$= (\frac{3}{x}-k)^2 + [(\frac{\sqrt{6k}}{\sqrt{x}})^2 + (2\sqrt{x})^2 - 4\sqrt{6k}] +$$

$$4\sqrt{6k}-k^2+1$$

$$= (\frac{3}{x}-k)^2 + (\frac{\sqrt{6k}}{\sqrt{x}}-2\sqrt{x})^2 + 4\sqrt{6k}-k^2+1$$

显然,当 k 满足 $\begin{cases} \dfrac{3}{x} = k \\[2mm] \dfrac{\sqrt{6k}}{\sqrt{x}} = 2\sqrt{x} \end{cases}$ 时,函数有极小值.

解此方程组得 $k = 3\sqrt{6}$.

所以,当 $x = \dfrac{3}{k} = \dfrac{3}{\sqrt[3]{6}} = \dfrac{1}{2}\sqrt[3]{36}$ 时,原来的函数有极

小值

$$4\sqrt{6k} - k^2 + 1 = 4 \times 6^{\frac{1}{2}} \times 6^{\frac{1}{6}} - 6^{\frac{2}{3}} + 1 = 3\sqrt[3]{36} + 1$$

例 30 已知 a, b, n, x 均为正实数,求函数 $ax^{2n} + bx^{-2n} + c$ 的极值.

解 设 k 是正的常数,则

$$ax^n + bx^{-2n} + c$$

$$= \left[(\sqrt{b}x^{-n})^2 + k^2 - 2k\sqrt{b}x^{-n} \right] + 2k\sqrt{b}x^{-n} + ax^n - k^2 + c$$

$$= (\sqrt{b}x^{-n} - k)^2 + \left[(\sqrt{2k\sqrt{b}}\,x^{-\frac{n}{2}})^2 + (\sqrt{a}x^{\frac{n}{2}})^2 - \right.$$

$$\left. 2\sqrt{2ak\sqrt{b}} \right] + 2\sqrt{2ak\sqrt{b}} - k^2 + c$$

$$= (\sqrt{b}x^{-n} - k)^2 + \left(\sqrt{2k\sqrt{b}}\,x^{-\frac{n}{2}} - \sqrt{a}x^{\frac{n}{2}} \right)^2 +$$

$$2\sqrt{2ak\sqrt{b}} - k^2 + c$$

当 k 满足 $\begin{cases} \sqrt{b}x^{-n} = k \\[2mm] \sqrt{2k\sqrt{b}}\,x^{-\frac{n}{2}} = \sqrt{a}x^{\frac{n}{2}} \end{cases}$ 时,原函数有极小

值. 解这个方程组得 $k = \dfrac{1}{2}\sqrt[3]{4a\sqrt{b}}$.

所以,当 $x^n = \dfrac{\sqrt{b}}{k} = \dfrac{2\sqrt{b}}{\sqrt[3]{4a\sqrt{b}}} = \dfrac{\sqrt[3]{2a^2b}}{a}$ 时,原来的函数

有极小值

$$2\sqrt{2ak\sqrt{b}}-k^2+c=2\sqrt{a^3\sqrt[3]{4a\sqrt{b}}}-\frac{1}{4}\sqrt[3]{16a^2b}+c$$

例 31 已知 a,b,n,x 均为正实数,求函数 $ax^{2n}+bx^{-n}+c$ 的极值.

解 设 k 是正的常数,则

$$ax^{2n}+bx^{-n}+c$$

$$=\left[(\sqrt{a}x^n)^2+k^2-2k\sqrt{a}x^n\right]+\left[(\sqrt{2k\sqrt{a}})x^{\frac{n}{2}})^2+\right.$$

$$\left.(\sqrt{b}x^{-\frac{n}{2}})^2-2\sqrt{2bk\sqrt{a}}\right]+2\sqrt{2bk\sqrt{a}}-k^2+c$$

$$=(\sqrt{a}x^n-k)^2+(\sqrt{2k\sqrt{a}}x^{\frac{n}{2}}-\sqrt{b}x^{-\frac{n}{2}})^2+$$

$$2\sqrt{2bk\sqrt{a}}+k^2+c$$

显然,当 k 满足 $\begin{cases}\sqrt{a}x^n=k\\\sqrt{2k\sqrt{a}}x^{\frac{n}{2}}=\sqrt{b}x^{-\frac{n}{2}}\end{cases}$ 时,函数有极

小值. 解方程组得

$$k=\frac{1}{2}\sqrt[3]{4b\sqrt{a}}$$

所以,当 $x^n=\dfrac{k}{\sqrt{a}}=\dfrac{1}{2}\sqrt[3]{4b\sqrt{a}}/\sqrt{a}=\sqrt[3]{4b\sqrt{a}}\cdot$

$\sqrt{a}/2a$ 时,原来的函数有极小值 $2\sqrt{2bk\sqrt{a}}-k^2+c=$

$$2\sqrt{b\sqrt{a}\cdot\sqrt[3]{4b\sqrt{a}}}-\frac{1}{2}\sqrt[3]{2b^2a}+c$$

例 32(1982 年西德数学竞赛题) 已知非负实数 $a_1,a_2,\cdots,a_n$ 满足 $a_1+a_2+\cdots+a_n=1$. 证明:

$$\frac{a_1}{1+a_2+a_3+\cdots+a_n}+\frac{a_2}{1+a_1+a_3+\cdots+a_n}+\cdots+$$

$$\frac{a_n}{1+a_1+a_2+\cdots+a_{n-1}}$$ 有一个极小值,并且把它求出

来.

证明 根据已知条件,原式可化为

$$\frac{a_1}{2-a_1}+\frac{a_2}{2-a_2}+\cdots+\frac{a_n}{2-a_n}$$

$$=\frac{2}{2-a_1}-1+\frac{2}{2-a_2}-1+\cdots+\frac{2}{2-a_n}-1$$

$$=2\left(\frac{1}{2-a_1}+\frac{1}{2-a_2}+\cdots+\frac{1}{2-a_n}\right)-n \qquad (18)$$

只需求出括号内和式的最小值即可.

设

$$\lambda\left(\frac{1}{2-a_1}+\frac{1}{2-a_2}+\cdots+\frac{1}{2-a_n}\right)+2n-1$$

$$=\frac{\lambda}{2-a_1}+(2-a_1)+\frac{\lambda}{2-a_2}+(2-a_2)+\cdots+$$

$$\frac{\lambda}{2-a_n}+(2-a_n)$$

$$\geq 2n\left[\frac{\lambda(2-a_1)}{2-a_1}\cdot\frac{\lambda(2-a_2)}{2-a_2}\cdot\cdots\cdot\frac{\lambda(2-a_n)}{2-a_n}\right]^{\frac{1}{2n}}$$

$$=2n\sqrt{\lambda} \quad (\lambda\ 为待定常数)$$

等号成立的充要条件是 $\dfrac{\lambda}{2-a_1}=2-a_1=\dfrac{\lambda}{2-a_2}=$

$2-a_2=\cdots=\dfrac{\lambda}{2-a_n}=2-a_n$,即 $a_1=a_2=\cdots=a_n=2-$

$\sqrt{\lambda}$.

由 $n(2-\sqrt{\lambda})=a_1+a_2+\cdots+a_n=1$,得

$$\sqrt{\lambda}=2-\frac{1}{n},\lambda=\left(2-\frac{1}{n}\right)^2$$

即存在正数 λ 满足条件,所求最小值存在.

令 $a_1=a_2=\cdots=a_n=\dfrac{1}{n}$,代入式(18)即得极小值

为 $\dfrac{n}{2n-1}$.

9. 其他方法

例 33(1999 年上海市高中数学竞赛题) 设 $a,b,$ c,d 是四个不同的实数,使得 $\dfrac{a}{b}+\dfrac{b}{c}+\dfrac{c}{d}+\dfrac{d}{a}=4$,且 $ac=bd$. 求 $\dfrac{a}{c}+\dfrac{b}{c}+\dfrac{c}{d}+\dfrac{d}{a}$ 的最大值.

解 设 $x=\dfrac{a}{b}, y=\dfrac{b}{c}$,由 $ac=bd$ 得

$$\frac{c}{d}=\frac{b}{a}=\frac{1}{x}, \frac{d}{a}=\frac{c}{b}=\frac{1}{y}$$

问题转化成在约束条件 $x\neq 1, y\neq 1, x+y+\dfrac{1}{x}+\dfrac{1}{y}=4$

下,求 $xy+\dfrac{y}{x}+\dfrac{1}{xy}+\dfrac{x}{y}$ 的最大值.

又设 $x+\dfrac{1}{x}=e, y+\dfrac{1}{y}=f$,则

$$ef=\left(x+\frac{1}{x}\right)\left(y+\frac{1}{y}\right)=xy+\frac{y}{x}+\frac{1}{xy}+\frac{x}{y}$$

当 $t>0$ 时,$t+\dfrac{1}{t}\geqslant 2$;$t<0$ 时,$t+\dfrac{1}{t}\leqslant -2$.

又由 $x+x^{-1}+y+y^{-1}=4$ 知,x,y 不同号(否则有 $x=y=1$).

不妨设 $x>0, y<0$,则

$$f\leqslant -2, e=4-f\geqslant 6, ef\leqslant -12$$

当且仅当 $y=-1, x=3\pm 2\sqrt{2}$ 时等号成立.

特别地,当 $a=3+2\sqrt{2}, b=1, c=-1, d=-3-2\sqrt{2}$ 时等号成立.

故所求的最大值为 -12.

说明　通过适当换元,将原问题变为一个较易解决的问题,是极为重要的转化手段,这在求条件最值时很有用. 做何种代换,应视问题的特点灵活选取,本题选用了比值代换与局部代换.

例 34(第 40 届 IMO 中国国家队选拔考试题)　对于满足条件 $x_1 + x_2 + \cdots + x_n = 1$ 的非负实数 $x_1, x_2, \cdots, x_n$,求 $\displaystyle\sum_{j=1}^{n}(x_j^4 - x_j^5)$ 的最大值.

解　用逐步调整法探求出最大值.

(1)首先对 $x, y > 0$,比较 $(x+y)^4 - (x+y)^5 + 0^4 - 0^5$ 与 $x^4 - x^5 + y^4 - y^5$ 的大小.

$$(x+y)^4 - (x+y)^5 + 0^4 - 0^5 - (x^4 - x^5 + y^4 - y^5)$$
$$= xy(4x^4 + 6xy + 4y^2) - xy(5x^3 + 10xy^2 + 10x^2 y + 5y^3)$$
$$\geqslant \frac{7}{2}xy(x^2 + 2xy + y^2) - 5xy(x^3 + 3x^2 y + 3xy^2 + y^3)$$
$$= \frac{1}{2}xy(x+y)^2[7 - 10(x+y)]$$

只需 $x > 0, y > 0, 7 - 10(x+y) > 0$,上式必大于 0.

(2)若 $x_1, x_2, \cdots, x_n$ 中的非 0 数小于两个,则题中的和式为 0,以下考察 $x_1, x_2, \cdots, x_n$ 中的非 0 数不少于两个的情形.

若某三个数 $x_i, x_j, x_k > 0$,则其中必有两个之和 $\leqslant \dfrac{2}{3} < \dfrac{7}{10}$. 由(1)的讨论,可将这两个数合并为一个数,另补一个数 0,使得题中和式之值变大,经有限次调整,最后剩下两个非 0 数,不妨设为 $x, y > 0, x + y = 1$.

对比情形
$$x^4 - x^5 + y^4 - y^5$$
$$= x^4(1-x) + y^4(1-y) = x^4 y + xy^4$$

$$= xy(x^3 + y^3) = xy(x+y)(x^2 - xy + y^2)$$
$$= xy[(x+y)^2 - 3xy] = xy(1 - 3xy)$$
$$= \frac{1}{3}(3xy)(1 - 3xy)$$

当 $3xy = \frac{1}{2}$,即 $xy = \frac{1}{6}$ 时,上式取最大值 $\frac{1}{12}$.

此即题中所求最大值. 能达到此最大值的诸 x_i 中只有两个不是 0. 用 x,y 表示这两个数,则 $x,y > 0$,$x + y = 1$,$xy = \frac{1}{6}$,解得 $x = \frac{3 + \sqrt{3}}{6}$,$y = \frac{3 - \sqrt{3}}{6}$ 或 $x = \frac{3 - \sqrt{3}}{6}$,$y = \frac{3 + \sqrt{3}}{6}$.

经验算可知,若 $x_1, x_2, \cdots, x_n$ 中仅有这样两个非零数,则题中和式达到 $\frac{1}{12}$.

说明 "逐步调整法"即先从特殊情形(初始状态)入手,再逐步调整到一般情况(最终状态)的解题方法. 它在证明非常规多变量条件不等式或求多变量条件最值中比较有效.

习 题

36. (1989 年天津市数学奥林匹克学校招生试题) 已知 $M = 4x^2 - 12xy + 10y^2 + 4y + 9$,当式中的 x,y 各取何值时,M 的值最小?

37. 当 x,y 为何值时,表示式 $f(x,y) = x^2 - 2xy + 6y^2 - 14x - 6y + 72$ 有最小值?

38. (1984 年第 35 届美国中学数学竞赛题) 在满

足 $(x-3)^2 + (y-3)^2 = 6$ 的实数对 (x,y) 中, $\dfrac{y}{x}$ 的最大值是多少?

39. (1981 年加拿大数学竞赛题) 确定最大的实数 z, 使得 $x + y + z = 5$, $xy + yz + zx = 3$, 并且 x, y 也是实数.

40. 已知 $2x^2 - 2xy + y^2 - 6x - 4y + 27 = 0$, 求实数 x 和 y 的最大值和最小值.

41. 实数 x, y 满足 $x^2 - 2xy - y^2 - \sqrt{3}x - \sqrt{3}y + 12 = 0$, 求下列各数的最小值:

(1) $x + y$;

(2) xy;

(3) $x^3 + y^3$.

42. 当 $x + y - 3z = 0$, $3x - y - z = 4$ 时, 求 $x^2 + y^2 + z^2$ 的最小值及这时 x, y, z 的值.

43. (1) 当 $x + 3y = 10$ 时, 求 $x^2 + 3y^2$ 的最值;

(2) 当 $x + 2y = 1$ 时, 求 $x^2 + y^2$ 的最值;

(3) $3x^2 + 2y^2 = 9x$ 时, 求 $x^2 + y^2$ 的最值.

44. 若 x, y, z 均为非负实数, 且 $3y + 2z = 3 - x$, $3y + z = 4 - 3x$, 试求 $w = 3x - 2y + 4z$ 的最大值与最小值.

45. 在约束条件 $x^2 + 2xy + y^2 + x - y = 0$ 下, 求目标函数 $L = x - y$ 的最大值.

46. 若 $x^2 + y^2 = 1$, $a^2 + b^2 = 1$, 求函数 $w = ax + by$ 的最大值与最小值.

47. 若 $x^2 + y^2 \le 1$, 求 $w = x^2 + 2xy - y^2$ 的最大值与最小值.

48. 若 $x^2 + y^2 \le z \le 1$, 求 $w = x + y + z$ 的最大值与

最小值.

49. 在约束条件 $x^2 + y^2 - 8x - 6y + 21 = 0$ 下，求目标函数 $w = \sqrt{x^2 + y^2 + 3}$ 的最大值与最小值.

50. 若 x,y 为正数，a,b 均为正的常数，且 $\dfrac{a}{x} + \dfrac{b}{y} = 1$，求 $2x + y$ 的极小值.

51. 已知 $x + y + z = a$，$x^2 + y^2 + z^2 = \dfrac{a^2}{2}$，求 x 的最大值与最小值 $(a > 0)$.

52. 若 $a + b + c + d = 1$，试求 $w = \dfrac{1}{1-a} + \dfrac{1}{1-b} + \dfrac{1}{1-c} + \dfrac{1}{1-d}$ 的最小值.

53. 若 $2x + 3y + 6z = 12$，且 x,y,z 均为正数，求：
(1) $w = xyz$；(2) $u = x^2 yz$；(3) $t = x^2 + y^2 + z^2$ 的最大值.

54. 求函数 $u = x^2 - xy + y^2$ 在区域 $|x| + |y| \leqslant 1$ 中的最大值和最小值.

55. 求函数 $f(x) = x^2(1 - 3x)$ 在 $\left[0, \dfrac{1}{3}\right]$ 上的最大值.

56. 设 a,b,c,d,e,f,g 是非负实数，且 $a + b + c + d + e + f + g = 1$，求 $M = \max\{a + b + c, b + c + d, c + d + a, d + e + f, e + f + g\}$ 的最小值.

57. 设数 $x_1, x_2, \cdots, x_{1\,993}$ 满足条件 $|x_1 - x_2| + |x_2 - x_3| + \cdots + |x_{1\,992} - x_{1\,993}| = 1\,993$，而 $y_k = \dfrac{1}{k}(x_1 + x_2 + \cdots + x_k)$，$k = 1,2,\cdots,1\,993$. 求 $u = |y_1 - y_2| + |y_2 - y_3| + \cdots + |y_{1\,992} - y_{1\,993}|$ 的最大值.

58. 设 $x_1, x_2, \cdots, x_n$ 为非负实数, 且 $\sum\limits_{i=1}^{n} x_i = 1$, 求和式 $\sum\limits_{i<j} x_i x_j (x_i + x_j)$ 的最大值.

59. (1) 已知 a, b, n, x 均为正实数, 求函数 $ax^n + bx^{-2n} + c$ 的极值.

(2) 求 $y = 4x^2 + \dfrac{27}{x} + 1 (x > 0)$ 的极小值.

三角函数的极值问题

求含有三角函数式子的极值问题,我们简称为三角函数的极值. 三角函数式极值是函数极值问题的重要部分,它在生产、生活实际中具有广泛的应用,这一内容不仅与三角函数式的恒等变形、三角方程等知识直接相关,而且与代数中二次函数、二次方程判别式、不等式及某些几何知识联系也很紧密. 下面就三角函数式极值问题的初等解法,做一归纳.

4.1 恰当恒等变形后利用三角函数有界性求

某些三角函数式的极值问题,如果给定的三角函数式可以通过恰当的恒等变形为 $A\sin(mx+\varphi)+k$,$A\cos(mx+\varphi)+k$ (A,m,φ,k 均为常数)的形式,这时根据三角函数定义,由 $|\sin x| \leqslant 1$,$|\cos x| \leqslant 1$,便可直接讨论其极大、极小的情形.

例1 求函数 $y = \cos x[\cos x - \cos(x + \frac{2\pi}{3})]$ 的最大值和最小值.

解 $y = \cos^2 x - \cos x \cos(x + \frac{2\pi}{3})$

$$= \frac{1 + \cos 2x}{2} - \frac{\cos(2x + \frac{2\pi}{3}) + \cos \frac{2\pi}{3}}{2}$$

$$= \sin \frac{\pi}{3} \sin(2x + \frac{\pi}{3}) + \frac{3}{4}$$

$$= \frac{\sqrt{3}}{2} \sin(2x + \frac{\pi}{3}) + \frac{3}{4}$$

当 $\sin(2x + \frac{\pi}{3}) = 1$（即 $x = \frac{\pi}{12} + k\pi$, k 是整数），y

有最大值 $\frac{3 + 2\sqrt{3}}{4}$；当 $\sin(2x + \frac{\pi}{3}) = -1$（即 $x = \frac{7\pi}{12} +$

$k\pi$, k 是整数），y 有最小值 $\frac{3 - 2\sqrt{3}}{4}$.

例2 已知 a, b 是不相等的正数，求

$$y = \sqrt{a\cos^2 x + b\sin^2 x} + \sqrt{a\sin^2 x + b\cos^2 x}$$

的最大值和最小值.

解 因为 $y > 0$，所以使 y^2 达到最大（或最小）的 x 值也使 y 达到最大（或最小）

$$y^2 = a\cos^2 x + b\sin^2 x + 2\sqrt{a\cos^2 x + b\sin^2 x} \cdot$$

$$\sqrt{a\sin^2 x + b\cos^2 x} + a\sin^2 x + b\cos^2 x$$

$$= a + b + \sqrt{4ab + (a - b)^2 \sin^2 2x}$$

因为　　　$a \neq b$, $(a - b)^2 > 0$, $0 \leqslant \sin^2 2x \leqslant 1$

所以，当 $\sin 2x = \pm 1$ 时（即 $x = \frac{k\pi}{2} + \frac{\pi}{4}$, k 是整

数),y 有最大值 $\sqrt{2(a+b)}$；当 $\sin 2x = 0$ 时（即 $x = \dfrac{k\pi}{2}$, k 是整数），y 有最小值 $\sqrt{a} + \sqrt{b}$.

例3　求 $y = \sin^{10}x + 10\sin^2 x\cos^2 x + \cos^{10}x$ 的极值.

解　因为　　$\sin 2x = 2\sin x\cos x$

所以

$$\sin^2 x\cos^2 x = \frac{1}{4}\sin^2 2x,\ \sin^4 x\cos^4 x = \frac{1}{16}\sin^4 2x$$

$$\sin^4 x + \cos^4 x = (\sin^2 x + \cos^2 x)^2 - 2\sin^2 x\cos^2 x$$

$$= 1 - 2 \times \frac{1}{4}\sin^2 2x$$

$$= 1 - \frac{1}{2}\sin^2 2x$$

因此

$$y = (\sin^2 x)^5 + (\cos^2 x)^5 + 10\sin^2 x\cos^2 x$$

$$= (\sin^2 x + \cos^2 x)\left[\sin^8 x - \sin^6 x\cos^6 x + \sin^4 x\cos^4 x - \sin^2 x\cos^6 x + \cos^8 x\right] + \frac{5}{2}\sin^2 2x$$

$$= (\sin^4 x + \cos^4 x)^2 - \sin^4 x\cos^4 x - \sin^2 x\cos^2 x \cdot (\sin^4 x + \cos^4 x) + \frac{5}{2}\sin^2 2x$$

$$= (1 - \frac{1}{2}\sin^2 2x)^2 - \frac{1}{16}\sin^4 2x - \frac{1}{4}\sin^2 2x(1 - \frac{1}{2}\cdot\sin^2 2x) + \frac{5}{2}\sin^2 2x$$

$$= 1 - \sin^2 2x + \frac{1}{4}\sin^4 2x - \frac{1}{16}\sin^4 2x - \frac{1}{4}\sin^2 2x + \frac{1}{8}\sin^4 2x + \frac{5}{2}\sin^2 2x$$

$$= 1 + \frac{5}{4}\sin^2 2x + \frac{5}{16}\sin^4 2x$$

而 $\sin^2 2x$，$\sin^4 2x$ 的极小值为 0，极大值为 1.

所以 $$y_{max} = 1 + \frac{5}{4} + \frac{5}{16} = \frac{41}{16}$$

例4 求函数 $y = (\cot^2 x - 1)(3\cot^2 x - 1)(\cot 3x \cdot \tan 2x - 1)$ 的最大值.

分析 本题的函数中含有正切和余切，为了利用有界性方法，可以考虑把目标函数变形为只含有正弦和余弦的三角函数式，并注意把不同角的化成同角的函数.

解 因为

$$\cot^2 x - 1 = \frac{\cos^2 x}{\sin^2 x} - 1 = \frac{\cos 2x}{\sin 2x}$$

$$3\cot^2 x - 1 = \frac{3\cos^2 x}{\sin^2 x} - 1 = \frac{3\cos^2 x - \sin^2 x}{\sin^2 x}$$

$$\cot 3x \cdot 2x - 1 = \frac{\cos 3x}{\sin 3x} \cdot \frac{\sin 2x}{\cos 2x} - 1 = \frac{-\sin x}{\sin 3x \cos 2x}$$

又 $$\sin 3x = \sin x(3\cos^2 x - \sin^2 x)$$

所以

$$y = \frac{\cos 2x}{\sin^2 x} \cdot \frac{3\cos^2 x - \sin^2 x}{\sin^2 x} \cdot$$

$$\frac{-\sin x}{\sin x(3\cos^2 x - \sin^2 x) \cdot \cos 2x}$$

$$= -\frac{1}{\sin^4 x}$$

根据有界性

$$0 < \sin^4 x \leqslant 1$$

所以，当 $\sin^4 x = 1$ 时，y 有最大值. 即当 $x = k\pi + \dfrac{\pi}{2}$ 时，有 $y_{max} = -1$.

例5 求 $\dfrac{a(\cos x + a)}{2a\cos x + a^2 + 1}$ 的最大、最小值,其中 $0 < a < 1$.

解 令 $\cos x = y$,则

$$p = \frac{a(\cos x + a)}{2a\cos x + a^2 + 1} = \frac{a(y + a)}{2ay + a^2 + 1}$$

此时,p 是 y 的有理分式函数,为化去分子上的变量 y,对 p 进行有理分式变形,得

$$p = \frac{1}{2} + \frac{\dfrac{a^2 - 1}{2}}{2ay + a^2 + 1} = \frac{1}{2} + \frac{a^2 - 1}{4a} \cdot \frac{1}{y + \dfrac{a^2 + 1}{2a}}$$

因为　　　　　　$a^2 + 1 > 2a$

所以　　　　　　$\dfrac{a^2 + 1}{2a} > 1$

所以　　　　　　$y + \dfrac{a^2 + 1}{2a} > 0$

而 $\dfrac{a^2 + 1}{4a} < 0$,故 y 与 p 同时取极大、极小值.

当 $x = 2k\pi$ 时,$y = \cos x = 1$,$y + \dfrac{a^2 + 1}{2a}$ 有极大值,此时 $p_{\max} = \dfrac{1}{2} + \dfrac{a^2 - 1}{4a} \cdot \dfrac{2a}{(a+1)^2} = \dfrac{a}{a + 1}$.

当 $x = 2k\pi + \pi$ 时,$\cos x = -1$,$y + \dfrac{a^2 + 1}{2a}$ 有极小值,此时 $p_{\min} = \dfrac{1}{2} + \dfrac{a^2 - 1}{4a} \cdot \dfrac{2a}{(a-1)^2} = \dfrac{a}{a - 1}$.

例6 设 $p = a\cos^2\theta + 2b\sin\theta \cdot \cos\theta + c\sin^2\theta$,求证:$p$ 的最大、最小值是二次方程 $(x - a)(x - c) = b^2$ 的两个根.

证明 p 中含有 $\sin\theta, \cos\theta$ 的平方项和乘积项，故需将 p 化成 2θ 的三角函数

$$p = \frac{a(1+\cos 2\theta)}{2} + b \cdot \sin 2\theta + \frac{c(1-\cos 2\theta)}{2}$$

$$= \frac{a+c}{2} + \frac{a-c}{2}\cos 2\theta + b\sin 2\theta$$

$$= \frac{a+c}{2} + \sqrt{(\frac{a-c}{2})^2 + b^2}\sin(2\theta - \alpha)$$

其中 $\alpha = \begin{cases} \arctan(\dfrac{a-c}{2b}), b \neq 0 \\[2mm] \dfrac{\pi}{2}, \quad b = 0 \text{ 且 } a > c \\[2mm] -\dfrac{\pi}{2}, \quad b = 0 \text{ 且 } a < c \end{cases}$

此时

$$p_{\max} = \frac{a+c}{2} + \sqrt{\frac{(a-c)^2}{4} + b^2}$$

$$= \frac{a+c}{2} + \frac{1}{2}\sqrt{(a-c)^2 + 4b^2}$$

$$p_{\min} = \frac{a+c}{2} - \sqrt{\frac{(a-c)^2}{4} + b^2}$$

$$= \frac{a+c}{2} - \frac{1}{2}\sqrt{(a-c)^2 + 4b^2}$$

而二次方程 $(x-a)(x-c) = b^2$，即

$$x^2 - (a+c)x + (ac - b^2) = 0$$

的两根为

$$x = \frac{(a+c) \pm \sqrt{(a+c)^2 - 4(ac - b^2)}}{2}$$

$$= \frac{(a+c) \pm \sqrt{(a+c)^2 + 4b^2}}{2}$$

即 $\quad p_{\max} = \dfrac{(a+c) + \sqrt{(a-c)^2 + 4b^2}}{2} = x_1$

$\qquad p_{\min} = \dfrac{(a+c) - \sqrt{(a-c)^2 + 4b^2}}{2} = x_2$

显然,若 $b = 0$,$a = c$ 时,$p = a$,则 $p_{\max} = p_{\min} = a$,而 $x_1 = x_2 = a$ 是方程 $(x-a)(x-c) = b^2$ 的两个根.

故 p 的最大、最小值是二次方程 $(x-a)(x-c) = b^2$ 的两个根的结论为真.

4.2 代换后化成新变量的二次函数来求

某些三角函数式若其外形恰好是以某三角函数为变数的二次函数,此时经变量代换后,得到一新变量的二次函数,即是条件极值中的目标函数,而新变量的变化范围就是其约束条件. 这样按处理条件极值的方法,讨论二次函数的变化情况及其约束条件,便得到原三角函数式的极大、极小值. 如果原式外形不呈上述形式,通过恒等变形后可化为上述形式的,也可采用此法.

例1 求 $y = 1 - 2\sin^2 x + 4\cos x$ 的极值.

解 $y = 1 - 2\sin^2 x + 4\cos x$

$\qquad = 1 - 2(1 - \cos^2 x) + 4\cos x$

$\qquad = 2\cos^2 x + 4\cos x - 1$

$\qquad = 2(\cos x + 1)^2 - 3$

因为 $\qquad\qquad\qquad |\cos x| \leqslant 1$

所以 $\qquad y_{\max} = 2(1+1)^2 - 3 = 5$

$\qquad\qquad y_{\min} = 2(-1+1)^2 - 3 = -3$

例 2　求 $f(x) = \sin^4 x + 2\sin^3 x\cos x + \sin^2 x\cos^2 x + 2\sin x\cos^3 x + \cos^4 x$ 的最大值和最小值.

解　$\begin{aligned}f(x) &= (\sin^2 x + \cos^2 x)^2 - 2\sin^2 x\cos^2 x + \\ &\quad 2\sin x\cos x(\sin^2 x + \cos^2 x) + \sin^2 x\cos^2 x \\ &= 1 + 2\sin x\cos x - \sin^2 x\cos^2 x\end{aligned}$

设 $t = \dfrac{1}{2}\sin 2x$,所以

$$-\frac{1}{2} \leqslant t \leqslant \frac{1}{2} \qquad (1)$$

因此

$$f(t) = 1 + 2t - t^2 = -(t-1)^2 + 2 \qquad (2)$$

在式(1)的范围内,求式(2)的最大值和最小值.

当 $t = \dfrac{1}{2}$ 时(即 $x = k\pi + \dfrac{\pi}{4}$,$k$ 是整数),$f(x)$ 有最大值 $1\dfrac{3}{4}$;当 $t = -\dfrac{1}{2}$ 时(即 $x = k\pi + \dfrac{3}{4}\pi$,$k$ 是整数),$f(x)$ 有最小值 $-\dfrac{1}{4}$.

例 3　求 $y = \sin^2 x + p\sin x + q\left(-\dfrac{\pi}{2} \leqslant x \leqslant \dfrac{\pi}{2}\right)$ 的极值.

解　设 $\sin x = t$,则 $y = \sin^2 x + p\sin x + q$ 的极值问题就转化为求 $y = t^2 + pt + q$ 的极值问题.

因为　　　　　　$|\sin x| \leqslant 1$

所以,当 $-1 \leqslant t \leqslant 1$ 时,$y = t^2 + pt + q$ 才有极值在 $-\infty < t < +\infty$ 的情况下,当 $t = -\dfrac{p}{2}$ 时,$y = t^2 + pt + q$ 有极小值 $\dfrac{4q - p^2}{4}$.

而当 t 在开区间 $(-\infty, -\dfrac{p}{2})$ 时,$y = t^2 + pt + q$ 是减函数.

当 t 在开区间 $(-\dfrac{p}{2}, +\infty)$ 时,$y = t^2 + pt + q$ 是增函数. 因此:

(1)当 $-\dfrac{p}{2} \leqslant -1$,即 $p \geqslant 2$ 时,而 t 在闭区间 $[-1,1]$ 内变化,$y = t^2 + pt + q$ 的值是不断增大的,无极值.

只有当 $t = -1$,即 $\sin x = -1$ 时,也就是 $x = -\dfrac{\pi}{2}$ 时,$y_{\min} = 1 - p + q$;只有当 $t = 1$,即 $\sin x = 1$ 时,也就是 $x = \dfrac{\pi}{2}$ 时,$y_{\max} = 1 + p + q$.

(2)当 $-\dfrac{p}{2} \geqslant 1$,即 $p \leqslant -2$ 时,而 t 在闭区间 $[-1,1]$ 内变化,$y = t^2 + pt + q$ 的值是不断减小的,也无极值.

只有当 $t = -1$,即 $\sin x = -1$ 时,也就是 $x = -\dfrac{\pi}{2}$ 时,$y_{\max} = 1 - p + q$;只有当 $t = 1$,即 $\sin x = 1$ 时,也就是 $x = \dfrac{\pi}{2}$ 时,$y_{\min} = 1 + p + q$.

(3)当 $-1 < -\dfrac{p}{2} < 1$,即 $-2 < p < 2$ 时,而 t 在闭区间 $[-1,1]$ 内变化 $y = t^2 + pt + q$ 的值是由大变到小再由小变到大,有极小值.

当 $t = -\dfrac{p}{2}$,即 $\sin x = -\dfrac{p}{2}$ 时,也就是 $x = -\arcsin \dfrac{p}{2}$

时,$y_{\min} = \dfrac{4q - p^2}{4}$;而极大值是当 $x = -\dfrac{\pi}{2}, x = \dfrac{\pi}{2}$ 时所得

两个 y 值中较大的一个 $y_{\max} = 1 + |p| + q$.

例4 求函数 $y = \dfrac{\sin x - 1}{\sin x - 2} - \dfrac{2 - \sin x}{3 - \sin x}$ 的最大、最小

值.

解 　$y = \dfrac{\sin x - 1}{\sin x - 2} - \dfrac{2 - \sin x}{3 - \sin x}$

$$= \dfrac{(\sin x - 1)(3 - \sin x) + (\sin x - 2)^2}{(\sin x - 2)(3 - \sin x)}$$

$$= \dfrac{1}{(\sin x - 2)(3 - \sin x)}$$

令

$$\begin{aligned}
z &= (\sin x - 2)(3 - \sin x)\\
&= -\sin^2 x + 5\sin x - 6\\
&= -v^2 + 5v - 6
\end{aligned}$$

其中 $v = \sin x$,其约束条件为 $-1 \leqslant v \leqslant 1$.

由二次函数 $z = -v^2 + 5v - 6$ 知,$v \leqslant \dfrac{5}{2}$ 上升,$v \geqslant \dfrac{5}{2}$

下降,令 $-1 \leqslant v \leqslant 1$,故当 $v = -1$ 时,z 有最小值 -12,y

有最大值 $-\dfrac{1}{12}$;当 $v = 1$ 时,z 有最大值 -2,y 有最小值

$-\dfrac{1}{2}$.

即当 $x = 2k\pi - \dfrac{\pi}{2}$ 时,$y_{\max} = -\dfrac{1}{12}$;当 $x = 2k\pi + \dfrac{\pi}{2}$

时,$y_{\min} = -\dfrac{1}{2}$(k 为整数).

4.3 利用二次方程的判别式求

某些三角函数的极值问题,当给定的三角函数式,经过变量代换后可化为 $\dfrac{au^2 + bu + c}{a'u^2 + b'u + c'}$ 的形式,其中 u 是变量 x 的某一个三角函数,此时可令其等于 y,并依此作一个关于 u 的二次方程,然后利用二次方程的判别式讨论 u 取得实数的条件,得一含 y 的二次不等式,解此不等式即可求得问题的答案.

例 1 设 $0 < x < \pi$,求 $y = \dfrac{2 - \cos x}{\sin x}$ 的极小值.

解 因为 $y = \dfrac{2 - \cos x}{\sin x} = \dfrac{2 - \cos x}{\sqrt{1 - \cos^2 x}}$

所以 $\sqrt{1 - \cos^2 x} \cdot y = 2 - \cos x$

将此式两边平方,整理后得

$$(1 + y^2)\cos^2 x - 4\cos x + (4 - y^2) = 0$$

要使 $\cos x$ 为实数,则

$$\Delta = (-4)^2 - 4(1 + y^2)(4 - y^2) \geqslant 0$$

即 $y^2(y^2 - 3) \geqslant 0$

因为 $0 < x < \pi$ 时,y 为正值,所以上式的不等式的解为 $y^2 \geqslant 3$. 即 $y \geqslant \sqrt{3}$. 故

$$y_{\min} = \sqrt{3}.$$

例 2 求 $\dfrac{\tan^2 \theta - \cot^2 \theta + 1}{\tan^2 \theta + \cot^2 \theta - 1}$ 的极大值.

解 令 $\dfrac{\tan^2 \theta - \cot^2 \theta + 1}{\tan^2 \theta + \cot^2 \theta - 1} = \lambda$

因为　　$\lambda = \dfrac{\tan^2\theta - \cot^2\theta + 1}{\tan^2\theta + \cot^2\theta - 1} = \dfrac{\tan^4\theta + \tan^2\theta - 1}{\tan^4\theta - \tan^2\theta + 1}$

去分母并整理,得

$$(\lambda - 1)\tan^4\theta - (1 + \lambda)\tan^2\theta + (\lambda + 1) = 0$$

$$\Delta = (1 + \lambda)^2 - 4(\lambda - 1)(\lambda + 1)$$

$$= (-3\lambda + 5)(\lambda + 1) \geqslant 0$$

所以　　　　　　　$-1 < \lambda \leqslant \dfrac{5}{3}$

注意:当 $\lambda = -1$ 时,$\tan^2\theta = 0$,$\cot^2\theta$ 无意义,从而原式无意义.

故原式的极大值为 $\dfrac{5}{3}$.

例3　求函数 $y = \dfrac{4\sin x - 3\cos x - 2}{6\sin x - 5\cos x - 1}$ 的极大值和极小值.

解　设 $\tan\dfrac{x}{2} = t$,$\sin x = \dfrac{2t}{1 + t^2}$,$\cos x = \dfrac{1 - t^2}{1 + t^2}$

$$y = \dfrac{4 \times \dfrac{2t}{1 + t^2} - 3 \times \dfrac{1 - t^2}{1 + t^2} - 2}{6 \times \dfrac{2t}{1 + t^2} - 5 \times \dfrac{1 - t^2}{1 + t^2} - 1} = \dfrac{t^2 + 8t - 5}{4t^2 + 12t - 6}$$

经整理,得

$$(4y - 1)t^2 + 4t(3y - 2) + (5 - 6y) = 0$$

当 $y = \dfrac{1}{4}$ 时,$t = \dfrac{7}{10}$;当 $y \neq \dfrac{1}{4}$ 时,因为 t 是实数所以

$$\Delta = 16(3y - 2)^2 - 4(4y - 1)(5 - 6y) \geqslant 0$$

即　　　　　　　$60y^2 - 74y + 21 \geqslant 0$

解之得

$$y \geqslant \dfrac{37 + \sqrt{109}}{60} \text{或} y \leqslant \dfrac{37 - \sqrt{109}}{60}$$

所以 $y_{\max} = \dfrac{37 - \sqrt{109}}{60}, y_{\min} = \dfrac{37 + \sqrt{109}}{60}.$

例4 求 $y = a\sec\theta - b\tan\theta\,(a > 0, b > 0$ 且 $a > b)$ 的极值.

解 令 $\tan\theta = t$,则 $\sec\theta = \sqrt{1 + t^2}.$ 所以

$$y = a\sec\theta - b\tan\theta = a\sqrt{1 + t^2} - bt$$

两边平方后整理,得

$$b^2 t^2 + 2bty + y^2 = a^2(1 + t^2)$$

$$(b^2 - a^2)t^2 + 2byt + y^2 - a^2 = 0$$

要 t 为实数,则必须

$$\Delta = (2by)^2 - 4(b^2 - a^2)(y^2 - a^2) \geqslant 0$$

所以

$$a^2(y^2 - a^2 + b^2) \geqslant 0$$

$$(y + \sqrt{a^2 - b^2})(y - \sqrt{a^2 - b^2}) \geqslant 0$$

因此 $y \geqslant \sqrt{a^2 - b^2}$ 或 $y \leqslant -\sqrt{a^2 + b^2}.$

故 $y_{\max} = -\sqrt{a^2 - b^2}, y_{\min} = \sqrt{a^2 - b^2}.$

4.4 利用代数中求极值的一些公式与定理求

例1 在 $\left(0, \dfrac{\pi}{2}\right)$ 内,求 $y = \tan^2 x + \cot x$ 的最小值.

解 原式可写成

$$y = \tan^2 x + \frac{1}{2}\cot x + \frac{1}{2}\cot x$$

因为 $\tan^2 x \cdot \dfrac{1}{2}\cot x = \dfrac{1}{4}$ 是定值,当 $\tan^2 x = \dfrac{1}{2}\cot x = $

$\sqrt[3]{\dfrac{1}{4}}$,即 $x = \arctan\sqrt[3]{\dfrac{1}{2}}$ 时,有 $y_{\min} = 3\sqrt[3]{\dfrac{1}{4}} = \dfrac{3}{2}\sqrt[3]{2}.$

例 2　求 $y = \cos^p x \cdot \sin^q x \left(0 \leqslant x \leqslant \dfrac{\pi}{2}, p, q \text{ 为正有}\right.$
理数)的极值.

解　设 $\cos^2 x = u, \sin^2 x = v$,则

$$y = \cos^p x \cdot \sin^p x = u^{\frac{p}{2}} \cdot v^{\frac{q}{2}}$$

而 $u + v = \cos^2 x + \sin^2 x = 1$,即 u 与 v 的和为常量,所以,当 $\dfrac{2u}{p} = \dfrac{2v}{q}$ 时,y 有极大值.

由 $\begin{cases} u + v = 1 \\ \dfrac{2u}{p} = \dfrac{2v}{q} \end{cases}$,解得 $u = \dfrac{p}{p+q}, v = \dfrac{q}{p+q}$. 即

$$\cos x \sqrt{\frac{p}{p+q}}, \sin x = \sqrt{\frac{q}{p+q}}$$

故当 $x = \arccos \sqrt{\dfrac{p}{p+q}}$ 时,$y_{\max} = \sqrt{\dfrac{p^p q^q}{(p+q)^{p+q}}}$.

例 3　已知 a, b 是互不相等的正数,求

$$p = ab(\sin^4 x + \cos^4 x) + (a^2 + b^2)\sin^2 x \cdot \cos^2 x$$

的最大值.

解　令 $\sin x = u, \cos x = v$,则 $u^2 + v^2 = 1$. 所以

$$\begin{aligned}
\text{原式} &= ab(u^4 + v^4) + (a^2 + b^2)u^2 v^2 \\
&= abu^4 + (a^2 + b^2)u^2 v^2 + abv^4 \\
&= (au^2 + bv^2)(av^2 + bu^2)
\end{aligned}$$

因为 a, b 为正数,且 u^2, v^2 是不同时为零的两个非负数,所以 $au^2 + bv^2, av^2 + bu^2$ 均为正数,且

$$\begin{aligned}
&(au^2 + bv^2) + (av^2 + bu^2) \\
&= a(u^2 + v^2) + b(u^2 + v^2) = a + b > 0
\end{aligned}$$

故当 $au^2 + bv^2 = av^2 + bu^2$,即

$$(a - b)\sin^2 x = (a - b)\cos^2 x \tag{1}$$

时原式有最大值.

令 a,b 为不相等的正数,则 $a-b\neq0$.

又 $\cos x=0$ 不是式(1)的解,故用 $\cos x$ 除以方程两边得 $\tan^2 x=1$.

所以,当 $x_1=k\pi+\dfrac{\pi}{4}$,$x_2=k\pi+\dfrac{3}{4}\pi$(k 为整数)时,原式有最大值 $\dfrac{(a+b)^2}{4}$.

例4 已知 a,b 是常数,且满足 $0<(a-1)(b-1)\leqslant4$,求 $y=\dfrac{(a+\cos x)(b-\cos x)}{1+\cos x}$ 的最小值.

解 将原函数式变形得

$$y=\dfrac{[(a-1)+1+\cos x][(b-1)+1+\cos x]}{1+\cos x}$$

$$=\dfrac{(a-1)(b-1)}{1+\cos x}+(1+\cos x)+(a+b-2)$$

因为 $1+\cos x\geqslant0$,$\dfrac{(a-1)(b-1)}{1+\cos x}>0$

所以

$$\dfrac{\dfrac{(a-1)(b-1)}{1+\cos x}+(1+\cos x)}{2}\geqslant\sqrt{(a-1)(b-1)}$$

当 $\dfrac{(a-1)(b-1)}{1+\cos x}=1+\cos x$,即 $\cos x=\sqrt{(a-1)(b-1)}-1$ 时,y 有最小值 $2\sqrt{(a-1)(b-1)}+a+b-2$.

例5 已知 $\tan\alpha=3\tan\beta$,且 $0<\alpha<\dfrac{\pi}{2}$,且 $\tan\alpha=3\tan\beta$,故 $0<\alpha<\beta<\dfrac{\pi}{2}$,则 $0<y<\dfrac{\pi}{2}$.取正切

$$\tan y = \tan(\alpha - \beta) = \frac{\tan \alpha - \tan \beta}{1 + \tan \alpha \tan \beta} = \frac{2\tan \beta}{1 + 3\tan^2\beta}$$

$$= \frac{2}{\cot \beta + 3\tan \beta}$$

令 $\qquad u = \cot \beta + 3\tan \beta$

因为 $\cot \beta > 0, 3\tan \beta > 0$, 且 $\cot \beta \cdot 3\tan \beta = 3$, 故当 $\cot \beta = 3\tan \beta$ 时, u 有最小值.

即当 $\tan \beta = \pm \dfrac{\sqrt{3}}{3}$ (负值不合适,应舍去), $\beta = \dfrac{\pi}{6}$ 时, u 有最小值.

由 $\tan \alpha = 3 \times \dfrac{\sqrt{3}}{3} = \sqrt{3}$, 得 $\alpha = \dfrac{\pi}{3}$. 而当 u 有最小值时, $\tan y$ 有最大值, 则 y 亦有最大值, 从而 $y_{\max} = \alpha - \beta = \dfrac{\pi}{3} - \dfrac{\pi}{6} = \dfrac{\pi}{6}$.

4.5 利用中凹、中凸函数的性质求

我们知道,若函数 $y = f(x)$ 在某区间内中凹,则对该区间内任意值 $x_1, x_2, \cdots, x_n$ 有

$$f\left(\frac{x_1 + x_2 + \cdots + x_n}{n}\right) \leqslant \frac{f(x_1) + f(x_2) + \cdots + f(x_n)}{n}$$

等号在 $x_1 = x_2 = \cdots = x_n$ 时成立.

反之,若函数 $y = f(x)$ 在某区间内中凸,则上述不等式方向相反.

由于函数 $y = \sin x$ 在 $[0, \pi]$ 内, $y = \cos x$ 在 $[0, \dfrac{\pi}{2}]$ 内为中凸函数, $y = \tan x, y = \cot x$ 在 $(0, \dfrac{\pi}{2})$ 内凹,

故对$[0,\pi]$内的任意值$x_1,x_2,\cdots,x_n$,有

$$\frac{\sin x_1 + \sin x_2 + \cdots + \sin x_n}{n} \leqslant \sin\frac{x_1 + x_2 + \cdots + x_n}{n}$$

对$[0,\frac{\pi}{2}]$内的任意值$x_1,x_2,\cdots,x_n$,有

$$\frac{\cos x_1 + \cos x_2 + \cdots + \cos x_n}{n} \leqslant \cos\frac{x_1 + x_2 + \cdots + x_n}{n}$$

对$(0,\frac{\pi}{2})$内的任意值$x_1,x_2,\cdots,x_n$,有

$$\frac{\tan x_1 + \tan x_2 + \cdots + \tan x_n}{n} \geqslant \tan\frac{x_1 + x_2 + \cdots + x_n}{n}$$

$$\frac{\cot x_1 + \cot x_2 + \cdots + \cot x_n}{n} \geqslant \cot\frac{x_1 + x_2 + \cdots + x_n}{n}$$

以上各式中,当$x_1 = x_2 = \cdots = x_n$时取等号.

例1 在$\triangle ABC$中,求$\cot\frac{A}{2} + \cot\frac{B}{2} + \cot\frac{C}{2}$的最小值.

解 因为$\cot x$在$(0,\frac{\pi}{2})$内是中凹函数,且

$$0 < \frac{A}{2} < \frac{\pi}{2}, 0 < \frac{B}{2} < \frac{\pi}{2}, 0 < \frac{C}{2} < \frac{\pi}{2}$$

所以

$$\frac{\cot\frac{A}{2} + \cot\frac{B}{2} + \cot\frac{C}{2}}{3} \geqslant \cot\frac{\frac{A}{2} + \frac{B}{2} + \frac{C}{2}}{3}$$

$$= \cot\frac{A + B + C}{6} = \cot\frac{\pi}{6} = \sqrt{3}$$

即 $$\cot\frac{A}{2} + \cot\frac{B}{2} + \cot\frac{C}{2} \geqslant 3\sqrt{3}$$

故$\cot\frac{A}{2} + \cot\frac{B}{2} + \cot\frac{C}{2}$的最小值为$3\sqrt{3}$.

例 2　设 $x_1, x_2, \cdots, x_n$ 为凸 n 边形的 n 个内角，求：$(1)\sin x_1 + \sin x_2 + \cdots + \sin x_n$；$(2)\cos \dfrac{x_1}{2} \cdot \cos \dfrac{x_2}{2} \cdot \cos \dfrac{x_3}{2}$ 的最大值.

解　（1）因为 $x_1, x_2, \cdots, x_n$ 为凸 n 边形的 n 个内角，所以 $0 < x_i < \pi (i = 1, 2, \cdots, n)$. 且 $x_1 + x_2 + \cdots + x_n = \pi(n - 2)$.

因为 $y = \sin x$ 在 $(0, \pi)$ 内是中凸函数，所以

$$\frac{\sin x_1 + \sin x_2 + \cdots + \sin x_n}{n} \leqslant \sin \frac{x_1 + x_2 + \cdots + x_n}{n}$$

$$= \sin \frac{(\pi - 2)}{n}\pi$$

所以　$\sin x_1 + \sin x_2 + \cdots + \sin x_n \leqslant n \cdot \sin \dfrac{n - 2}{n}\pi$

等号在 $x_1 = x_2 = \cdots = x_n$ 时成立.

即当 $x_1 = x_2 = \cdots = x_n$ 时，$\sin x_1 + \sin x_2 + \cdots + \sin x_n$ 的最大值为 $n\sin \dfrac{(n - 2)}{n}\pi$.

（2）上式中，若 $n = 3$ 时，则当 $x_1 = x_2 = \cdots = x_n = \dfrac{\pi}{3}$ 时，$\sin x_1 + \sin x_2 + \sin x_3$ 有最大值 $3\sin \dfrac{\pi}{3} = \dfrac{3\sqrt{3}}{2}$.

由三角恒等式

$$\sin x_1 + \sin x_2 + \sin x_3 = 4\cos \frac{x_1}{2}\cos \frac{x_2}{2}\cos \frac{x_3}{2}$$

知当 $x_1 = x_2 = x_3$ 时，$\cos \dfrac{x_1}{2}\cos \dfrac{x_2}{2}\cos \dfrac{x_3}{2}$ 的最大值为 $\dfrac{3\sqrt{3}}{8}$.

4.6 利用某些特殊的等式、不等式求

某些三角形内角的三角函数极值问题,如果给定的三角函数式与某些常见的几何、代数、三角等式、不等式有关,此时,可将此三角函数式变形为可以应用如上特殊等式、不等式的形式,再进行求解.

例1 在 $\triangle ABC$ 中,求 $\tan^2\dfrac{A}{2}+\tan^2\dfrac{B}{2}+\tan^2\dfrac{C}{2}$ 的最小值.

解 由柯西不等式 $(x^2+y^2+z^2)(a^2+b^2+c^2)\geqslant (ax+by+cz)^2$,等号在 x,y,z 与 a,b,c 对应成比例时成立.

令 $\tan\dfrac{A}{2}$,$\tan\dfrac{B}{2}$,$\tan\dfrac{C}{2}$ 分别为 x,y,z,$\tan\dfrac{B}{2}$,$\tan\dfrac{C}{2}$,$\tan\dfrac{A}{2}$ 为 a,b,c. 则

$$(\tan^2\dfrac{A}{2}+\tan^2\dfrac{B}{2}+\tan^2\dfrac{C}{2})(\tan^2\dfrac{B}{2}+\tan^2\dfrac{C}{2}+\tan^2\dfrac{A}{2})\geqslant$$

$$(\tan\dfrac{A}{2}\tan\dfrac{B}{2}+\tan\dfrac{B}{2}\tan\dfrac{C}{2}+\tan\dfrac{C}{2}\tan\dfrac{A}{2})^2$$

而在 $\triangle ABC$ 中

$$\tan\dfrac{A}{2}\tan\dfrac{B}{2}+\tan\dfrac{B}{2}\tan\dfrac{C}{2}+\tan\dfrac{C}{2}\tan\dfrac{A}{2}=1$$

所以 $(\tan\dfrac{A}{2}+\tan\dfrac{B}{2}+\tan\dfrac{C}{2})^2\geqslant 1$,等号在 $A=B=C$ 时成立.

故原式当 $A=B=C$ 时有最小值.

例2 在 $\triangle ABC$ 中,求函数 $y=\cos 3A+\cos 3B+$

$\cos 3C$ 的最大值.

解　由和差化积公式,有

$$\cos 3A + \cos 3B = 2\cos \frac{3}{2}(A+B)\cos \frac{3}{2}(A-B)$$

由 $C = \pi - (A+B)$ 及倍角公式,有

$$
\begin{aligned}
\cos 3C &= \cos 3\big[\pi - (A+B)\big] \\
&= -\cos 3(A+B) \\
&= 1 - 2\cos^2 \frac{3}{2}(A+B)
\end{aligned}
$$

所以

$$
y = -2\cos^2 \frac{3}{2}(A+B) + \\
2\cos \frac{3}{2}(A-B)\cos \frac{3}{2}(A+B) + 1
$$

从而可得到关于 $\cos \frac{3}{2}(A+B)$ 的二次方程式

$$2\cos^2 \frac{3}{2}(A+B) - 2\cos \frac{3}{2}(A-B)\cdot \cos \frac{3}{2}(A+B) + (L-1) = 0$$

由 $\Delta \geqslant 0$,即 $4\cos^2 \frac{3}{2}(A-B) - 8(L-1) \geqslant 0$,解得

$$L \leqslant \frac{1}{2}\cos^2 \frac{3}{2}(A-B) + 1$$

由于 $\cos^2 \frac{3}{2}(A-B) \leqslant 1$,其中等号在 $A=B$ 时成立,所以

$$L \leqslant \frac{1}{2}\cos^2 \frac{3}{2}(A-B) + 1 \leqslant \frac{1}{2} + 1 = \frac{3}{2}$$

其中等号成立时,还应有

$$\cos\frac{3}{2}(A+B) = -\frac{b}{2a} = \frac{-2\cos\frac{3}{2}(A-B)}{4} = \frac{1}{2}$$

从而得到 $\frac{3}{2}(A+B) = \frac{1}{3}\pi$,即 $A+B = \frac{2}{9}\pi$. 由于同时

应有 $A=B$,即当 $A=B=\frac{1}{9}\pi$,$C=\frac{7}{9}\pi$ 时,y 取得最大

值,且 $y_{\max} = \frac{3}{2}$.

说明 本例的解法具有一定的普遍性. 例如,像形

如 $\cos nA + \cos nB + \cos nC$ 及 $\cos nA \cdot \cos nB \cdot \cos nC$

(其中 n 是正整数)等类型的极值问题,都可以通过三

角式变形后,利用判别式法并结合有界性得到解决.

例3 在 $\triangle ABC$ 中,求函数 $L = \sin 3A + \sin 3B + \sin 3C$ 的最大值.

解 由和差化积公式,有

$$\sin 3A + \sin 3B = 2\sin\frac{3}{2}(A+B)\cos\frac{3}{2}(A-B)$$

不失一般性,设 $\triangle ABC$ 中最小角是 A、最大角是

C,即 $A \le B \le C$. 显然,$A+B \le \frac{2}{3}\pi$.

令 $\alpha \le \frac{3}{2}(A+B) \le \pi$

即 $\sin\alpha > 0$. 又由余弦函数的有界性,有

$$\cos\frac{3}{2}(A-B) \le 1$$

(其中等号当且仅当 $A=B$ 时成立). 于是

$$\sin 3A + \sin 3B \le 2\sin\alpha$$

其中等号当且仅当 $A=B$ 时成立.

另一方面

108

$$\sin 3C = \sin 3(A+B) = \sin 2\alpha$$

所以

$$L = \sin 3A + \cos 3B + \sin 3C$$

$$\leqslant 2\sin \alpha + \sin 2\alpha = 2\sin \alpha(1 + \cos \alpha)$$

由几何平均数不大于算术平均数,有

$$\left[2\sin \alpha(1+\cos \alpha)\right]^2 = 4\sin^2\alpha(1+\cos \alpha)^2$$

$$= \frac{4}{3} \times 3(1-\cos \alpha)(1+\cos \alpha)^3$$

$$\leqslant \frac{4}{3}\left[\frac{3(1-\cos \alpha)+(1+\cos \alpha)+(1+\cos \alpha)+(1+\cos \alpha)}{4}\right]^4$$

$$= \frac{4}{3} \times \left(\frac{6}{4}\right)^4 = \frac{27}{4}$$

因为

$$\sin \alpha \geqslant 0 \quad (因为 \alpha \in (0,\pi]),1 + \cos \alpha \geqslant 0$$

所以　　　　$2\sin \alpha \leqslant (1+\cos \alpha) \leqslant \dfrac{3}{2}\sqrt{3}$

上式等号在 $3(1-\cos \alpha)=1+\cos \alpha$ 时成立,此时,

$\cos \alpha = \dfrac{1}{2}$,所以 $\alpha = \dfrac{\pi}{3}$,即 $\dfrac{3}{2}(A+B)=\dfrac{\pi}{3}$,得 $A+B=$

$\dfrac{2}{9}\pi$.

综上讨论,可知 L 的最大值是在 $A=B$ 及 $A+B=$

$\dfrac{2}{9}\pi$,即 $A=B=\dfrac{1}{9}\pi,C=\dfrac{7}{9}\pi$ 时达到,且 $L_{\max}=\dfrac{3}{2}\sqrt{3}$.

　　说明　本例的解法还可以用来解决形如 $\sin nA + \sin nB + \sin nC$ 及 $\sin nA \cdot \sin nB \cdot \sin nC(n$ 为正整数)一类函数的极值问题.

　　例4　在 $\triangle ABC$ 中,求函数 $L = \sin^2\dfrac{3}{2}A + \sin^2\dfrac{3}{2}B +$

$\sin^2 \dfrac{3}{2} C$ 的最小值.

解 应用倍角公式,有

$$L = \frac{1}{2}(1 - \cos 3A) + \frac{1}{2}(1 - \cos 3B) + \frac{1}{2}(1 - \cos 3C)$$

$$= \frac{3}{2} - \frac{1}{2}(\cos 3A + \cos 3B + \cos 3C)$$

显然,当 $\cos 3A + \cos 3B + \cos 3C$ 达到最大值时,L 达到最小值. 由例 2 可知,当 $A = B = \dfrac{1}{9}\pi$,$C = \dfrac{7}{9}\pi$ 时,L 取得最小值,且 $L_{\min} = \dfrac{3}{2} - \dfrac{1}{2} \times \dfrac{3}{2} = \dfrac{3}{4}$.

说明 对于形如 $\sin^2 \dfrac{nA}{2} + \sin^2 \dfrac{nB}{2} + \sin^2 \dfrac{nC}{2}$ 及 $\cos^2 \dfrac{nA}{2} + \cos^2 \dfrac{nB}{2} + \cos^2 \dfrac{nC}{2}$(其中 n 是正整数)等一类问题,均可用类似于本例的方法,用倍角公式降次后变形为例 2 的类型而得到解决.

例 5 在 $\triangle ABC$ 中,求 $\dfrac{\sin A + \sin B + \sin C}{\sin A \cdot \sin B \cdot \sin C}$ 的最小值.

解 设 R, r 分别为 $\triangle ABC$ 的外接圆、内切圆半径,S 为 $\triangle ABC$ 的面积,p 为其半周长.

由正弦定理,得

$$原式 = \frac{4R^2(a + b + c)}{abc} = \frac{4R^2 \cdot 2P}{abc} = \frac{2p \cdot R}{\dfrac{abc}{4R}}$$

$$= \frac{2pR}{S} = \frac{2pR}{pr} = \frac{2R}{r}$$

由平面几何中的欧拉定理,外心 O 和内心 I 的距

离 OI 满足

$$OI^2 = R^2 - 2Rr$$

因　　　　$OI^2 \geqslant 0$　（等号在 $A = B = C$ 时成立）

所以　　　　$R^2 - 2Rr \geqslant 0$

则　　　　$R \geqslant 2r$

即　　　　$\dfrac{R}{r} \geqslant 2$

所以　　$\dfrac{\sin A + \sin B + \sin C}{\sin A \sin B \sin C} = \dfrac{2R}{r} \geqslant 4$

故当 $A = B = C$ 时，$\dfrac{\sin A + \sin B + \sin C}{\sin A \sin B \sin C}$ 有最小值

4.

习　题

1. 求下列各三角式的最大值与最小值：

$(1) y = \sin(3x + \dfrac{\pi}{6})\cos(x + \dfrac{2}{9}\pi)$；

$(2) y = \cos(x + 15°)(\sin x - \cos x)$；

$(3) y = 5\sin x + \cos 2x$；

$(4) y = \tan x + \cot x$；

$(5) y = \sin^4 x + \cos^4 x$；

$(6) y = \sin^2 x + \sin x \cos x$；

$(7) y = \log_{\frac{\sqrt{2}}{2}} \dfrac{\sin t - \cos t}{2}$；

$(8) y = \cos^2 x - 4\cos x \sin x - 3\sin^2 x \left(0 \leqslant x \leqslant \dfrac{\pi}{2}\right)$；

$(9) y = \dfrac{\sec^2 x - \tan x}{\sec^2 x + \tan x}$；

$(10)\, y = \dfrac{2\sin x + 1}{3\sin x + 4}$;

$(11)\, y = \dfrac{1 + \sin x}{2 + \cos x}$;

$(12)\, y = \dfrac{2\sin x - \cos 2x + 3}{2\sin^2 x + 2}$;

$(13)\, y = \dfrac{2\sec^2 \theta - \tan \theta - 1}{\sec^2 \theta + \tan \theta - 2}$;

$(14)\, y = a\sin^2 x + b\sin x\cos x + c\cos^3 x$;

$(15)\, y = a\sin nx + b\cos nx\,(n\ \text{为自然数})$.

2. (1) 求 $y = 2\sin^4 x\cos^2 x$ 的最大值.

(2) 求 $y = -2\sin\dfrac{x}{3} + \sin\dfrac{x}{5}$ 的最小值.

3. 当 $\triangle ABC$ 为什么形状时, 下列各式有最小值, 最小值是多少?

(1) $\cos 2A + \cos 2B + \cos 2C$;

(2) $\cos 4A + \cos 4B + \cos 4C$;

(3) $\sin^2\dfrac{A}{2} + \sin^2\dfrac{B}{2} + \sin^2\dfrac{C}{2}$;

(4) $\tan^2\dfrac{A}{2} + \tan^2\dfrac{B}{2} + \tan^2\dfrac{C}{2}$.

4. 当 $\triangle ABC$ 为什么形状时, 下列各式有最大值, 最大值是多少?

(1) $\sin 2A + \sin 2B + \sin 2C$;

(2) $\sin 2A \cdot \sin 2B \cdot \sin 2C$;

(3) $\cos 3A \cdot \cos 3B \cdot \cos 3C$;

(4) $\sin^2 3A + \sin^2 3B + \sin^2 3C$;

(5) $\sin A + \sin B + \sin C - \cos A - \cos B - \cos C$.

平面几何极值问题

所谓平面几何极值就是指在给定的约束条件下,求关于几何图形中的某个确定的几何量(如长度、角度、面积或体积等)的最大值或最小值的一类极值问题.

5.1　几何法

利用几何法求极值,常用到以下命题:

1. 两点之间线段最短;

2. 直线外一点和直线上的点的所有连线中,垂线段最短;

3. 过圆周上任一点的各弦中,以过这点的直径为最长;

4. 圆周角大于同一弧上的圆外角,小于同一弧上的圆内角;

5. 腰长一定的等腰三角形,以等腰直角三角形的面积为最大;

6. 在周长为定值的所有平面封闭曲线中,圆周所围的面积最大;

第

5

章

7. 在周长为定值的 n 边形中,以正 n 边形的面积最大;

特别地,当 $n = 3$ 时,可叙述为:

周长为定值的三角形中,以正三角形的面积最大.

当 $n = 4$ 时,可叙述为:

周长为定值的四边形中,以正方形的面积为最大.

8. 平面上封闭曲线中所围成的面积一定的所有几何图形中,以圆的周长最小;

9. 面积一定的 n 边形,以正 n 边形的周长最小.

首先,我们来讨论一道简单的问题.

例1 在直线 MN 的同侧有两点 A,B,试在 MN 上找一点 P,使 $AP + BP$ 最小(图 5.1).

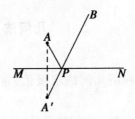

图 5.1

解 作点 A 关于 MN 的对称点 A',联结 $A'B$ 交 MN 于点 P,则点 P 即为所求.

例2 在直线 MN 的同侧有两点 A,B. 试确定一点 R,使得点 R 到 A,B 两点及到 MN 的距离之和最短.

解 作 $AC \perp MN,BD \perp MN$,那么最小点 R 一定在如图 5.2 所示的直角梯形 $ACDB$ 的内部或边界上,过 A,B 两点分别相对作与 MN 相交的锐夹角是 $30°$ 的直线,这两条直线的交点有两三种可能:

(1)如果交点在梯形内,则交点即为所求的最小

点 R. 作 $RP \perp MN$,则点 P 即为抽水站的位置. 这时水管路径是"Y"字形,且 $AR + BR + RP$ 最短(图 5.3).

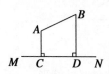 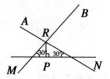

图 5.2   图 5.3

(2)如果交点在梯形外,且在 AB 的上方(图 5.4):那么这时最小点 R 与点 A 重合(假设 $AC < BD$),则水管路径是 CAB. 这时抽水站设在点 C.

(3)如果交点在 MN 的下方(图 5.5),那么可以证明,这时最小点 R 一定在 MN 上,且这时点 R 与点 P 重合,点 R(即点 P)的确定用例 1 的方法.

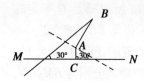 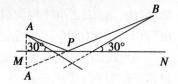

图 5.4   图 5.5

例 3 实质是解决了以下的应用问题:

要在一平直河岸 MN 上建一抽水站 P,供应 MN 同侧两居民点 A,B 的用水. 试问站址 P 应选在 MN 上何处,才能使铺设水管的总长最短?

例 4 过 $\triangle ABC$ 的顶点 A 引一条直线 l,使 B,C 到此直线的距离之和为最大,并求最大值.

解 延长 $\triangle ABC$ 的边 BA 到 B',使 $AB' = AB$(图 5.6),连 $B'C$,用 $\triangle$ 与 $\triangle'$ 分别表示 $\triangle ABC$ 与 $\triangle AB'C$ 的面积,则 $\triangle$ 与 $\triangle'$ 是定值. 现在来进行具体讨论:

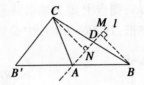

图 5.6

(1)当 $\triangle ABC$ 的顶角 A 为钝角时的情形:

先考虑当直线 l 在与边 BC 相交的范围内变动,设它们的交点为 D. 又 B,C 到 l 的距离分别为 BM,CN. 于是有

$$BM + CN = \frac{2\triangle}{AB}$$

所以,这时要使 $BM + CN$ 最大,只需 AD 最小. 而这时 AD 最小是在 $AD \perp BC$ 时取得(由于 $\angle CAB$ 是钝角,因此 $\angle ABC$, $\angle BCA$ 均为锐角. 所以垂足 D 一定在 BC 边上). 这时 $BM + CN$ 的最大值是 BC 边的长.

当直线 l 在与 $B'C$ 边相交的范围变动时(图5.7),设其交点为 D',又 B,C,B' 到 l 的距离分别为 $BM,CN,B'M'$,注意到 $BM = B'M'$. 于是

$$BM + CN = B'M' + CN = \frac{2\triangle'}{AD'}$$

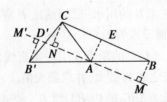

图 5.7

所以,这时要使 $BM + CN$ 最大,只需 AD' 最小. 而这时 AD' 的最小应是 $\triangle AB'C$ 的边 $B'C$ 上的高,或者是

AC,AB' 边中较短的一条(因这时 $\angle B'AC$ 是锐角,则 $B'C$ 边上存在着一个是钝角的可能). 但这两种情形下,$B'M'+CN$ 都不能超过 $B'C$ 的长.

另一方面,由于 $\angle BAC > \angle B'AC$,所以 $BC > B'C$,于是综上可得:

若 $\triangle ABC$ 的顶角 A 是钝角,则所求的直线 l 是垂直于 BC 的一条直线,所求的最大值等于 BC 边的长.

在上面的讨论中,当把 B 与 B' 交换位置后,显然得到:

(2)若 $\triangle ABC$ 的顶角 A 是锐角,则所求的直线 l 垂直于 $B'C$. 或者说,l 垂直于 $\triangle ABC$ 的中线 AE(显然,AE 是 $\triangle BB'C$ 的中位线). 所求的最大值是 $B'C$ 的长,或者说是中线 AE 长的二倍.

(3)若 $\triangle ABC$ 的顶角 A 是直角,由于这时 $\triangle ABC$ 与 $\triangle AB'C$ 全等,即有 $BC=B'C$,所以取得最大值的直线有两条,一条是垂直于 BC 的直线,另一条是垂直于中线 AE 的直线. 最大值是斜边 BC 或 $2AE$(这时 $BC=2AE$).

例5 已知 $\triangle ABC$ 的内角 $\angle A > \angle B > \angle C$,在 $\triangle ABC$ 内(包括边界)找一点 P,使点 P 到三边的距离之和为最大.

分析 这是 $\triangle ABC$ 内的任意一点,当 P 变化时,显然 P 到 $\triangle ABC$ 三边的距离 PD,PE,PF 都在变化. 为了方便,我们将其中的某个固定下来,考察其和的最大值的情况.

解 如图5.8所示,先将 PD 的长固定下来,这时点 P 只在线段 $B'C'$ 上变动. 因此,$PD+PE+PF$ 的最大值问题转化为求 $PE+PF$ 的最大值问题,作 $C'N \perp$

$AB, PN' \perp C'N$, 则 $PF = NN'$.

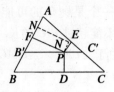

图 5.8

又因为

$$\angle N'PC' = \angle B, \angle EC'P = \angle C, \angle B > \angle C$$

所以　　　$PE \leqslant C'N$　（P 与 C' 重合时取等号）

则　　　　　　　　　　　$PE + PF \leqslant C'N$

所以,当 PD 固定点 P 在点 C' 时, $PD + PE + PF$ 取得最大值.

当点 P 在 $\triangle ABC$ 内变化, PD 变动时,使 $DP + PE + PF$ 达到最大值的点 P 只需在 AC 边上找即可.

由 $\angle A > \angle C$, 及上述讨论可知点 C 是使 $DP + PE + PF$ 取最大值时的点.

说明　在变量较多的求最值问题中,可先固定某个变量,对其他变量进行讨论,然后再讨论固定下来的变量变动时的情况,进而求得最值.

例 6　已知点 P 是半圆上一个动点,试问 P 在什么位置时, $PA + PB$ 最大(图 5.9)?

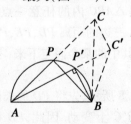

图 5.9

分析与解 因为点 P 是半圆上的动点,当点 P 接近于 A 或 B 时,显然 $PA + PB$ 渐小,在极限状况(P 与 A 重合时)等于 AB. 因此,猜想 P 在半圆弧中点时,$PA + PB$ 取最大值.

设 P 为半圆弧中点,联结 PB,PA,延长 AP 到 C,使 $PC = PA$,联结 CB,则 CB 是切线.

为了证明 $PA + PB$ 最大,我们在半圆弧上另取一点 P',联结 $P'A$,$P'B$,延长 AP' 到 C',使 $P'C' = BP'$,联结 $C'B$,CC',则

$$\angle P'C'B = \angle P'BC = \angle PCB = 45°$$

所以 A,B,C',C 四点共圆. 故

$$\angle CC'A = \angle CBA = 90°$$

所以在 $\triangle ACC'$ 中,$AC > AC'$,即

$$PA + PB > P'A + P'B$$

例 7 一条笔直的公路 l 穿过草地,A,B 两个居民点位于公路两侧(图 5.10). 某人驾车从 A 地到 B 地去,已知车子在公路上的速度是草地上的速度的 2 倍. 问他应以怎样的路线行驶,行车所用的时间最少?

$$\cdot \ A$$

$$\overline{\qquad\qquad\qquad\qquad}\ l$$

$$\cdot$$
$$B$$

图 5.10

解 虽然从 A 地到 B 地的最短线是线段 AB. 但是由于草地上的车速较慢,如利用一段公路,即使路途长了,而时间有可能会缩短. 不妨假设某人从 A 地出发由点 P' 上公路,然后从点 Q' 离开公路往 B 地,即行车

路线是图 5.11 中的折线 $AP'Q'B$. 而车子在 $P'Q'$ 上的速度是 AP',BQ' 上速度的 2 倍.

设想把公路 l 向下平移,即过 B 作 $BE /\!/ l$. 再过 P' 作 $P'R /\!/ BQ'$,即得 $P'Q' = BR'$,$P'R' = BQ'$. 这时,车子相当于行驶在折线 $AP'R'B$ 上,其中在 $R'B$ 上的速度是折线 $AP'R'$ 上的 2 倍. 不难看出,要使途中时间最少,只需 $AP' + P'R' + \dfrac{1}{2}BR'$ 最小.

过 B 作 $\angle EBF = 30°$,过 R' 作 $R'D' \perp BF$. 由 $\sin 30° = \dfrac{1}{2}$,所以 $R'D' = \dfrac{1}{2}BR'$. 从而只需确定使折线 $AP'R'D'$ 最短就行了. 也就是要确定从定点 A 到定射线 BF 的最短线. 于是,不难得到本题的解答如下:

过点 B 作 $BE /\!/ l$,再过 B 作射线 BF,使 $\angle EBF = 30°$. 由点 A 作 BF 的垂线 AD,垂足为点 D.

(1)若垂足 D 在射线 BF 上(图 5.11),设 AD 与 l 的交点为 P,过 B 作 AD 的平行线交 l 于点 Q,则时间最少的路线为 $APQB$.

(2)若垂足 D 落在射线 BF 的反向延长线上(图 5.12),则时间最少的路线为线段 AB.

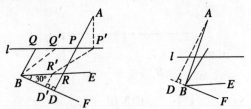

图 5.11   图 5.12

如果题目中的条件"公路上的速度是草地上的速度的 2 倍",改为"公路上的速度是草地上的速度的 $\dfrac{n}{m}$

倍(其中 $m > n, m, n$ 均是整数)",仍然可用几何法来解,只需在上述解答中相应地把"作 $\angle EBF = 30°$",改为"作 $\angle EBF = \alpha$,使 $\sin \alpha = \dfrac{n}{m}$"就行了.

例 8　如图 5.13,已知在正 $\triangle ABC$ 内(包括边上)有两点 P, Q. 求证:$PQ \leqslant AB$.

图 5.13

证明　设过 P, Q 的直线与 AB, AC 分别交于 P_1,Q_1,联结 P_1C,显然,$PQ \leqslant P_1Q_1$. 因为

$$\angle AQ_1P_1 + \angle P_1Q_1C = 180°,$$

所以 $\angle AQ_1P_1$ 和 $\angle P_1Q_1C$ 中至少有一个直角或钝角.

若 $\angle AQ_1P_1 \geqslant 90°$,则

$$PQ \leqslant P_1Q_1 \leqslant AP_1 \leqslant AB$$

若 $\angle P_1Q_1C \geqslant 90°$,则

$$PQ \leqslant P_1Q_1 \leqslant P_1C$$

同理,$\angle AP_1C$ 和 $\angle BP_1C$ 中也至少有一个直角或钝角,不妨设 $\angle BP_1C \geqslant 90°$,则

$$P_1C \leqslant BC = AB$$

对于 P, Q 两点的其他位置也可作类似的讨论. 因此,$PQ \leqslant AB$.

例 9　在弓形弧的弦 AB 上有两定点 C, D. 在弓形弧上求一点 P,使 $\angle CPD$ 为最大.

分析　假定点 P 是所求的点(图 5.14),则 $\angle CPD$ 最大. 根据同弧(劣弧)上与圆相关的角,顶点在圆外

121

的角小于顶点在圆周上的角,那么点 P 必为过 C,D 作弓形弧的内切圆的切点. 因此,过 C,D 两点作弓形弧的内切圆,其切点 P 即为所求.

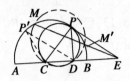

图 5.14

解 先作过定点 C,D 且和 AB 相交的圆,设该圆与 $\overset{\frown}{AB}$ 的交点为 M,M',CD 和 MM' 的延长线相交于 E,从 E 引 $\overset{\frown}{AB}$ 的切线 EP,其切点为 P,则过 C,D,P 的圆就是弓形弧的内切圆.

因为 EP 是弓形弧的切线,所以

$$EP^2 = EM' \cdot EM$$

又因为 M,M',C,D 四点共圆,所以

$$EM' \cdot EM = EC \cdot ED$$

所以
$$EP^2 = EC \cdot ED$$

即过 C,D,P 的圆和直线 EP 相切.

因为过 C,D,P 的圆与弓形弧相切,在弓形弧上任意取一点 P',则 P' 在弧 CPD 之外, $\angle CPD > \angle CP'D$. 故点 P 是适合条件的点.

例 10 设 A,B 为已知圆外的两定点,在圆周上求一点 P,使 $AP^2 + BP^2$ 为最大或最小.

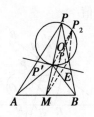

图 5.15

解 如图 5.15,设 P 为圆周上一点,AB 的中点为 M,则在 $\triangle PAB$ 中,由中线公式可知

$$AP^2 + BP^2 = 2AM^2 + 2PM^2$$

因为 AM 是定长,所以要使 $PA^2 + PB^2$ 为最大或最小,只需 PM 为最大或最小即可. 设圆心为 O,若 MO 及其延长线与圆周的交点为 P', P,则 P, P' 即为所求的最大、最小点.

过 P' 作圆 O 的切线,P_1 是圆周上异于 P' 的任一点,P_1M 与圆 O 的切线相交于 E,则 $P_1M > EM$,而 $EM > MP'$,从而 $P_1M > MP'$.当 P_1 与 P' 重合时,$P_1M = MP'$,故 MP' 是 P_1M 的最小值.

设 P_2 是圆周上异于 P 的任一点,联结 $P'P_2, P_2M$,则 $P'P > P'P_2$,$P'P_2 + P'M > P_2M$,从而 $MP = P'P + P'M > P_2M$.当 P 与 P_2 重合时,$P_2M = MP$.故 MP 是 P_2M 的最大值.

例 11 已知锐角 $\angle BAC$ 及角内一个定圆 O,试在角的两边 AB, AC 及圆周上各求一点 Q, R, P,使得 $\triangle PQR$ 的周长最小.

解 如图 5.16 所示,由于 P, Q, R 三点都是在变化着的. 为了便于研究,不妨先将其中的一点,例如点 P 在圆周上"固定"不动,看看 Q, R 两点变化时,

△PQR 周长的最小值.

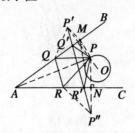

图 5.16

当点 P 固定时,要确定 Q,R 的位置,使 $\triangle PQR$ 的周长最小,可采用化直法. 在 AB 上任取一点 Q,在 AC 上任取一点 R,得到 $\triangle PQR$. 作点 P 关于 AB 的对称点 P',关于 AC 的对称点 P''. 由于点 P 固定,所以 P',P'' 也是固定点. 联结 $P'Q,P''R$. 由对称性,显然有 $P'Q = PQ$;$P''R = PR$. 因此,$\triangle PQR'$ 的周长等于折线 $P'QRP''$ 之长.

由于点 P' 到 P'' 的最短线是线段 $P'P''$,而 $\angle BAC$ 是锐角,所以,线段 $P'P''$ 与射线 AB,AC 有交点,设交点为 Q',R'. 显然,$\triangle PQ'R'$ 的周长等于 $P'P''$ 的长. 这就是说,当点 P 固定时,$\triangle PQR$ 具有最小周长时,是点 Q 变动到 Q' 位置,点 R 变动到 R' 的位置. 这时最小周长等于 $P'P''$.

现在再来确定点 P 的位置,以使 $P'P''$ 最短.

设 PP' 与 AB 交于点 M,PP'' 与 AC 交于点 N. 显然,M,N 分别是 PP',PP'' 的中点,因此,有 $MN = \dfrac{1}{2}P'P''$.

注意到 $PM \perp AB$,$PN \perp AC$,所以 A,M,P,N 四点共圆,且这个圆的直径是 AP. 也就是说,$\triangle AMN$ 的外接圆直径是 AP. 由正弦定理,知

124

$$MN = AP \cdot \sin \angle BAC$$

即　　　　$$P'P'' = 2MN = 2AP \cdot \sin \angle BAC$$

由于 $\angle BAC$ 是定角,因此要使 $P'P''$ 最短,只需使 AP 最短.

易知使 AP 最短的点 P 是线段 AO 与圆周的交点. 综上讨论,得到本题的解答是:

联结 AO,交圆周于点 P;作点 P 关于 AB 的对称点 P',作关于 AC 的对称点 P'';联结 $P'P''$,交 AB 于点 Q,交 AC 于点 R(图 5.17),则 $\triangle PQR$ 的周长最小.

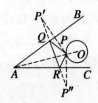

图 5.17

例 12　若凸四边形 $ABCD$ 的三边之和 $AB + BC + CD = l$ 是定值,试确定四边形 $ABCD$ 面积最大时的形状.

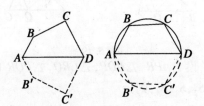

图 5.18

解　如图 5.18 所示,四边形 $ABCD$ 三边之和 $AB + BC + CD = l$ 是定值. 由于第四边 AD 的长是可变的,我们设法将这一边除去. 以 AD 为对称轴,作出四

边形 $ABCD$ 的对称图形 $AB'C'D$. 这时,六边形 $ABCDC'B'$ 的面积是四边形 $ABCD$ 的面积的二倍. 因此,当六边形面积达到最大时,四边形的面积也达到最大.

由于六边形的周长恰是 $AB + BC + CD$ 的二倍,即等于 $2l$ 是定值. 由前面的命题 6 可知,周长一定的六边形中,以正六边形的面积最大. 显然,也就在这个时候,四边形 $ABCD$ 的面积也达到最大.

以 $\dfrac{l}{3}$ 为边长,作一个正六边形 $ABCDC'B'$,作对角线 AD,则四边形 $ABCD$ 即为所求.

例 13(1990 年全国初中数学竞赛题) 如图 5.19 所示,点 P,Q,R 分别在 $\triangle ABC$ 的边 AB,BC,CA 上,且 $BP = PQ = QR = RC = 1$,那么,$\triangle ABC$ 面积的最大值是( ).

A. $\sqrt{3}$ B. 2

C. $\sqrt{5}$ D. 3

图 5.19

解 设 $\triangle APR,\triangle BQP,\triangle CRQ,\triangle PQR$ 的面积分别为 S_1,S_2,S_3,S_4,则

$$S_2 = \frac{1}{2}PB \cdot PQ \cdot \sin\angle BPQ = \frac{1}{2}\sin\angle BPQ \leqslant \frac{1}{2}$$

同理 $\qquad S_3 \leqslant \dfrac{1}{2}, S_4 \leqslant \dfrac{1}{2}$

又 $\quad \angle PQR = 180° - \angle PQB - \angle RQC$

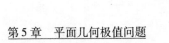

$$= 180° - \angle B - \angle C = \angle A$$

设 h_1, h_2 分别为 $\triangle QRP$, $\triangle APR$ 公共边 PR 上的高,作 $\triangle PQR$ 关于 PR 的对称图形 $\triangle PQ'R$(图 5.19),这时 Q', A 都在以 PR 为弦含 $\angle A$ 的弓形弧上.

又 $PQ' = Q'R$,所以 Q' 为这段弧的中点.

所以　　　　　　　$h_2 \leqslant h_1$

因此　　　　　　　$S_1 \leqslant S_4 \leqslant \dfrac{1}{2}$

则　　$S_{\triangle ABC} = S_1 + S_2 + S_3 + S_4 \leqslant 4 \times \dfrac{1}{2} = 2$

当 $AB = AC = 2$ 且 $\angle A = 90°$ 时,$S_{\triangle ABC} = 2$,即可以达到最大值. 故应选 B.

例 14　通过圆 O 内一定点 P,求作互相垂直的两弦 AB, CD,使 $AC \cdot BD$ 为最大.

图 5.20

分析　如图 5.20 所示,设 AB, CD 是过圆 O 内定点 P 且互相垂直的弦. 过 B 引 $BE \parallel CD$ 交圆 O 于 E,联结 CE, AE,则 $CE = BD$. 又因为 $AB \perp CD$,所以 $\angle ABE = 90°$,AE 为圆 O 的直径.

所以 $AC \cdot BD = AC \cdot CE = 2S_{\triangle ACE}$.

要使 $AC \cdot BD$ 最大,只要 $\triangle ACE$ 的面积最大. 当 $\triangle ACE$ 是等腰直角三角形时,面积最大. 即 $AC = CE$ 时,$\triangle ACE$ 的面积最大. 所以 $AC = CE = BD$,从而 $AB = CD$.

所以 AB, CD 与 OP 的夹角相等,那么过圆 O 内定点 P 引 $\angle OPB = \angle OPC = 45°$ 的两条弦 AB, CD,能使 $AC \cdot BD$ 为最大.

解 联结 OP,作 $\angle OPB = \angle OPC = 45°$,分别与圆 O 交于 C, B 两点,延长 BP, CP 分别交圆 O 于 A, D,则 AB, CD 即为所求作的互相垂直的两弦.

过 B 引 CD 的平行线与圆 O 交于 E,联结 CE. 因为 $AB \perp CD$,所以 $\angle ABE = 90°$.

所以 A, O, E 在同一直线上,$BD = CE$,$\triangle ACE$ 为直角三角形. 故

$$AC \cdot BD = AC \cdot CE = 2S_{\triangle ACE}$$

为使 $AC \cdot BD$ 最大,只要 $\triangle ACE$ 的面积最大,即 $\overset{\frown}{AC} = \overset{\frown}{CE}$时最大. 所以 $AC = CE = BD$.

从而 $AB = CD$,AB, CD 与 OP 的夹角相等.

例 15 如图 5.21 所示,在 Rt$\triangle ABC$ 中,AD 是斜边上的高,M, N 分别是 $\triangle ABD$, $\triangle ACD$ 的内心,直线 MN 交 AB, AC 于 K, L. 求证:$S_{\triangle ABC} \geqslant 2S_{\triangle AKL}$.

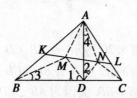

图 5.21

证明 联结 AM, BM, DM, AN, DN, CN. 在 $\triangle ABC$ 中,$\angle BAC = 90°$,$AD \perp BC$ 于 D,所以

$$\angle ABD = \angle DAC, \angle ADB = \angle ADC = 90°$$

因为 M, N 分别是 $\triangle ABD$ 和 $\triangle ACD$ 的内心,所以

$$\angle 1 = \angle 2 = 45°, \angle 3 = \angle 4$$

则有 $\qquad$ $\triangle ADN \backsim \triangle BDM$

所以 $\qquad$ $\dfrac{DM}{DN} = \dfrac{BD}{AD}$

又因为 $\qquad$ $\angle MDN = 90° = \angle ADB$

所以 $\qquad$ $\triangle MDN \backsim \triangle BDA$

则有 $\qquad$ $\angle BAD = \angle MND$

因为 $\qquad$ $\angle BAD = \angle LCD$

所以 $\qquad$ $\angle MND = \angle LCD$

所以 D, C, L, N 四点共圆，则 $\angle ALK = \angle NDC = 45°$.

同理，$\angle AKL = \angle 1 = 45°$. 所以

$$AK = AL$$

因为 $\qquad$ $\triangle AKM \cong \triangle ADM$

所以 $\qquad$ $AK = AD = AL$

而 $\quad S_{\triangle ABC} = \dfrac{1}{2} AB \cdot AC, S_{\triangle AKL} = \dfrac{1}{2} AK \cdot AL = \dfrac{1}{2} AD^2$

而 $\qquad$ $AD^2 = \dfrac{AC^2 \cdot AB^2}{BC^2} = \dfrac{AC^2 \cdot AB^2}{AB^2 + AC^2}$

从而

$$S_{\triangle AKL} = \dfrac{1}{2} AC \cdot AB \cdot \dfrac{AC \cdot AC}{AB^2 + AC^2}$$

$$\leqslant \dfrac{1}{2} AB \cdot AC \times \dfrac{1}{2}$$

$$= \dfrac{1}{2} S_{\triangle ABC}$$

所以 $\qquad$ $S_{\triangle ABC} \geqslant 2 S_{\triangle AKL}$

5.2　代数法

用代数法解几何极值问题的一般步骤是:

第一,运用几何及代数知识,考察已知图形中有关的几何量之间的关系,选择一条或几条变线段作为参变量,写出变量 u 与参变量之间的关系式;

第二,根据已知条件,由这个关系式判定变量 u 何时取得极大值或极小值,就得到欲求的结论.

例 1　在 $\triangle ABC$ 内作内接矩形 $DEMN$,使一边 DE 在最大边 BC 上,顶点 M,N 分别在 AC,AB 上,试确定矩形 $DEMN$ 的位置,使对角线的长最小.

图 5.22

解　如图 5.22 所示,设 $\triangle ABC$ 的底边 $BC = a$,BC 边上的高 $AH = h$,这里 a,h 为定值. 这样,问题归结为确定矩形 $DEMN$ 的对角线 DM 的长的最小值. 设矩形的边 $ND = ME = x$,$MN = DE = y$,对角线 $DM = l$. 由勾股定理,得

$$l^2 = x^2 + y^2 \tag{1}$$

因为　　　　　　　　　$NM /\!/ BC$

所以　　　　　　　　$\triangle ANM \backsim \triangle ABC$

则有　　　　　$\dfrac{y}{a} = \dfrac{h - x}{h}, y = \dfrac{a(h - x)}{h}$

130

于是式(1)变为

$$l^2 = x^2 + \frac{a^2(h-x)^2}{h^2}$$

$$= \frac{a^2+h^2}{h^2}x^2 - \frac{2a^2}{h}x + a^2 \quad [x \in (0,h)]$$

所以,当 $x = -\dfrac{-\dfrac{2a^2}{h}}{2 \cdot \dfrac{a^2+h^2}{h^2}} = \dfrac{a^2h}{a^2+h^2} \in (0,h)$ 时,l^2

取得最小值,即当矩形的边 $DN = \dfrac{a^2h}{a^2+h^2}$, $NM = \dfrac{ah^2}{a^2+h^2}$

时,DM 取得最小值 $\dfrac{ah}{\sqrt{a^2+h^2}}$.

例2 平面内 A,B 为定点,且 $AB = \sqrt{3}$,C,D 为动点,且 $AD = DC = CB = 1$,设 $\triangle ABD$ 与 $\triangle BCD$ 的面积分别为 S_1 与 S_2. (1)求 $S_1^2 + S_2^2$ 的取值范围;(2)当 $S_1^2 + S_2^2$ 取最大值时,$\triangle ABD$ 是怎样的三角形?

解 如图 5.23 所示,令 $BD = x$,则

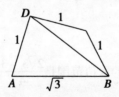

图 5.23

$$S_1^2 = \frac{\sqrt{3}+1+x}{2} \cdot \left(\frac{\sqrt{3}+1+x}{2} - 1\right) \cdot$$

$$\left(\frac{\sqrt{3}+1+x}{2} - \sqrt{3}\right)\left(\frac{\sqrt{3}+1+x}{2} - x\right)$$

$$= \frac{1}{16}(-x^2 + 8x^2 - 4)$$

131

$$S_2^2 = \frac{1+1+x}{2} \cdot (\frac{2+x}{2}-1)^2(\frac{2+x}{2}-x)$$

$$= \frac{1}{16}(-x^4 + 4x^2)$$

所以

$$S_1^2 + S_2^2 = \frac{1}{16}(-x^4 + 8x^2 - 4 - x^4 + 4x^2)$$

$$= -\frac{1}{8}(x^2-3)^2 + \frac{7}{8} \qquad (2)$$

在 $\triangle BDC$ 中,显然

$$x < BC + CD = 2$$

在 $\triangle ADB$ 中

$$x > AB - AD = \sqrt{3} - 1$$

所以

$$\sqrt{3} - 1 < x < 2$$

在 $\sqrt{3} - 1 \le x \le 2$ 上,从式(2)可知,当 $x = \sqrt{3} - 1$ 时,$S_1^2 + S_2^2$ 取最小值 $\frac{2\sqrt{3}-3}{4}$；当 $x = \sqrt{3}$ 时,$S_1^2 + S_2^2$ 取最大值 $\frac{7}{8}$. 所以:

(1) $S_1^2 + S_2^2$ 的取值范围是 $\frac{2\sqrt{3}-3}{4} < S_1^2 + S_2^2 \le \frac{7}{8}$；

(2) 从式(2)知,当 $x^2 = 3$ 即 $x = \sqrt{3}$ 时,$S_1^2 + S_2^2$ 的最大值为 $\frac{7}{8}$. 而当 $S_1^2 + S_2^2$ 取最大值时,$\triangle ABD$ 显然为等腰三角形.

例3 已知 AB 是半圆的直径,如果这个半圆是一块铁皮,$ABDC$ 是内接半圆的梯形,试问怎样做这个梯形,才能使梯形 $ABDC$ 的周长最大(图 5.24)?

132

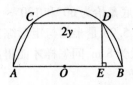

图 5.24

分析　本例是求半圆 AB 的内接梯形的最大周长,可设半圆半径为 R. 由于 $AB /\!/ CD$,必有 $AC = BD$. 若设 $CD = 2y, AC = x$,那么只需求梯形 $ABDC$ 的半周长 $u = x + y + R$ 的最大值即可.

解　作 $DE \perp AB$ 于 E,则

$$x^2 = BD^2 = AB \cdot BE$$
$$= 2R(R - y)$$
$$= 2R^2 - 2Ry$$

所以
$$y = \frac{2R^2 - x^2}{2R}$$

则有

$$u = x + y + R = x + \frac{2R^2 - x^2}{2R} + R$$
$$= \frac{-x^2 + 2Rx + 2R^2}{2R} + R$$

所以,求 u 的最大值,只需求 $-x^2 + 2Rx + 2R^2$ 最大值即可

$$-x^2 + 2Rx + 2R^2 = 3R^2 - (x - R)^2 \leqslant 3R^2$$

上式只有当 $x = R$ 时 R 取等号,这时有

$$y = \frac{2R^2 - x^2}{2R} = \frac{2R^2 - R^2}{2R} = \frac{R}{2}$$

所以 $2y = R = x$.

所以把半圆三等分,便可得到梯形两个顶点 C,

133

D. 这时,梯形的底角恰为 60°和 120°.

例4　如图 5.25 是半圆与矩形综合而成的窗户,如果窗户的周长为 8 m,问怎样才能得出最大面积,使得窗户透光最好?

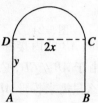

图 5.25

解　设 x 表示半圆的半径,y 表示矩形的边长 AD,则必有

$$2x + 2y + \pi x = 8$$

所以

$$y = \frac{8 - \pi x - 2x}{2} \qquad (3)$$

若窗户的最大面积为 S,则

$$S = 2xy + \frac{1}{2}\pi x^2 \qquad (4)$$

所以

$$S = 2x \cdot \frac{8 - \pi x - 2x}{2} + \frac{1}{2}\pi x^2$$

$$= 8x - \pi x^2 - 2x^2 + \frac{1}{2}\pi x^2$$

$$= 8x - \left(2 + \frac{\pi}{2}\right)x^2$$

$$= -\frac{4 + \pi}{2} \cdot \left(x - \frac{8}{4 + \pi}\right)^2 + \frac{32}{4 + \pi}$$

$$\leqslant \frac{32}{4 + \pi}$$

上式中,只有当 $x = \dfrac{8}{4 + \pi}$ 时等号成立. 这时,由式 (3)得

$$y = (8 - \pi \cdot \dfrac{8}{4 + \pi} - 2 \cdot \dfrac{8}{4 + \pi}) \times \dfrac{1}{2}$$

$$= \dfrac{8}{4 + \pi} = x$$

即当窗户周长一定时,窗户下部矩形宽恰为半径时,窗户面积最大.

例 5 已知直角三角形的周长一定,求其内切圆面积的最大值.

图 5.26

解　如图 5.26 所示,设圆 O 的半径为 r, $a + b + c = 2l$ (定长),显然 $CDOF$ 为正方形,所以 $CD = CF = r$.

令 $AD = x$, $BF = y$, 则 $AE = x$, $BE = y$. 于是 $2x + 2y + 2r = 2l$. 即 $x + y + r = l$. 又

$$(x + r)^2 + (y + r)^2 = (x + y)^2$$

化简得 $\qquad (x + y)r + r^2 = xy$

把 $x + y = l - r$ 代入上式得 $xy = lr$. 所以 x, y 是一元二次方程 $z^2 - (l - r)z + lr = 0$ 的二根.

因为 z 为实数,所以 $\Delta \geqslant 0$, 即

$$(l - r)^2 - 4lr \geqslant 0$$

解之,得 $r \leqslant (3 - 2\sqrt{2})l$, 或 $r \geqslant (3 + 2\sqrt{2})l$.

但 $c = l - r > 0$, 所以 $r < l$. 所以 $r \geqslant (3 + 2\sqrt{2})l$ 应

舍去.所以 r 的最大值为 $(3-2\sqrt{2})l$.

此时 $a=b$,内切圆的最大面积为 $\pi(3-2\sqrt{2})^2l^2$.

例6 过定圆 O 内的定点 P 作两条互相垂直的弦 AC,BD(图5.27),联结 AB,BC,CD,DA,试证:当 $ABCD$ 为等腰梯形时,其面积最大.

图5.27

证明 联结 OP,则 $OP=d$ 为定值,作 $OE\perp AC$ 于 $E,OF\perp BD$ 于 F,联结 OB,OC,并设圆 O 的半径为 R,$OE=x,OF=y$. 则

$$CE=\sqrt{R^2-x^2},BF=\sqrt{R^2-y^2},y^2=d^2-x^2$$

所以,由四边形面积公式得

$$S_{ABCD}=\frac{1}{2}AC\cdot BD=\frac{1}{2}\times 2CE\cdot 2BF$$

$$=\sqrt{(R^2-x^2)(R^2-y^2)}$$

但 $R>x,R>y$,故

$$R^2-x^2>0,R^2-y^2>0$$

又

$$(R^2-x^2)+(R^2-y^2)=2R^2-x^2-y^2$$
$$=2R-x^2-(d^2-x^2)$$
$$=2R^2-d^2$$

为定值.

故由上式可知,当且仅当 $R^2-x^2=R^2-y^2$,即 $x=y$ 时,S_{ABCD} 极大. 而当 $x=y$ 时,有 $AC=BD$,从而

136

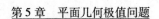

$\angle ABC = \angle BCD$，易知此时四边形 $ABCD$ 为等腰梯形，故命题得证.

例 7　试证：在外切于定圆的一切等腰三角形中，以正三角形的面积为最小.

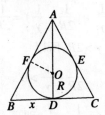

图 5.28

证明　如图 5.28 所示，圆 O 是定圆，其半径为 R，$\triangle ABC$ 外切于圆 O，切点为 D,E,F，且 $AB = AC$. 联结 OF,AD，则 AD 必通过圆心 O，且 $AD \perp BC,OF \perp AB$. 设 $BD = x,AD = y$，则

$$DA = y - R, AF^2 = (y - R)^2 = y(y - 2R)$$

由三角形面积公式得

$$S_{\triangle ABC} = xy$$

所以

$$S_{\triangle ABC}^2 = x^2 y^2 \qquad (5)$$

但　　　　　　　　$\triangle ABD \backsim \triangle AOF$

所以　　　　　　　$x:y = R:AF$

所以　　　$x^2:y^2 = R^2:AF^2 = R^2:y(y - 2R)$

所以

$$x^2 = \frac{R^2 x}{y - 2R} \qquad (6)$$

把式(6)代入式(5)，得

137

$$S^2_{\triangle ABC}=\frac{R^2y^3}{y-2R}=\frac{R^2}{\frac{1}{y^2}\left(1-\frac{2R}{y}\right)}=\frac{R^2}{2R\cdot\frac{1}{y^2}\left(\frac{1}{2R}-\frac{1}{y}\right)} \quad (7)$$

上式右端的分子 R^2 为定值. 又因为

$$\frac{1}{y}+\left(\frac{1}{2R}-\frac{1}{y}\right)=\frac{1}{2R}$$

为定值,且显然有 $y>2R$,所以

$$\frac{1}{2R}-\frac{1}{y}>0$$

故当且仅当 $\frac{1}{2y}=\frac{1}{2R}-\frac{1}{y}$,即 $y=3R$ 时,式(7)右端的分母最大,从而 $S^2_{\triangle ABC}$ 最小,$S_{\triangle ABC}$ 也最小. 而当 $y=3R$ 时,$OA=2R$,由 Rt $\triangle AOF$ 知 $\angle OAF=30°$,从而 $\angle BAC=60°$.

所以 $\triangle ABC$ 是正三角形,故命题得证.

例 8   如图 5.29,已知 Rt $\triangle AOB$ 中,直角顶点 O 在单位圆心上,斜边与单位圆相切,延长 AO,BO 分别与单位圆交于 C,D. 试求四边形 $ABCD$ 面积的最小值.

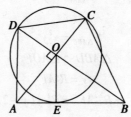

图 5.29

解   设圆 O 与 AB 相切于 E,有 $OE=1$. 所以

$$AB=OE\cdot AB=AO\cdot OB$$
$$=\frac{AO^2+BO^2}{2}-\frac{(AO+BO)^2}{2}$$

138

$$\leqslant \frac{AO^2 + BO^2}{2} = \frac{AB^2}{2}$$

即
$$AB \geqslant 2$$

当 $AO = BO$ 时, AB 有最小值. 所以

$$S_{ABCD} = \frac{1}{2} AC \cdot BD = \frac{1}{2} (1 + OA)(1 + BO)$$

$$= \frac{1}{2}(1 + AO + BO + AO \cdot BO)$$

$$\geqslant \frac{1}{2}(1 + 2\sqrt{AO \cdot BO} + AO \cdot BO)$$

$$= \frac{1}{2}(1 + \sqrt{AO \cdot BO})^2$$

$$= \frac{1}{2}(1 + \sqrt{OE \cdot AB})^2$$

$$= \frac{1}{2}(1 + \sqrt{AB})^2$$

$$\geqslant \frac{1}{2}(1 + \sqrt{2})^2$$

$$= \frac{1}{2}(3 + 2\sqrt{2})$$

所以, 当 $AO = OB$ 时, 四边形 $ABCD$ 面积的最小值为 $\frac{1}{2}(3 + 2\sqrt{2})$.

例 9　已知正方形的边长为 d, 在此正方形内, 圆 O_1 与圆 O_2 互相外切, 并且圆 O_1 与 AB, AD 两边相切, 圆 O_2 与 CB, CD 两边相切(图 5.30). 求圆 O_1 与圆 O_2 面积和的最大值及最小值.

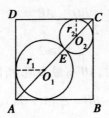

图 5.30

解 设圆 O_1 和圆 O_2 的半径分别为 r_1,r_2,易知圆心 O_1,O_2 及切点 E 必在 AC 上. 因为

$$AO_1 = \sqrt{2}r_1, CO_2 = \sqrt{2}r_2, AC = \sqrt{2}d$$

所以 $\quad\quad \sqrt{2}r_1 + r_1 + r_2 + \sqrt{2}r_2 = \sqrt{2}d$

则 $\quad\quad (\sqrt{2}+1)(r_1+r_2) = \sqrt{2}d$

所以 $\quad\quad r_1+r_2 = \dfrac{\sqrt{2}d}{\sqrt{2}+1} = (2-\sqrt{2})d$

易知 r_1 的最大值为 $\dfrac{d}{2}$;当 r_2 增大时,则 r_1 减小,

当 r_2 达到最大($r_2 = \dfrac{d}{2}$)时,则 r_1 达到最小,此时

$$r_1 = (2-\sqrt{2})d - \frac{d}{2} = \frac{3d}{2} - \sqrt{2}d$$

所以 $\quad\quad (\dfrac{3}{2}-\sqrt{2})d \leqslant r_1 \leqslant \dfrac{d}{2}$

设

$$S(r_1) = \pi r_1^2 + \pi r_2^2$$
$$= \pi\{r_1^2 + [(2-\sqrt{2})d - r_1]^2\}$$
$$= \pi\{2r_1^2 - 2(2-\sqrt{2})dr_1 + (2-\sqrt{2})^2d^2\}$$

因为,r_1^2 的系数大于 0,且

$$-\frac{b}{2a} = \frac{2-\sqrt{2}}{2}d \in \left[(\frac{3}{2}-\sqrt{2})d, \frac{d}{2}\right]$$

所以,当 $r_1 = \dfrac{2-\sqrt{2}}{2}d$ 时,面积和 $S(r_1)$ 达到最小值
为

$$\pi\left(c - \dfrac{b^2}{4a}\right)$$

$$= \left[(2-\sqrt{2})^2 d^2 - \dfrac{4(2-\sqrt{2})^2}{8}d^2\right]$$

$$= \dfrac{(2-\sqrt{2})^2}{2}d^2 \pi$$

$$= (3 - 2\sqrt{2})d^2 \pi$$

又因为 $\qquad S(\dfrac{d}{2}) = S\left[(\dfrac{3}{2} - \sqrt{2})d\right]$

所以,当 $r_1 = \dfrac{d}{2}$ 或 $r_1 = (\dfrac{3}{2} - \sqrt{2})d$ 时,面积和达到最大
值,为

$$\pi\left[2(\dfrac{d}{2})^2 - 2(2-\sqrt{2})d \times \dfrac{d}{2} + (2-\sqrt{2})^2 d^2\right]$$

$$= \dfrac{9 - 6\sqrt{2}}{2}d^2 \pi$$

5.3   三角法

用三角法来求几何极值问题的一般步骤是:首先根据题目中给出的几何图形,恰当地选取一个变化的角度作为自变量(要注意这个角度的变化范围).然后,根据题给的条件和有关知识,把所要考察的目标几何量化成这个角度的三角函数式,从而归结为三角函数式的极值问题.于是,可用前面所讲的三角方法来把

141

问题解决.

例1 在 △ABC 中,AB = AC = a,以 BC 为边向形外作正 △BCD,问:当顶角 BAC 为何值时,AD 最长?

解 如图 5.31 所示. 因为

$$AB = AC, DB = DC$$

所以 AD 是 BC 的中垂线.

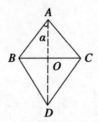

图 5.31

设 ∠BAD = α,而 ∠BDA = 30°,则 ∠ABD = 150° − α. 由正弦定理,得

$$\frac{AD}{\sin(150° - α)} = \frac{AB}{\sin 30°} = \frac{a}{\frac{1}{2}} = 2a$$

所以 $$AD = 2a\sin(150° - α)$$

要使 AD 最大,只需 $\sin(150° - α)$ 取得最大值.

当 150° − α = 90°,即 α = 60° 时,$\sin(150° - α)$ 的值最大,这时 ∠BAC = 120°. 所以,当 ∠BAC = 120° 时,AD 最长.

例2 已知 A 是定角,如图 5.32 所示,作一直线 l 交 A 的两边于 B,C,使 △ABC 的面积 $S_{\triangle ABC}$ 等于定值. 试证:当 △ABC 为以 A 为顶角的等腰三角形时,直线 l 被 A 的两边截出的线段 BC 的长度最短.

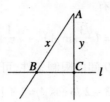

图 5.32

证明　设 $AB = x, AC = y$，则

$$S_{\triangle ABC} = \frac{1}{2}xy\sin A$$

所以

$$xy = \frac{2S_{\triangle ABC}}{\sin A}$$

于是由余弦定理,得

$$BC^2 = x^2 + y^2 - 2xy\cos A$$
$$= (x - y)^2 + 2xy(1 - \cos A)$$
$$= (x - y)^2 + \frac{4S_{\triangle ABC}}{\sin A}(1 - \cos A)$$

因为 $S_{\triangle ABC}$ 和 A 都是定值,所以由上式可知,当且仅当 $x = y$ 时, BC^2 极小,从而 BC 最短.

而当 $x = y$ 时, $\triangle ABC$ 是以 A 为顶角的等腰三角形. 故命题得证.

例 3　如图 5.33 所示,平面上有四点 A, B, P, Q. A, B 为定点, $AB = \sqrt{3}$. 设 P, Q 为顶点,满足 $AP = PQ = QB = 1$,又 $\triangle APB$ 与 $\triangle PQB$ 的面积分别为 S, T. 试求: $S^2 + T^2$ 的最大值与最小值.

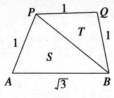

图 5.33

解 依题意,有

$$S^2 + T^2 = (\frac{\sqrt{3}}{2}\sin A)^2 + (\frac{1}{2}\sin Q)^2$$

两个变量 A, Q 间的限制条件,可由余弦定理

$$PB^2 = 1 + 3 - 2\sqrt{3}\cos A = 1 + 1 - 2\cos Q \qquad (1)$$

得到

$$\cos Q = \sqrt{3}\cos A - 1 \qquad (2)$$

所以

$$S^2 + T^2 = \frac{3}{4}(1 - \cos^2 A) + \frac{1}{4}(1 - \cos^2 Q)$$

$$= 1 - \frac{3}{4}\cos^2 A - \frac{1}{4}(\sqrt{3}\cos A - 1)^2$$

$$= -\frac{3}{2}\cos^2 A + \frac{\sqrt{3}}{2}\cos A + \frac{3}{4}$$

$$= -\frac{3}{2}(\cos A - \frac{\sqrt{3}}{6})^2 + \frac{7}{8}$$

由式(2)得

$$\sqrt{3}\cos A = 1 + \cos Q \geqslant 0$$

所以

$$\cos A \in [0, 1]$$

又 $\frac{\sqrt{3}}{6} \in [0, 1]$,所以:

当 $\cos A = \frac{\sqrt{3}}{6}$ 时,$(S^2 + T^2)_{max} = \frac{7}{8}$;

当 $\cos A = 0$ 时,$S^2 + T^2 = \frac{3}{4}$;

当 $\cos A = 1$ 时,$S^2 + T^2 = \frac{2\sqrt{3} - 3}{4} < \frac{3}{4}$.

所以

$$(S^2 + T^2)_{min} = \frac{2\sqrt{3} - 3}{4}$$

例4　在△PAB中,$AB = 4$,D 为 AB 的中点,$PB + PA = 6$,$PB^2 \leqslant 4$. 求中线 PD 的最小值(图5.34).

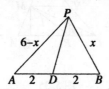

图5.34

分析　在△ABP中,设 $PB = x$,则 $PA = 6 - x$. 根据余弦定理,得

$$\cos B = \frac{x^2 + 4^2 - (6 - x)^2}{2 \times 4x} = \frac{3x - 5}{2x} \qquad (3)$$

又在△PDB中由余弦定理,得

$$PD^2 = x^2 + 2^2 - 4x\cos B \qquad (4)$$

把式(3)代入式(4)中,得

$$PD^2 = x^2 + 4 - 4x \cdot \frac{3x - 5}{2x}$$
$$= x^2 - 6x + 14$$
$$= (x - 3)^2 + 5$$

因为 $x^2 \leqslant 4$,所以

$$0 < x \leqslant 2$$

所以　　　　　　　　$|x - 3|_{\min} = 1$

则有　　　　　　　　$PD^2_{\min} = 1 + 5 = 6$

故　　　　　　　　　$PD_{\min} = \sqrt{6}$

例5　已知扇形 OAB 的中心角为 $45°$,半径为 R. 矩形 $PQMN$ 内接于这个扇形(图5.35),求矩形的对角线长 l 的最小值.

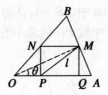

图 5.35

解 联结 DM,则点 M 的位置将由 $\angle AOM$ 的大小来确定.

于是,设 $\angle AOM = \theta(0° < \theta < 45°)$. 在 Rt $\triangle QOM$ 中,有

$$MQ = OM\sin\theta = R\sin\theta, OQ = R\cos\theta$$

因为 $\angle AOB = 45°$,所以

$$OP = NP = MQ = R\sin\theta$$

所以 $\qquad PQ = OQ - OP = R(\cos\theta - \sin\theta)$

由勾股定理,得

$$l^2 = MQ^2 + PQ^2 = R^2\sin^2\theta + R^2(\cos\theta - \sin\theta)^2$$
$$= R^2(2\sin^2\theta - 2\sin\theta\cos\theta + \cos^2\theta)$$

由倍角公式,得

$$l^2 = R^2\left[\frac{3}{2} - (\sin 2\theta + \frac{1}{2}\cos 2\theta)\right]$$

记 $\arctan\frac{1}{2} = \varphi$,于是

$$l^2 = R^2\left[\frac{3}{2} - \frac{\sqrt{5}}{2}\sin(2\theta + \varphi)\right]$$

所以,当 $\sin(2\theta + \varphi) = 1$,即 $\theta = 45° - \frac{1}{2}\varphi$ 时(因 $\varphi = \arctan\frac{1}{2} < 45°$,这个 θ 是在 $(0°, 45°)$ 内的),l^2 取得最小值,且

146

$$(l^2)_{min} = R^2 \left(\frac{3}{2} - \frac{\sqrt{5}}{2} \right) = \left(\frac{\sqrt{5}-1}{2} \right)^2 R^2$$

所以,当 $\theta = 45° - \dfrac{1}{2}\varphi$ 时,有 $l_{min} = \dfrac{\sqrt{5}-1}{2}R$.

例 6　锐角 A 的内部有一已知点 P,求一过点 P 的直线交角的两边于 B,C 两点,使 $\dfrac{1}{BP} + \dfrac{1}{CP}$ 最大.

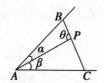

图 5.36

解　如图 5.36 所示,联结 AP. 记 $\angle BAP = \alpha$, $\angle CAP = \beta$. 显然,α,β 均为定值. 又设 $\angle APB = \theta(0° < \theta < 180 - \alpha)$.

在 $\triangle ABP$ 中,由正弦定理,得

$$\frac{\sin\alpha}{BP} = \frac{\sin[\pi - (\alpha+\theta)]}{AP} = \frac{\sin(\alpha+\theta)}{AP}$$

即　$\dfrac{1}{BP} = \dfrac{\sin(\alpha+\theta)}{AP \cdot \sin\alpha} = \dfrac{1}{AP}(\sin\theta \cdot \cot\alpha + \cos\theta)$

在 $\triangle ACP$ 中,由正弦定理同理可得

$$\frac{1}{CP} = \frac{\sin(\theta-\beta)}{AP \cdot \sin\beta} = \frac{1}{AP}(\sin\theta \cdot \cot\beta - \cos\theta)$$

所以

$$\frac{1}{BP} + \frac{1}{CP} = \frac{1}{AP}(\sin\theta\cot\alpha + \sin\theta\cot\beta)$$

$$= \frac{1}{AP}\sin\theta(\cot\alpha + \cot\beta)$$

因为 α,β 是定角,且都为锐角,所以,当 $\sin\theta = 1$

即 $\theta = 90°$ 时 (因 $90° \in (0°, 180° - \alpha)$), $\dfrac{1}{BP} + \dfrac{1}{CP}$ 达到

最大值 $\dfrac{1}{AP}(\cot\alpha + \cot\beta)$.

即这时的直线 BC 垂直于 AE.

例 7 有一张矩形纸片 $ABCD$, 已知 $AD = BC = a$, $AB = CD = b$, 且 $a > b$. 折这张纸片使点 C 在 AD 边 (包括端点) 上移动, 问点 C 在什么位置时, 折痕的长为最大或最小.

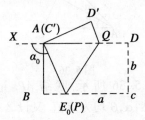

图 5.37

解 记纸片被折后 C 在 AD 上的位置为 C'. BC 边被折部分的位置为 EC', $\angle EC'A = \alpha$, 当 C' 重合于 A 时, $\angle EC'A$ 记为 $\alpha_0 = \angle E_0AX$ (图 5.37). 则 $AE_0^2 = AB^2 + BE_0^2$.

即 $$(a - BE_0)^2 = b^2 + BE_0^2$$

所以 $$BE_0 = \frac{a^2 - b^2}{2a}$$

$$\sin\angle BAE_0 = \frac{\dfrac{a^2 - b^2}{2a}}{a - \dfrac{a^2 - b^2}{2a}}$$

$$= \frac{a^2 - b^2}{a^2 + b^2}$$

因此
$$a_0 = \frac{\pi}{2} + \arcsin \frac{a^2 - b^2}{a^2 + b^2}$$

依题意, 当 C' 在 AD 边上运动时

$$0 \leqslant \alpha \leqslant a_0 = \frac{\pi}{2} + \arcsin \frac{a^2 - b^2}{2ab}$$

设折痕为 PQ, 且 P 在 AB 或 BC 上, Q 在 AD 或 CD 上, 记 P 合于顶点 B 时的角 α 为角 α_1 (图 5.38) 则 $\sin \alpha_2 = \frac{b}{a}$.

所以

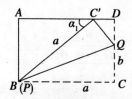

图 5.38

$$\alpha_1 = \arcsin \frac{b}{a}$$

以下依 α 的变动范围, 分三段考虑:

(1) $0 \leqslant \alpha \leqslant \alpha_1$ (图 5.39).

这时 P 在 AB 上, 而 Q 在 CD 上

$$\angle PQC' = \frac{1}{2}(\pi - \angle DQC') = \frac{1}{2}(\pi - \alpha)$$

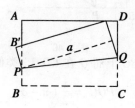

图 5.39

149

所以 $\quad PQ = \dfrac{a}{\sin\dfrac{1}{2}(\pi-\alpha)} = \dfrac{a}{\cos\dfrac{\alpha}{2}}$

因 $0 < \dfrac{b}{a} < 1$,故 $0° < \alpha < \dfrac{\pi}{2}$,$\cos\dfrac{\alpha}{2}$ 在 $[0,\alpha_1]$ 上递减,从而 $\dfrac{a}{\cos\dfrac{\alpha}{2}}$ 在 $[0,\alpha_1]$ 上递增,因此,PQ 的最小值为

$\dfrac{a}{\cos\dfrac{0°}{2}} = a.\ PQ$ 的最大值为

$$\dfrac{a}{\cos\dfrac{\alpha_1}{2}} = \dfrac{a}{\sqrt{\dfrac{1+\cos\alpha_1}{2}}}$$

$$= \dfrac{a^2}{b}\sqrt{2\left(1 - \sqrt{1 - \left(\dfrac{b}{a}\right)^2}\right)}$$

$(2)\,\alpha_1 \leqslant \alpha \leqslant \dfrac{\pi}{2}$(图 5.40).

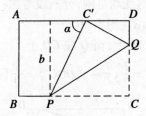

图 5.40

这时 P 在 BC 上而 Q 在 CD 上,类似地

$$\angle PQC' = \dfrac{1}{2}(\pi-\alpha)$$

所以

$$PQ = \frac{PC'}{\cos \frac{\alpha}{2}} = \frac{\dfrac{b}{\sin \alpha}}{\cos \dfrac{\alpha}{2}}$$

$$= \frac{b}{\cos \dfrac{\alpha}{2} \cdot \sin \alpha}$$

令 $y = \cos \dfrac{\alpha}{2} \cdot \sin \alpha$,则

$$y = 2\sin \frac{\alpha}{2} \cos^2 \frac{\alpha}{2}$$

$$= 2\sin \frac{\alpha}{2} - 2\sin^2 \frac{\alpha}{2}$$

$$y' = \cos \frac{\alpha}{2} - 3\sin^2 \frac{\alpha}{2} \cdot \cos \frac{\alpha}{2}$$

$$= \cos \frac{\alpha}{2}(1 - 3\sin^2 \frac{\alpha}{2})$$

因 $0 < \alpha < \pi$ 时,$\cos \dfrac{\alpha}{2} > 0$,$\sin \dfrac{\alpha}{2} > 0$. 故 $y' = 0$. 仅当 $\sin \dfrac{\alpha}{2} = \sqrt{\dfrac{1}{3}}$,亦即 $\alpha = 2\arcsin \sqrt{\dfrac{1}{3}}$,记 $2\arcsin \sqrt{\dfrac{1}{3}} = \alpha_2$,即 $\sin \dfrac{\alpha_2}{2} = \sqrt{\dfrac{1}{3}}$.

1)$\alpha_2 < \alpha_1$,即 $2\arcsin \sqrt{\dfrac{1}{3}} < \arcsin \dfrac{b}{a}$. 亦即 $\dfrac{b}{a} > \dfrac{2\sqrt{2}}{3}$ 时,PQ 在 $\left[\alpha_1, \dfrac{\pi}{2}\right]$ 上无极值,这时因 $\sin \dfrac{\alpha}{2} > \dfrac{1}{\sqrt{3}}$,$y' < 0$,从而 y 递减,$PQ = \dfrac{b}{y}$ 递增,故 PQ 的最小值是 $\dfrac{b}{\cos \dfrac{\alpha_1}{2} \cdot \sin \alpha_1}$,最大值是 $\dfrac{b}{\cos \dfrac{\pi}{4} \cdot \sin \dfrac{\pi}{2}} = \sqrt{2}b$.

2) $\alpha_2 \geqslant \alpha_1$, 即 $\dfrac{b}{a} \leqslant \dfrac{2\sqrt{2}}{3}$. 这时因 $y'' = \dfrac{1}{2}\sin\dfrac{\alpha}{2} \cdot$

$\left(-7 + 9\sin^2\dfrac{\alpha}{2}\right)$ 在 α_2 处的值小于零, 故 y 在

$\left[\alpha_1, \dfrac{\pi}{2}\right]$ 上有极大值 $\cos\dfrac{\alpha_2}{2} \cdot \sin\alpha_2$. 因当 $\alpha_1 \leqslant \alpha < \alpha_2$

时, $y' > 0$, y 递增, 当 $\alpha_2 < \alpha \leqslant \dfrac{\pi}{2}$ 时, $y' < 0$. y 递减, 故这

个极大值也是 y 的最大值. 因此 PQ 在 $\left[\alpha_1, \dfrac{\pi}{2}\right]$ 上有最

小值

$$\frac{b}{\cos\dfrac{\alpha_2}{2} \cdot \sin\alpha_2} = \frac{b}{\sqrt{\dfrac{2}{3}} \times \dfrac{2\sqrt{2}}{3}} = \frac{3\sqrt{3}}{4}b$$

因 y 在 $[\alpha_1, \alpha_2)$ 上递增, 在 $\left(\alpha_2, \dfrac{\pi}{2}\right]$ 上递减, 故只

需比较 $PQ = \dfrac{b}{y}$ 在区间 $\left[\alpha_1, \dfrac{\pi}{2}\right]$ 的端点的值

$$\frac{b}{\cos\dfrac{\alpha_1}{2} \cdot \sin\alpha_1} \text{与} \frac{b}{\cos\dfrac{\pi}{4} \cdot \sin\dfrac{\pi}{2}} = \sqrt{2}b$$

即可确定 PQ 在 $\left[\alpha_1, \dfrac{\pi}{2}\right]$ 上的最大值.

因 $\cos\dfrac{\alpha_1}{2}\sin\alpha_1 > 0$, 故 $\sqrt{2}b > \dfrac{b}{\cos\dfrac{\alpha_1}{2} \cdot \sin\alpha_1}$ 当且仅

当 $\dfrac{\sqrt{2}b}{\dfrac{b}{\cos\dfrac{\alpha_1}{2} \cdot \sin\alpha_1}} > 1 \Longleftrightarrow \sqrt{2}\cos\dfrac{\alpha_1}{2} \cdot \sin\alpha_1 > 1 \Longleftrightarrow$

$$2\cos^2\frac{\alpha_1}{2} \cdot \sin^2\alpha_1 > 1 \Longleftrightarrow (1 + \cos\alpha_1)\sin^2\alpha_1 > 1 \Longleftrightarrow$$

$$\cos\alpha_1 \cdot \sin^2\alpha_1 > 1 - \sin^2\alpha_1 \Longleftrightarrow \cos^2\alpha_1 \cdot \sin^4\alpha_1 >$$

$$\cos^4\alpha_1 \Longleftrightarrow \cos^2\alpha_1(\sin^4\alpha_1 - \cos^2\alpha_1) > 0 \Longleftrightarrow \sin^4\alpha_1 +$$

$$\sin^2\alpha_1 - 1 > 0 \Longleftrightarrow (\sin^2\alpha_1 + \frac{\sqrt{5}+1}{2})(\sin^2\alpha_1 - \frac{\sqrt{5}-1}{2}) >$$

$$0 \Longleftrightarrow \sin^2\alpha_1 > \frac{\sqrt{5}-1}{2}, 即(\frac{b}{a})^2 > \frac{\sqrt{5}-1}{2}.$$

　　由于 $(\frac{2\sqrt{2}}{3})^2 = \frac{8}{9} > \frac{\sqrt{5}-1}{2}$，所以 PQ 在 $[\alpha_1, \frac{\pi}{2}]$ 上
的最大值为

$$\begin{cases} \sqrt{2}b, & 当 \frac{\sqrt{5}-1}{2} < (\frac{b}{a})^2 \leq \frac{8}{9} 时 \\ \dfrac{b}{\cos\dfrac{\alpha_1}{2} \cdot \sin\alpha_1}, & 当 (\frac{b}{a})^2 \leq \frac{\sqrt{5}-1}{2} 时 \end{cases}$$

（3）$\frac{\pi}{2} \leq \alpha \leq \alpha_0$（图 5.41）.

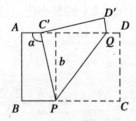

图 5.41

这时 P 在 BC 上，而 Q 在 AD 上

$$\angle PQC' = \frac{1}{2}(\pi - \angle D'QC')$$

$$= \frac{1}{2}[\pi - (\pi - \alpha)] = \frac{\alpha}{2}$$

所以 $$PQ = \frac{b}{\sin\frac{\alpha}{2}}$$

因 $\sin\frac{\alpha}{2}$ 在 $\left[\frac{\pi}{2}, \alpha_0\right]$ 上递增,故 $PQ = \dfrac{b}{\sin\frac{\alpha}{2}}$ 递减,

从而这时 PQ 有最大值 $\dfrac{b}{\sin\frac{\pi}{4}} = \sqrt{2}\,b$,最小值

$$\frac{b}{\sin\frac{\alpha_0}{2}} = \frac{b}{\sqrt{\frac{1-\cos\alpha_0}{2}}} = \frac{b}{a}\sqrt{a^2+b^2}$$

综上,确定 PQ 在 $[0, \alpha_0]$ 上的最大值,只需比较

$$\frac{a}{\cos\frac{\alpha_1}{2}}, \sqrt{2}\,b \quad \left(\text{当}\left(\frac{b}{a}\right)^2 > \frac{\sqrt{5}-1}{2}\text{时}\right)$$

或 $$\frac{a}{\sin\frac{\alpha_1}{2}}, \frac{b}{\cos\frac{\alpha_1}{2}\sin\alpha_1} \quad \left(\text{当}\left(\frac{b}{a}\right)^2 \leqslant \frac{\sqrt{5}-1}{2}\text{时}\right)$$

确定 PQ 在 $[0, \alpha_0]$ 上的最小值,只需比较

$$a, \frac{b}{\cos\frac{\alpha_1}{2}\sin\alpha_1}, \frac{b}{\sin\frac{\alpha_0}{2}} \quad \left(\text{当}\frac{b}{a} > \frac{2\sqrt{2}}{3}\text{时}\right)$$

或 $$a, \frac{3\sqrt{3}}{4}b, \frac{b}{\sin\frac{\alpha_0}{2}} \quad \left(\text{当}\frac{b}{a} \leqslant \frac{2\sqrt{2}}{3}\text{时}\right)$$

1) 比较 $\dfrac{a}{\cos\frac{\alpha_1}{2}}$ 与 $\sqrt{2}\,b$. 只需比较 1 与 $\dfrac{\sqrt{2}\,b}{a} \cdot \cos\frac{\alpha_1}{2} =$

$\sqrt{2}\cos\frac{\alpha_1}{2} \cdot \sin\alpha_1$. 故由 (2) 所述知,当且仅当 $\left(\dfrac{b}{a}\right)^2 >$

$\dfrac{\sqrt{5}-1}{2}$ 时, $1 < \sqrt{2}\cos\dfrac{\alpha_1}{2}\sin\alpha_1$. 从而 $\dfrac{a}{\cos\dfrac{\alpha_1}{2}} < \sqrt{2}\,b$. 因

$\sin\alpha_1 = \dfrac{b}{a}$, 故

$$\dfrac{a}{\cos\dfrac{\alpha_1}{2}} = \dfrac{b}{\cos\dfrac{\alpha_1}{2}\sin\alpha_1}$$

因此 PQ 在 $[\,0\,,\alpha_0\,]$ 上的最大值为

$$\begin{cases} \sqrt{2}\,b, & \text{当}\,(\dfrac{b}{a})^2 > \dfrac{\sqrt{5}-1}{2}\text{时} \\ \dfrac{a^2}{b}\sqrt{2\left(1 - \sqrt{1 - \left(\dfrac{b}{a}\right)^2}\right)}, & \text{当}\,(\dfrac{b}{a})^2 \leqslant \dfrac{\sqrt{5}-1}{2}\text{时} \end{cases}$$

2)比较 a 与 $\dfrac{b}{\sin\dfrac{\alpha_0}{2}} = \dfrac{b}{a}\sqrt{a^2+b^2}$, 只需比较 1 与

$\dfrac{b}{a}\sqrt{1 + (\dfrac{b}{a})^2}$, 只需比较 1 与 $(\dfrac{b}{a})^2\left[1 + (\dfrac{b}{a})^2\right] =$
$\sin^2\alpha_1 + \sin^4\alpha_1$, 只需比较 0 与 $\sin^4\alpha_1 + \sin^2\alpha_1 - 1$. 故由
(2)所述知:

当 $(\dfrac{b}{a})^2 > \dfrac{\sqrt{5}-1}{2}$ 时, $a < \dfrac{b}{\sin\dfrac{\alpha_0}{2}}$;

当 $(\dfrac{b}{a})^2 \leqslant \dfrac{\sqrt{5}-1}{2}$ 时, $a \geqslant \dfrac{b}{\sin\dfrac{\alpha_0}{2}}$.

因 $(\dfrac{2\sqrt{2}}{3})^2 = \dfrac{8}{9} > \dfrac{\sqrt{5}-1}{2}$, 故确定 PQ 在 $[\,0\,,\alpha_0\,]$ 上的最小值, 只需比较:

1) a 与 $\dfrac{b}{\cos\dfrac{\alpha_1}{2}\cdot\sin\alpha_1}$，当 $(\dfrac{b}{a})^2 > \dfrac{8}{9}$ 时；

2) a 与 $\dfrac{3\sqrt{3}}{4}b$，当 $\dfrac{\sqrt{5}-1}{2} < (\dfrac{b}{a})^2 \leqslant \dfrac{8}{9}$ 时；

3) $\dfrac{3\sqrt{3}}{4}b$ 与 $\dfrac{b}{\sin\dfrac{\alpha_0}{2}}$，当 $(\dfrac{b}{a})^2 \leqslant \dfrac{\sqrt{5}-1}{2}$ 时.

关于 1)，由 $\cos\dfrac{\alpha_1}{2}\cdot\sin\alpha_1 < \sin\alpha_1 = \dfrac{b}{a}$，立知 $a < \dfrac{b}{\cos\dfrac{\alpha_1}{2}\sin\alpha_1}$.

关于 2)，因 $a < \dfrac{3\sqrt{3}}{4}b \Longleftrightarrow \dfrac{16}{27} < (\dfrac{b}{a})^2$，而 $\dfrac{16}{27} < \dfrac{\sqrt{5}-1}{2}$，故当 $\dfrac{\sqrt{5}-1}{2} < (\dfrac{b}{a})^2 \leqslant \dfrac{8}{9}$ 时，有 $a < \dfrac{3\sqrt{3}}{4}b$.

关于 3)，比较 $\dfrac{3\sqrt{3}}{4}b$ 与 $\dfrac{b}{\sin\dfrac{\alpha_0}{2}} = \dfrac{b}{a}\sqrt{a^2+b^2}$，只需比较 $\dfrac{27}{16}$ 与 $1+(\dfrac{b}{a})^2$，故当 $(\dfrac{b}{a})^2 < \dfrac{11}{16}$ 时，$\dfrac{3\sqrt{3}}{4}b > \dfrac{b}{\sin\dfrac{\alpha_0}{2}}$；当 $(\dfrac{b}{a})^2 \geqslant \dfrac{11}{16}$ 时，$\dfrac{3\sqrt{3}}{4}b \leqslant \dfrac{b}{\sin\dfrac{\alpha_0}{2}}$. 但因 $\dfrac{11}{16} > \dfrac{\sqrt{5}-1}{2}$，故当 $(\dfrac{b}{a})^2 \leqslant \dfrac{\sqrt{5}-1}{2}$ 时，必有 $\dfrac{3\sqrt{3}}{4}b > \dfrac{b}{\sin\dfrac{\alpha_0}{2}}$.

因此，PQ 在 $[0,\alpha_1]$ 上的最小值为

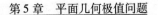

$$\begin{cases} a\,, & \text{当}(\dfrac{b}{a})^2 > \dfrac{\sqrt{5}-1}{2}\text{时} \\[3mm] \dfrac{b}{a}\sqrt{a^2+b^2}\,, & \text{当}(\dfrac{b}{a})^2 \leqslant \dfrac{\sqrt{5}-1}{2}\text{时} \end{cases}$$

例 8 在 Rt△ABC 中,$BC=a$,$CA=b$,$AB=c$,以斜边 BC 为轴,旋转一周生成的两个直圆锥的侧面积之和为 S_1,Rt△ABC 的内切圆面积为 S_2. 试求:$\dfrac{S_1}{S_2}$ 的最小值(图 5.42).

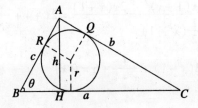

图 5.42

解 因为 b,c,h,r,S_1,S_2 均可用 a 与∠B 来表示. 设∠$B = \theta$ 则

$$b = a\sin\theta,\ c = a\cos\theta,\ h = c\sin\theta = a\sin\theta\cdot\cos\theta$$

$$rS = \frac{1}{2}bc = \frac{1}{2}a^2\sin\theta\cos\theta$$

$$S = \frac{1}{2}(a+b+c) = \frac{a}{2}(1+\sin\theta+\cos\theta)$$

所以

$$r = \frac{\dfrac{1}{2}a^2\sin\theta\cdot\cos\theta}{\dfrac{1}{2}a^2(1+\sin\theta+\cos\theta)} = \frac{a\sin\theta\cos\theta}{1+\sin\theta+\cos\theta}$$

$$\begin{aligned} S_1 &= \pi hb + \pi hc \\ &= \pi h(b+c) \end{aligned}$$

$$= \pi a^2 \sin\theta\cos\theta(\sin\theta + \cos\theta)$$

$$S_2 = \pi r^2 = \frac{\pi a^2 \sin^2\theta\cos^2\theta}{(1 + \sin\theta + \cos\theta)^2}$$

所以　$\dfrac{S_1}{S_2} = \dfrac{(\sin\theta + \cos\theta)(1 + \sin\theta + \cos\theta)^2}{\sin\theta\cos\theta}$

利用三角代换,目标函数已化为单变量函数. 令

$$x = \sin\theta + \cos\theta = \sqrt{2}\sin\left(\theta + \frac{\pi}{4}\right)$$

因为 $0° < \theta < 90°$,所以 $1 < x \leqslant \sqrt{2}$ 则

$$\frac{S_1}{S_2} = \frac{x(1 + x)^2}{\dfrac{1}{2}(x^2 - 1)} = \frac{2x(x+1)}{x-1} = 2x + 4 + \frac{4}{x-1}$$

$$= 2(x-1) + \frac{4}{x-1} + 6 = f(x)$$

当 $x > 1$ 时

$$f(x) \geqslant 2\sqrt{2 \times 4} + 6 = 6 + 4\sqrt{2}$$

但要等号成立,必须使 $2(x-1) = \dfrac{4}{x-1}$ 即

$$(x-1)^2 = 2, x = 1 \pm \sqrt{2}(1, \sqrt{2})$$

所以,函数 $f(x)$ 只能在端点处取得最小值

$$\left(\frac{S_1}{S_2}\right)_{\min} = f(\sqrt{2}) = 2(\sqrt{2} - 1) + \frac{4}{\sqrt{2} - 1} + 6 = 8 + 6\sqrt{2}$$

此时,$x = \sqrt{2}$,$\theta = \dfrac{\pi}{4}$,即为等腰直角三角形时,$\dfrac{S_1}{S_2}$ 最小.

习　题

1. 如图 5.43 所示,在等腰 $\triangle ABC$ 中,CD 是底边

AB 上的高, E 是腰 BC 的中点, AE 交 CD 于 F. 现给出三条路线:

(1) $A \to F \to C \to E \to B \to D \to A$;

(2) $A \to C \to E \to B \to D \to F \to A$;

(3) $A \to D \to B \to E \to F \to C \to A$;

图 5.43

设它们的长度分别是 $l(a)$, $l(b)$, $l(c)$, 那么下列三种关系式:

$l(a) < l(b)$, $l(a) < l(c)$, $l(b) < l(c)$ 中, 一定能够成立的个数是 (　　).

A. 0 个　　　　　　　　B. 1 个

C. 2 个　　　　　　　　D. 3 个

2. 在一条直线上已知四个不同的点依次是 A, B, C, D, 那么到 A, B, C, D 的距离之和最小的点 (　　).

A. 可以是直线 AD 外的某一点

B. 只是 B 点或 C 点

C. 只是线段 AD 的中点

D. 有无穷多个

3. 三所中学分别位于 $\angle ABC$ 的三个顶点处, 而其垂心 H 处恰有一所邮局. 已知 $\angle C < \angle B < \angle A < 90°$, 且 A, B, C, H 每两处之间均有笔直的公路相通 (图 5.44). 今有一邮递员从邮局出发到三所中学投递报刊, 最后回到邮局, 则他行程最短的路线是 (　　).

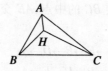

图 5.44

A. $H \to C \to A \to B \to H$ B. $H \to A \to B \to C \to H$

C. $H \to B \to C \to A \to H$ D. 以上都不是

4. 在 Rt$\triangle ABC$ 中，斜边 $c = 5$，两直角边 $a \leqslant 3$，$b \geqslant 3$，则 $a + b$ 的最大值是（　　）.

A. $5\sqrt{2}$ B. 7

C. $4\sqrt{3}$ D. 6

5. 边长为 5 的菱形，它的一条对角线长不大于 6，另一条不小于 6，则这个菱形两条对角线长之和的最大值是（　　）.

A. $10\sqrt{2}$ B. 12

C. $5\sqrt{6}$ D. 14

6. 如图 5.45 所示，$\triangle ABC$ 的边 $AB = 2$，$AC = 3$，Ⅰ，Ⅱ，Ⅲ 分别表示以 AB，BC，CA 为边的正方形，则图中三个阴影部分面积的和的最大值是_____.

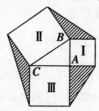

图 5.45

7. 设 $\angle A = 60°$，如果在它的一边上取一点 P，使 $AP = 12$，在它的另一边上取一点 Q，使得 $AP^2 + AQ^2 + PQ^2$ 的值最小，那么 AQ 的长为_____.

8. 在直角梯形 $ABCD$ 中，$\angle A$ 为直角，$AB=7$，$CD=5$，$AD=2$. 有一条动直线 l 穿过梯形上、下底将梯形 $ABCD$ 分为等积的两部分. 则点 A 到动直线 l 的距离的最大值为_____.

9. 直角三角形三边长都是正整数，其中有一直角边的长是 21. 则此直角三角形的周长最小值是_____.

10. 在正方形 $ABCD$ 中，E 在 BC 上，$BE=2$，$CE=1$，P 在 BD 上. 则 PE 和 PC 的长度之和最小可达到_____.

11. 在 $\triangle ABC$ 中，经过 BA 的四个五等分点的四条平行于 BC 的直线，将 $\triangle ABC$ 分成五个部分. 若 $\triangle ABC$ 的面积为 a，则五部分最大的面积是_____.

12. 点 $A(2,1)$ 关于直线 $3x-4y+4=0$ 的对称点 A' 在坐标平面上，点 A 运动到 A' 需要经过的最短距离是_____.

13. 一个凸多边形恰有三个内角为钝角，这样的多边形的边数的最大值是_____.

14. 设 AE 是长为 a 的定线段，C 是 AE 上一动点，以 AC，CE 分别为边作正 $\triangle ABC$ 和正 $\triangle CDE$，则 $S_{\triangle ABC}+S_{\triangle CDE}$ 的最小值是_____.

15. 在两条平行线 AB，CD 上，分别取一定点 M 和 N. 在直线 AB 上取定长线段 $ME=a$. 在线段 MN 上取一点 K，联结 EK 并延长交 CD 于 F. 若两平行线间的距离为 d，试问 K 取在何处时，$\triangle MEK$ 和 $\triangle NFK$ 的面积之和为最小？并求出这个最小值.

16. 在 $\triangle ABC$ 中，$BC=5$，$AC=7$，$AB=8$，P 是 AC 上的动点，$PD\parallel AB$，$PE\parallel CB$，PD，PE 分别交 BC，AB

于 D,E 两点. 问点 P 在何处时, 平行四边形 $PEBD$ 的面积最大?

17. 在五边形 $ABCDE$ 中, $AB = 8$, $BC = 4$, $DE = 5$, $AE = 6$, $\angle A = \angle B = \angle E = 90°$. 若在 CD 上取点 N 作 $NL \perp AB$, $NM \perp AE$, 得一内接矩形 $NMAL$. 求矩形的最大面积与最小面积.

18. 两圆 O_1, O_2 相离, 试在 O_1 圆周上取一点 P, 在 O_2 圆周上取一点 Q, 使 PQ: (1) 最短; (2) 最长.

19. 直线 l 的同侧有两个相离的圆 O_1 与 O_2, 试在 l 上求一点 P, 分别在两圆周上各取一点 R, Q, 使 $PR + PQ$ 最短.

20. 如图 5.46 所示, 假定河岸为两条平行直线, 要在河上架一座垂直于河岸的桥 PQ. 问桥造在何处, 使 $AP + PQ + QB$ 最小?

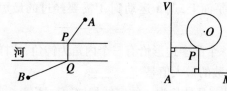

图 5.46   图 5.47

21. 如图 5.47 所示, 在直角 MAN 内有定圆 O, 试在圆周上确定一点 P, (1) 使 P 到 AM, AN 的距离平方和最小; (2) 使 P 到 AM, AN 的距离之和最小.

22. 已知 F 为抛物线的焦点, A 为平面上一定点, 试在抛物线上求一点 P, 使 $PA + PF$ 为最小.

23. 如图 5.48 所示, 正四棱锥 $V-ABCD$ 的棱长都等于 a, M 为 VA 的中点, N 为 BC 的中点. 求从点 M 沿棱锥表面到达点 N 的最短路径的长.

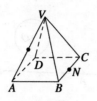

图 5.48

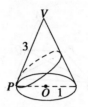

图 5.49

24. 如图 5.49 所示,已知正圆锥的底面半径是 1 cm,母线长是 3 cm. P 是底面圆周上一点,由 P 绕过圆锥面回到 P 的最短路线如图所示,求由顶点 V 到这条路线的最短距离是多少?

25. 分别根据下列情况,确定 $\triangle ABC$ 的周长的最小值:

(1)给定直线 l 及直线 l 同侧的两定点 A,B, $\triangle ABC$ 的顶点 C 在 l 上变动.

(2)给定两条相交直线 l_1 与 l_2 及定点 A(其中 A 在 l_1 与 l_2 所夹的锐角内),$\triangle ABC$ 的两顶点 B,C 分别在 l_1 与 l_2 上变动.

(3)给定两两相交的三条直线 l_1,l_2,l_3. $\triangle ABC$ 的三顶点分别在 l_1,l_2,l_3 上变动.

26. 如图 5.50 所示,在锐角 $\triangle ABC$ 的边 AB 上找一点 P,在边 AC 上找一点 Q,使得 $BQ + QP + PC$ 最小.

27. 在直线 MN 的同侧有两定点 A,B,而 a 为定长. 试在直线 MN 上求两点 C,D:

(1)若 $CD = a$,且使 $AC + BD$ 最短;

(2)若 $CD \leqslant a$,且使 $AC + BD$ 最短.

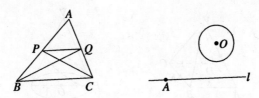

图 5.50   图 5.51

28. 如图 5.51 所示,圆 O 是一圆形湖泊,直线 l 是一条公路.某人驾车从公路上 A 地到湖边去,已知车在公路上的速度是平地的两倍.问他应以什么样的路线行驶,需要的时间最少?

29. 上底、下底及周长给定的梯形中,怎样构造的梯形的面积最大?

30. 某厂准备在仓库的一侧建立一个矩形的储料场,现有 50m 的铁丝网,用它来围成储料场,其一边利用仓库的墙.问长和宽各是多少时,所围的储料场面积最大?

31. 已知一半径为 r 的圆及过这圆上一已知点 P 的切线 l,自圆上一动点 R 引 l 的垂线 RQ,Q 在 l 上.试确定 $\triangle PQR$ 面积的最大值.

32. P 为已知 $\triangle ABC$ 内的动点,分别联结 AP,BP,CP,并延长交对边于 D,E,F,试确定极值点 P 的位置,使:

(1) $\dfrac{AP}{PD} + \dfrac{BP}{PE} + \dfrac{CP}{PF}$ 最小;

(2) $\dfrac{AP}{PD} \cdot \dfrac{BP}{PE} \cdot \dfrac{CP}{PF}$ 最小;

(3) $\triangle DEF$ 的面积最大.

33. P 为已知锐角 $\triangle ABC$ 内的动点,由点 P 分别作三边 BC,CA,AB 的垂线,设垂足为 D,E,F,试确定极

164

值点 P 的位置,使:

(1) $\triangle DEF$ 的周长最小;

(2) $\triangle DEF$ 的面积最大.

34. 在 $\triangle ABC$ 的内切圆周上求一点 P,使 $PA^2 + PB^2 + PC^2$ 达到:

(1)最小;

(2)最大.

35. 在锐角 $\angle BAC$ 内有一定点 M,试分别在 AB 上找一点 P,在 AC 上找一点 Q,使 $MP^2 + PQ^2 + QM^2$ 为最小.

36. 在锐角 $\angle BAC$ 内有一定点 M,过 M 作直线 l,交角的两边 AB,AC 于 P,Q,试确定 l 的位置,使:

(1) $\triangle APQ$ 的面积最小;

(2) $\triangle APQ$ 的周长最小;

(3) $MP \times MQ$ 最小.

37. 线段 AB 在定圆 O 的外部,试在圆 O 上找一点 P,使 $\triangle ABP$ 的面积达到:

(1)最大;

(2)最小.

38. 定圆 O 内有一定点 A,试在圆周上找一点 P,使 $\angle APO$ 最大.

39. 如图 5.52 所示,给定以 AB 为直径的半圆及其同侧的两个定点 M,N,试在半圆周上确定一点 P,使闭折线 $AMPNB$ 所围的面积最大. (其中 MN 与 AB 不垂直)

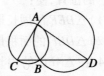

图 5.52　　　　　　图 5.53

40. 如图 5.53 所示,两圆 O_1 与 O_2 相交于 A,B 两点,过 B 作割线 CBD 交两圆于 C,D,试确定割线 CBD 的位置,使得 $\triangle ACD$ 的面积最大.

41. 如图 5.54 所示,在已知圆的直径 AC 上给定一点 E,过点 E 作弦 BD,试确定弦 BD 的位置,使得四边形 $ABCD$ 的面积最大.

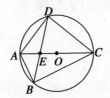

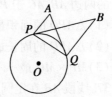

图 5.54　　　　　　图 5.55

42. 如图 5.55 所示,一定圆的外部有两定点 A,B,定圆内有一定长的动弦 PQ,试确定 PQ 的位置,使得 $AP^2 + AQ^2 + BP^2 + BQ^2$ 达到:

(1)最大;

(2)最小.

43. 从 $\triangle ABC$ 的外接圆上任一点 M,分别引直线 AB 与 AC 的垂线 MN 与 MK. 试确定 M 的位置,使线段 NK 的长度最大?

44. 如图 5.56 所示,曲线 l 将正 $\triangle ABC$ 分成两个等面积的部分,试确定曲线 l 的长度的最小值.

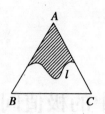

图 5.56

45. 已知空间 A, B, C, D 四点, 且 $AB \perp CD$. AB, CD 的中点为 E, F, 且 EF 是 AB 和 CD 的公垂线. 试在空间内找一点 P, 使得 $PA + PB + PC + PD$ 最小.

46. 半径为 r 的定圆 O 外有两定点 A, B, P 为圆周上任一点. P 关于点 B 的对称点是点 Q. 将点 P 绕点 A 沿逆时针方向旋转 $90°$ 得到点 R. 试确定点 P 的位置, 使得 RQ 的长为:

(1) 最大;

(2) 最小.

47. 试证: 在内接于定圆的一切矩形中, 以正方形的周长为最长.

48. 试证: 在面积一定的直角三角形中, 以等腰直角三角形斜边上的高与斜边之和为最小.

49. 在锐角 $\triangle ABC$ 中作内接正方形, 使正方形的一边在 $\triangle ABC$ 的边上, 试证: 立在小边上的内接正方形的面积最大.

50. 设 P 为 $\triangle ABC$ 内一点, D, E, F 是点 P 在边 BC, CA, AB 上的投影, 试确定点 P 的位置, 使 $\dfrac{BC}{PD} + \dfrac{CA}{PE} + \dfrac{AB}{PF}$ 取得最小值.

解析几何中的极值问题

第 6 章

解有关解析几何的极值问题,不仅要用解析几何的知识和方法,还常常要用代数、三角、平面几何的知识和方法. 因此,研究这类问题的解法,有利于数学知识和方法的相互沟通,有利于提高学生的分析问题和解决问题的能力. 下面通过具体例子阐述解这类问题的初等方法.

6.1 转化成一次函数或二次函数求极值的方法求解

函数法是我们探求解析几何最值问题的首选方法,其中所涉及的函数,最常见的有二次函数等.

例1 在 Rt △ABC 中,$|AB| = 3$,$|BC| = 4$,$|AC| = 5$,圆 O 为其内切圆,设 P 为圆上一点,求以 PA, PB, PC 为直径的三圆面积之和的最小值及最大值.

168

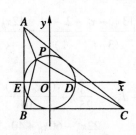

图 6.1

解 以内切圆圆心 O 为坐标原点,过 O 作平行于 BC 的直线为 x 轴,建立如图 6.1 所示的直角坐标系,由平面几何知识知,此圆的半径为 $\frac{1}{2}(3+4-5)-1$,所以 $A,B,C,$ 三点的坐标分别为 $A(-1,2),B(-1,-1),C(3,-1)$.

设 $P(x,y)$ 是圆 $x^2+y^2=1$ 上任一点,所以

$$S=\frac{1}{4}\pi(PA^2+PB^2+PC^2)$$

$$=\frac{1}{4}\pi(-2x+20) \quad (-1\leqslant x\leqslant 1)$$

当 $x=1$ 时,$D(1,0)$,所以 $S_{\min}=\frac{9}{2}\pi$;

当 $x=-1$ 时,$E(-1,0)$,所以 $S_{\max}=\frac{11}{2}\pi$.

例 2 在直线 $l_1:y=x+2$ 上求一点 P,使它到直线 $l_2:3x-4y+8=0$ 和直线 $l_3:3x-y-1=0$ 的距离的平方和为最小.

解 由题意,可设点的坐标为 (x_0,x_0+2),那么 P 到 l_2,P 到 l_3 的距离分别为

$$d_1=\frac{|3x_0-4x_0-8+8|}{\sqrt{3^2+(-4)^2}}=\frac{1}{5}|-x_0|$$

$$d_2 = \frac{|3x_0 - x_0 - 2 - 1|}{\sqrt{3^2 + (-1)^2}} = \frac{|2x_0 - 3|}{\sqrt{10}}$$

所以

$$d_1^2 + d_2^2 = \left(\frac{x_0^2}{25}\right) + \frac{(2x_0 - 3)^2}{10}$$

$$= \frac{22x_0^2 - 60x_0 + 40}{50}$$

当 $x_0 = \frac{60}{2 \times 22} = \frac{15}{11}$ 时,它取最小值.

所以点 P 的坐标为 $(\frac{15}{11}, \frac{37}{11})$

例3 已知抛物线 $y^2 = 32x - 8$ 和直线 $l: 4x + 3y + 27 = 0$. (1)问抛物线上哪个点到直线 l 的距离最短? (2)证明:过抛物线上这点的切线平行于已知直线 l.

解 设抛物线上一点 $P\left(\frac{y^2 + 8}{32}, y\right)$,如图 6.2 所示,点 P 到 l 的距离为

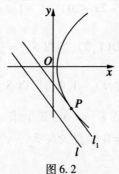

图 6.2

$$d = \frac{1}{5}\left[\frac{1}{8}(y^2 + 8) + 3y + 27\right]$$

$$= \frac{1}{40}(y^2 + 24y + 224) = \frac{1}{40}\left[(y + 2)^2 + 80\right]$$

170

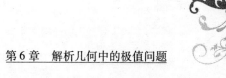

当 $y = -12$ 时, $d_{min} = 2$, 这时 $x = \dfrac{19}{4}$. 所以, 所求的

点为 $P(\dfrac{19}{4}, -12)$. 过点 P 的切线斜率为 $k_{l_1} = \dfrac{16}{y} =$

$-\dfrac{4}{3}$, 又 $k_l = -\dfrac{4}{3}$, 所以 $l_1 /\!/ l$.

说明　用一元函数求极值, 必须选择适当的自变量, 利用解析几何知识建立正确函数关系式, 根据函数的类型, 求出极值. 这里应特别注意自变量的取值范围.

例 4(1994 年四川省高中数学竞赛题)　已知点 P

在圆 $x^2 + (y-4)^2 = 1$ 上移动, 点 Q 在椭圆 $\dfrac{x^2}{9} + y^2 = 1$

上移动, 试求 $|PQ|$ 的最大值.

分析　如图 6.3 所示, 先让点 Q 在椭圆上固定, 显然当 PQ 通过圆心 O_1 时, $|PQ|$ 最大. 因此, 要求 $|PQ|$ 的最大值, 只要求 $|O_1Q|$ 的最大值.

设 $Q(x, y)$, 则

$$|O_1Q|^2 = x^2 + (y-4)^2 \qquad (1)$$

因为, 点 Q 在椭圆上, 则

$$x^2 = 9(1 - y^2) \qquad (2)$$

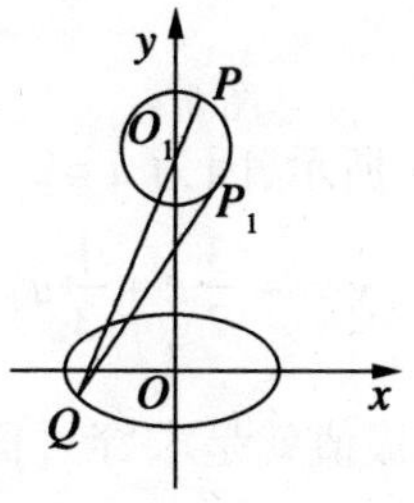

图 6.3

将式(2)代入式(1), 得

$$|O_1Q|^2 = 9(1 - y^2) + (y - 4)^2$$
$$= -8(y + \frac{1}{2})^2 + 27$$

因为 Q 在椭圆上移动,所以

$$-1 \leqslant y \leqslant 1$$

故当 $y = -\frac{1}{2}$ 时,$|O_1Q|_{max} = 3\sqrt{3}$,此时 $|PQ|_{max} = 3\sqrt{3} + 1$.

6.2 利用切线的性质求解

例 1 若 x, y 满足方程 $\frac{x^2}{9} + \frac{y^2}{4} = 1$,求 $u = 2x + 3y$ 的极值.

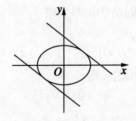

图 6.4

解 如图 6.4 所示,因为 $u = 2x + 32y$,所以

$$y = -\frac{3}{2}x + \frac{1}{3}u$$

所以,求 u 的极值就是求穿过椭圆 $\frac{x^2}{9} + \frac{y^2}{4} = 1$,斜率为 $-\frac{2}{3}$ 的平行直线系在 y 轴上的截距的极值. 由切

172

线的性质易知,当直线 $y = -\dfrac{2}{3}x + \dfrac{1}{3}u$ 与椭圆相切时,u 有极值.

当斜率为 $-\dfrac{2}{3}$ 时,椭圆的切线方程为

$$y = -\frac{2}{3}x \pm \sqrt{3^2 \times (-\frac{2}{3})^2 + 2^2}$$

所以
$$y = -\frac{2}{3}x \pm 2\sqrt{2}$$

所以

$(\dfrac{1}{3}u)_{max} = 2\sqrt{2}$,即 $u_{max} = 6\sqrt{2}$;

$(\dfrac{1}{3}u)_{min} = -2\sqrt{2}$,即 $u_{min} = -6\sqrt{2}$.

例2　求椭圆 $2x^2 + y^2 - 2xy + 4x + y + 6 = 0$ 上的点到直线 $2x - y - 2 = 0$ 的距离的最大值与最小值.

解　因直线与椭圆不相交,故椭圆上平行于直线 $2x - y - 2 = 0$ 的切线的切点到已知直线的距离即为所求.

设平行于 $2x - y - 2 = 0$ 的切线方程为 $y = 2x + m$,代入椭圆方程中,化简得
$$2x^2 - 2(m - 3)x + m^2 - m + 6 = 0$$
因为　　$\Delta = 4(m-3)^2 - 8(m^2 - m + 6) = 0$
所以 $m = -1$ 或 $m = -3$. 因此,切线方程为 $y = 2x + 1$,或 $y = 2x - 3$.

因为,两平行线 $y = 2x - 1$,$2x - y - 2 = 0$ 及 $y = 2x - 3$,$2x - y - 2 = 0$ 间的距离为的所求的最小值和最大值,由两平行线间的距离公式得

$$d_{max} = \frac{|3 + 2|}{\sqrt{5}} = \sqrt{5}, d_{min} = \frac{|1 + 2|}{\sqrt{5}} = \frac{3}{5}\sqrt{5}$$

说明 圆锥曲线的切线的性质有很多方面的应用,上述两种不同的类型的问题都是巧妙地利用了曲线的切线性质,为这两道问题的解决带来了很大的方便.

例3 求 $\dfrac{x-2}{x^2+1}$ 的最大值和最小值.

分析 此例若用后面的判别式法,很快可以求解,这里不再赘述. 若注意到 (x^2,x) 和 $(-1,2)$ 两点连线的斜率为 $\dfrac{x-2}{x^2+1}$ 这一几何意义,则求 $\dfrac{x-2}{x^2+1}$ 的最大值和最小值就转化为求过点 $(-1,2)$ 作抛物线 $y^2=x$ 的切线的斜率的最大、最小值.

解 设 $y^2=x$ 的切线斜率为 k,则切线方程可为 $y=kx+\dfrac{1}{4k}$. 过点 $(-1,2)$,则 $8k=-4k^2+1$. 解之,得 $k=\dfrac{-2\pm\sqrt{5}}{2}$.

所以, $\dfrac{x-2}{x^2+1}$ 的最大值为 $\dfrac{-2+\sqrt{5}}{2}$,最小值为 $\dfrac{-2-\sqrt{5}}{2}$.

6.3 利用判别式法求解

一元二次方程 $ax^2+bx+c=0(a\neq0)$ 有实数根的充要条件是判别式 $\Delta=b^2-4ac\geqslant0$,利用此不等式可求出一些解析几何中的极值问题.

例1 求曲线 $2x^2-2xy+y^2-6x-4y+27=0$ 的

174

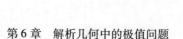

最高点和最低点的坐标.

解　因为 $\Delta = B^2 - 4AC = 4 - 4 \times 2 < 0$,所以,此曲线为椭圆形,将原方程整理成关于 x 的方程得

$$2x^2 - 2(y+3)x + y^2 - 4y + 27 = 0$$

因为 $x \in \mathbf{R}$,所以

$$\Delta = 4(y+3)^2 - 8(y^2 - 4y + 27) \geqslant 0$$

化简得 $y^2 - 14y + 45 \leqslant 0$. 解之,得 $5 \leqslant y \leqslant 9$.

当 $y = 9$ 时, $x = \dfrac{2x(9+3)}{2 \times 2} = 6$;

当 $y = 5$ 时, $x = \dfrac{2x(5+3)}{2 \times 2} = 4$.

所以,所求的最高点为 $(6,9)$,最低点为 $(4,5)$.

说明　一般地,求椭圆 $Ax^2 + Bxy + Cy^2 + Dx + Ey + F = 0 (B^2 - 4AC < 0)$ 的最高点,最低点的坐标可用判别式法.

例2　在曲线 $x^2 - 2xy + y^2 - \sqrt{3}x - \sqrt{3}y + 12 = 0$ 上求一点,使 $u = x + y$ 的最小值.

解　因为 $u = x + y$,所以,将 $y = u - x$ 代入原方程中化简整理为

$$4x^2 - 4ux + u^2 - \sqrt{3}u + 12 = 0$$

又因为 $x \in \mathbf{R}$,所以

$$\Delta = (-4u)^2 - 16(u^2 - \sqrt{3}u + 12) \geqslant 0$$

化简得　　　　　　$u \geqslant 4\sqrt{3}$

当 $u = 4\sqrt{3}$ 时, $x = -\dfrac{-4 \times 4\sqrt{3}}{2 \times 2} = 2\sqrt{3}$, $y = u - x = 2\sqrt{3}$.

即当 $x = y = 2\sqrt{3}$ 时, $u_{\min} = 4\sqrt{3}$.

说明　若曲线 $Ax^2 + Bxy + Cy^2 = Dx + Ey + F = 0$,求 $u = ax + by + c$ 的极值,用判别式法较为简单.

例3 已知直线 $l_1: y = 4x$ 和点 $P(6,4)$,试在直线 l_1 上求一点 Q,使过 P, Q 的直线与 l_1 以及 x 轴,在第一象限内围成的三角形的面积 S 最小.

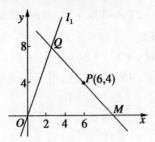

图6.5

解 因为点 Q 在直线 $y = 4x$ 上,且仅讨论第一象限的情况(图6.5),所以可设点 Q 的坐标为 $(x_1, 4x_1)$ $(x_1 > 0)$. 所以 PQ 的方程为

$$\frac{y-4}{4x-4} = \frac{x-6}{x_1-6}$$

若 PQ 交 x 轴于点 $M(x_M, 0)$,易知

$$x_M = \frac{-(x_1-6)}{x_1-1} + 6 = \frac{5x_1}{x_1-1}$$

所以

$$S = \frac{1}{2} \times 4x_1 \cdot \frac{5x_1}{x_1-1} = \frac{10x_1^2}{x_1-1}$$

去分母得

$$10x_1^2 - Sx_1 + S = 0 \tag{1}$$

因为,该方程有实数根,所以 $\Delta \geq 0$. 即 $S^2 - 40S \geq 0$,所以 $S \geq 40$. 故 S 的最小值等于 40.

代入式(1),解得 $x_1 = 2$. 因此 Q 的坐标是 $(2, 8)$.

例4 过曲线 $\frac{1}{4}x^2 + y^2$ $(x \geq 0, y \geq 0)$ 上一点引切线,设此切线夹在两条坐标轴间的部分为 l. 求 l 的最

小值.

解　设切点坐标为 $P(x_0, y_0)$,则切线方程为 $\frac{1}{4}x_0 x + y_0 y = 1$. 那么,它在 x 轴上的截距为 $\frac{4}{x_0}$,它在 y 轴上的截距为 $\frac{1}{y_0}$. 所以

$$l^2 = \frac{16}{x_0^2} + \frac{1}{y_0^2}$$

因为,点 P 在曲线上,所以

$$y_0^2 = 1 - \frac{1}{4}x_0^2 = \frac{1}{4}(4 - x_0^2) > 0 \quad (0 < x_0 < 2)$$

所以

$$l^2 = \frac{16}{x_0^2} + \frac{4}{4 - x_0^2}$$

设 $x_0^2 = t$,去分母得

$$l^2 t^2 - (12 + 4l^2)t + 64 = 0$$

因为,此方程有实数根,所以必有 $\Delta \geq 0$. 即

$$4^2 \times (3 + l^2)^2 - 4 \times 64 l^2 \geq 0$$

得

$$l^4 - 10l^2 + 9 \geq 0$$

有

$$(l^2 - 9)(l^2 - 1) \geq 0$$

所以 $l^2 \geq 9$ 或 $l^2 \leq 1$. 因此 l^2 的最小值为 9.

因为 $l > 0$,所以 l 的最小值是 3.

例 5(1995 年全国高中数学联赛题)　给定曲线族

$$2(2\sin\theta - \cos\theta + 3)x^2 - (8\sin\theta + \cos\theta + 1)y = 0$$

θ 为参数,求该曲线族在直线 $y = 2x$ 上所截得的弦长的最大值.

解　显然该曲线族恒过原点,而直线 $y = 2x$ 也过原点,所以曲线族在 $y = 2x$ 上所截得的弦长仅仅取决于曲线族与 $y = 2x$ 的另一交点的坐标.

将 $y = 2x$ 代入曲线族方程,得

$$(2\sin\theta - \cos\theta + 3)x^2 - (8\sin\theta + \cos\theta + 1)x = 0$$

又

$$2\sin\theta - \cos\theta + 3 = \sqrt{5}\sin\left(\theta - \arctan\frac{1}{2}\right) + 3 \neq 0$$

当 $x \neq 0$ 时,有

$$x = \frac{8\sin\theta + \cos\theta + 1}{2\sin\theta - \cos\theta + 3}$$

令 $\sin\theta = \dfrac{2u}{1+u^2}$,$\cos\theta = \dfrac{1-u^2}{1+u^2}$(其中 $u = \tan\dfrac{\theta}{2} \in$ **R**),所以

$$x = \frac{8u + 1}{2u^2 + 2u + 1}$$

所以 $2xu^2 + 2(x-4)u + (x-1) = 0$.

由 $u \in$ **R**,知当 $x \neq 0$ 时

$$\begin{aligned}
\Delta &= [2(x-4)]^2 - 8x(x-1) \\
&= 4(-x^2 - 6x + 16) \geqslant 0
\end{aligned}$$

解得 $-8 \leqslant x \leqslant 2$,且 $x \neq 0$. 所以 $|x|_{\max} = 8$. 由 $y = 2x$,得 $|y|_{\max} = 16$.

故所求弦长的最大值是 $\sqrt{8^2 + 16^2} = 8\sqrt{5}$.

6.4　利用三角法求极值

将曲线(直线、圆、椭圆、双曲线)的普通方程转化为极坐标方程或参数方程(用角作为参数)后,便可以把解几问题转化为三角函数求极值. 最后,运用三角函数知识,问题便可迎刃而解.

例1　如图 6.6 所示,一动点 M 在 x 轴的正半轴

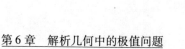

上,过动点 M 与定点 $P(2,1)$ 的连线交第一象限的分角线于点 Q,当动点 M 在什么置时,$\dfrac{1}{|PM|}+\dfrac{1}{|PQ|}$ 有最大值?

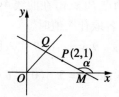

图 6.6

解 设过点 $P(2,1)$ 的直线参数方程数为

$$\begin{cases} x = 2 + t\cos \alpha \\ y = 1 + t\sin \alpha \end{cases} \quad (\frac{1}{2}\pi < Q < \pi)$$

解方程组 $\begin{cases} x = y \\ x = 2 + t\cos \alpha \\ y = 1 + t\sin \alpha \end{cases}$

得 $\qquad 1 + t(\cos \alpha - \sin \alpha) = 0$

所以 $\qquad t = \dfrac{1}{\sin \alpha - \cos \alpha}$

由 t 的几何意义,得 $\dfrac{1}{|PQ|} = \sin \alpha$. 所以

$$\frac{1}{|PM|} + \frac{1}{|PQ|} = 2\sin \alpha - \cos \alpha$$

$$= \sqrt{5}\sin(\alpha - \varphi) \quad (\text{其中 } \varphi = \arctan \frac{1}{2})$$

当 $\alpha = \dfrac{1}{2}\pi + \varphi$ 时,$\dfrac{1}{|PM|} + \dfrac{1}{|PQ|}$ 有最大值 $\sqrt{5}$,此时 $k = \tan \alpha = -\cot \varphi = -2$. 所以 PQ 的方程为 $y - 1 = -2(x - 2)$.

令 $y = 0$,得 $x = 2.5$. 所以,当 $M(2.5, 0)$ 时,$\dfrac{1}{|PM|} +$

$\dfrac{1}{|PQ|}$ 取得最大值为 $\sqrt{5}$.

例2 已知动点 $P(x, y)$ 在曲线 $4x^2 - 5xy + 4y^2 = 5$ 上运动,问当 x, y 各取什么值时,$x^2 + y^2$ 达到最大值?

解 用 $x = \rho\cos\theta, y = \rho\sin\theta$ 代入原方程,得

$$4\rho^2 - \frac{5}{2}\rho^2\sin 2\theta = 5 \quad (0° \leqslant \theta < 360°)$$

$$\rho^2 = \frac{5}{4 - \dfrac{5}{2}\sin 2\theta}$$

所以,当 $\sin 2\theta = 1$ 时,ρ^2 取得最大值 $\dfrac{10}{3}$. 即 $x^2 + y^2$ 取最大值. 此时,$\theta = 45°$ 或 $\theta = 180° + 45°$.

所以
$$\begin{cases} x = \rho\cos\theta = \sqrt{\dfrac{10}{3}} \times \cos 45° = \dfrac{\sqrt{15}}{3} \\ y = \rho\sin\theta = \sqrt{\dfrac{10}{3}} \times \sin 45° = \dfrac{\sqrt{15}}{3} \end{cases}$$

或
$$\begin{cases} x = \sqrt{\dfrac{10}{3}} \times \cos(180° + 45°) = -\dfrac{\sqrt{15}}{3} \\ y = \sqrt{\dfrac{10}{3}} \times \sin(180° + 45°) = -\dfrac{\sqrt{15}}{3} \end{cases}$$

例3 如图 6.7 所示,已知,点 P 是圆 $C : (x - 5)^2 + (y - 5)^2 = r^2 (r > 0)$ 上的一点,它关于点 $A(5, 0)$ 的对称点为 Q,当点 P 绕圆心 $C(5, 5)$ 依逆时针方向旋转 $\dfrac{\pi}{2}$ 后,所得的点记作 R. 当点 P 在圆 C 上移动时,求 $|QR|$ 的最小值和最大值.

解 把圆 C 的方程改写为参数方程

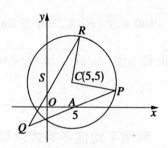

图 6.7

$$\begin{cases} x = 5 + r\cos\theta \\ y = 5 + r\sin\theta \end{cases} (\theta\ 为参数)$$

此即是点 P 的坐标,则点 R 的坐标为

$$(5 + r\cos(\frac{1}{2}\pi + \theta), 5 + r\sin(\frac{1}{2}\pi + \theta))$$

即　　　　　　　$(5 - r\sin\theta, 5 + r\cos\theta)$

因为 $A(5,0)$ 是 PQ 的中点,若 Q 的坐标为 (x_Q, y_Q),所以

$$\begin{cases} 5 = \dfrac{1}{2}(x_Q + 5 + r\cos\theta) \\ 0 = \dfrac{1}{2}(y_Q + 5 + r\sin\theta) \end{cases}$$

所以　　　　$\begin{cases} x_Q = 5 - r\cos\theta \\ y_Q = -5 = r\sin\theta \end{cases}$

故

$$\begin{aligned} |QR|^2 &= (5 - r\cos\theta - 5 + r\sin\theta)^2 + \\ &\quad (-5 - r\sin\theta - 5 - r\cos\theta)^2 \\ &= 2r^2 + 20\sqrt{2}r\sin(0° + \frac{\pi}{4}) + 100 \end{aligned}$$

所以,当 $\sin(\theta + \frac{\pi}{4}) = 1$ 时,$|QR|$ 取最大值为

$$\sqrt{2r^2 + 20\sqrt{2} + 100} = \sqrt{2}\,(r + 5\sqrt{2})\,;\ 当\ \sin\left(\theta + \frac{\pi}{4}\right) =$$

-1时,$|QR|$取最小值 $= \sqrt{2r^2 - 20\sqrt{2}r + 100} = \sqrt{2}\,|r -$

$5\sqrt{2}\,|$.

6.5 利用平均值不等式求极值

我们知道,平均值不等式$\dfrac{1}{n}\sum\limits_{i=1}^{n} x_i \geqslant \sqrt[n]{\prod\limits_{i=1}^{n} x_i}\,(x_i \geqslant$

$0, i = 1, 2, \cdots, n)$是求多元函数极值的常用方法之一.

从这个不等式容易得出 n 个正变量和的极小值法则和

n 个正变量积的极大值法则如下:

(1)若 n 个正变量 $x_1, x_2, \cdots, x_n$ 的积($\prod\limits_{i=1}^{n} x_i = C$)

是定值,当 $x_1 = x_2 = \cdots = x_n$ 时,它们的和 $\sum\limits_{i=1}^{n} x_i$ 有极小

值.

(2)若 n 个正变量 $x_1, x_2 \cdots, x_n$ 的和($\sum\limits_{i=1}^{n} x_i = C$)是

定值,当 $x_1 = x_2 = \cdots = x_n$ 时,它们的积 $\prod\limits_{i=1}^{n} x_i$ 有极大

值.

解析几何中的许多极值问题可归纳为 n 个正变量

的和的极小值或积的极大值. 因此,可以用这个方法来

解决.

例1 经过点 $P(4,2)$作一直线,使它在第一象限

内与 x 轴、y 轴所围成的三角形的面积 S 为最小,求此

直线的方程.

解　设此直线的方程为 $y - 2 = k(x - 4)$，即 $y = kx - 4k + 2(k < 0)$. 它在 x 轴、y 轴上的截距分别等于 $4 - \dfrac{2}{k} > 0, 2 - 4k > 0$.

所以

$$S = \frac{1}{2} |4 - \frac{2}{k}| \cdot |2 - 4k|$$

$$= \frac{1}{2} (4 - \frac{2}{k})(2 - 4k)$$

$$= 8 + 2\left[-\frac{1}{k} + 4(-k)\right]$$

因为 $-k > 0, -\dfrac{1}{k} \cdot 4(-k) = 4$（定值），所以，当 $-\dfrac{1}{k} = -4(-k)$，即 $k = -\dfrac{1}{2}$ 时，三角形的面积 S 有最小值.

所以，所求直线的方程为 $y = -\dfrac{1}{2} x + 4$.

例 2　已知椭圆 $\dfrac{x^2}{a^2} + \dfrac{y^2}{b^2} = 1$ 能够与直线方程 $y = \dfrac{1}{2}(3 - x)$ 相切，求这种椭圆面积的最大值.

解　根据题意，知下列方程组只有一组解

$$\begin{cases} y = \dfrac{1}{2}(3 - x) \\ (\dfrac{x}{a})^2 + (\dfrac{y}{b})^2 = 1 \end{cases}$$

所以　　　$(\dfrac{x}{a})^2 + \dfrac{9 - 6x^2 + x^2}{4b^2} = 1$

即 $(a^2+4b^2)x^2-6a^2x+9a^2-4a^2b^2=0$

因为,此方程应有等根,所以 $\Delta=0$. 所以

$$36a^4-4(a^2+4b^2)(9a^2-4a^2b^2)=0$$

即 $a^2+4b^2=9 \quad (a>0,b>0)$

因为 $a^2+4b^2\geqslant 4ab$,所以 $9\geqslant 4ab$,即 $\frac{9}{4}ab$.

所以,椭圆的面积 $S=\pi ab\leqslant\frac{9}{4}\pi$,其面积的最大

值为 $\frac{9}{4}\pi$. 此时 $a^2=4b^2$,$a^2=\frac{9}{2}$,$b^2=\frac{9}{8}$.

例3 如图6.8所示,若函数 $y=ax^2+c(a\neq0)$ 与函数 $y=x^2$ 的图像垂直相交于相异的两点,试求 $a-c$ 的最大值.

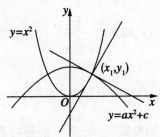

图6.8

解 目标函数 $M=a-c$ 是二元的,首先要找出 a 与 c 之间的限制条件.

设两函数图像的交点为 (x_1,y_1),则交点处的切线方程为

$$\frac{y_1+y}{2}=ax_1x+c$$

和

$$\frac{y_1+y}{2}=x_1x$$

切线斜率分别为 $k_1 = 2ax_1$ 与 $k_2 = 2x_1$.

根据题意,两切线垂直. 所以

$$k_1 k_2 = 2ax_1 \cdot 2x_1 = -1$$

即

$$x_1^2 = -\frac{1}{4a} \qquad (1)$$

所以 $a < 0$,又

$$\begin{cases} y_1 = ax^2 + c \\ y_1 = x_1^2 \end{cases}$$

所以　　　　　　　$ax_1^2 + c = x_1^2$

所以

$$x_1^2 = \frac{c}{1-a} \qquad (2)$$

由式(1),(2)知

$$\frac{c}{1-a} = -\frac{1}{4a}$$

所以

$$c = \frac{a-1}{4a} \qquad (3)$$

式(3)即是需找的限制条件. 把式(3)代入目标函数消元,得

$$M = a - c = a - \frac{a-1}{4a} = a + \frac{1}{4a} - \frac{1}{4}$$

所以

$$-M = -a + \frac{1}{-4a} + \frac{1}{4}$$

$$\geqslant 2\sqrt{(-a) \cdot \frac{1}{(-4a)}} + \frac{1}{4} = \frac{5}{4}$$

所以　　　　　　　$M \leqslant -\frac{5}{4}$

所以 $$(a-c)_{\max} = -\frac{5}{4}$$

例4 已知抛物线 $y^2 = x$ 上有一条长为 l 的动弦 AB. 求中点 M 到 y 轴的最短距离 $d_{\min}$.

分析 考虑建立关于 M 到 y 轴的距离 d 的函数关系式,设中点 M 为 (x,y),A 为 $(x+u,y+v)$,则 B 为 $(x-u,x-v)$. 于是

$$\begin{cases} (y+v)^2 = x+u \\ (y-v)^2 = x-u \\ (2u)^2 + (2v)^2 = l^2 \end{cases}$$

消去 u,v,可得

$$x = f(y) = y^2 + \frac{\dfrac{l^2}{4}}{4y^2+1}$$

探求上述函数的最值,易得:当 $l \geqslant 1$ 时,$d_{\min} = \dfrac{1}{2} - \dfrac{1}{4}$;当 $l < 1$ 时,$d_{\min} = \dfrac{l^2}{4}$.

说明 试研讨下列错误解法:

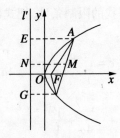

图 6.9

如图 6.9 所示,$F(\frac{1}{4},0)$ 为抛物线 $y^2 = x$ 的焦点,l' 为其准线,而且 $AE \perp l'$,$BG \perp l'$,E,G 为垂足,则

$$x_M + \frac{1}{4} = MN = \frac{1}{2}(AE + BG)$$

$$= \frac{1}{2}(AF + BF) \geqslant \frac{1}{2}AB = \frac{l}{2}$$

所以　　　　　　　　$d_{\min} = \frac{l}{2} - \frac{1}{4}$

例 5　以曲线 $xy = a$ 与曲线 $y = x^2 + x - a$ 的三个交点为顶点的三角形面积,当 $a(0 < a < 1)$ 为何值时为最大?

解　解方程组

$$\begin{cases} xy = a & (4) \\ y = x^2 + x - a & (5) \end{cases}$$

得三个交点的坐标为 $A(-1, -a), B(\sqrt{a}, \sqrt{a})$,
$C(-\sqrt{a}, -\sqrt{a})$. 所以

$$S_\triangle = \frac{1}{2}\begin{vmatrix} -1 & -a & 1 \\ \sqrt{a} & \sqrt{a} & 1 \\ -\sqrt{a} & -\sqrt{a} & 1 \end{vmatrix} \text{的绝对值}$$

$$= \sqrt{a}(1 - a)$$

因为 $1 - a > 0$,所以

$$S^2 = a(1 - a)^2 = \frac{1}{2} \times 2a \cdot (1 - a)(1 - a)$$

$$\leqslant \frac{1}{2}\left(\frac{2a + 1 - a + 1 - a}{3}\right)^3 = \frac{4}{27}$$

所以,当且仅当 $2a = 1 - a$,即 $a = \frac{1}{3}$ 时,$S_{\max} = \frac{2}{9}\sqrt{3}$.

例 6　如图 6.10 所示,已知抛物 C 的焦点在坐标原点,顶点在 x 轴负半轴上,动直线 $l: x + y + m = 0$

187

$(m>0)$ 与抛物线 C 交于 A,B 两点, 当 $\triangle AOB$ 的面积取到最大值 $2\sqrt{6}$ 时, 求抛物线 C 和直线 l 的方程.

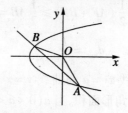

图 6.10

解 根据题意可以设抛物线 C 的方程为

$$y^2 = 2P\left(x + \frac{P}{2}\right) \quad (\text{其中 } P > 0)$$

联立抛物线 C 与直线 l 的方程, 消去 y 并整理, 得

$$x^2 + 2(m-p)x + (m^2 - p^2) = 0$$

由韦达定理, 可得

$$x_A + x_B = -2(m-p), \quad x_A \cdot x_B = m^2 - p^2$$

所以

$$\begin{aligned}
|x_A - x_B| &= \sqrt{(x_A + x_B)^2 - 4x_A x_B} \\
&= \sqrt{4(m-p)^2 - 4(m^2 - p^2)} \\
&= 2\sqrt{2p(p-m)}
\end{aligned}$$

而原点到 l 的距离 $d = \dfrac{|m|}{\sqrt{2}} = \dfrac{M}{\sqrt{2}}$, 所以

$$\begin{aligned}
S_{\triangle AOB} &= \frac{1}{2}|AB| \cdot d = \frac{1}{2}\left(\sqrt{1 + k_{AB}^2}\,|x_A - x_B|\right)d \\
&= \sqrt{2p(p-m)m^2} = \sqrt{p(2p - 2m)m \cdot m} \\
&\leqslant \sqrt{p \cdot \left(\frac{2p}{3}\right)^3}
\end{aligned}$$

根据题意, 知 $\sqrt{p \cdot \left(\dfrac{2p}{3}\right)^2} = 2\sqrt{6}$ 且 $2p - 2m = m$, 解

得 $p = 3, m = 2$.

故所求的抛物线 C 的方程为 $y^2 = 6\left(x + \dfrac{3}{2}\right)$，直线 l 的方程为 $x + y + 2 = 0$.

6.6 利用平面几何知识求解

解析几何中的某些极值问题，若借助平面几何中的极值公理或定理，解法极其简捷. 常用的公理、定理有：

1. 联结两点的线段中以直线段最短；

2. 三角形两边之和大于第三边；

3. 圆中以直径为最长的弦；

4. 点到直线上的点的距离以垂线段为最短.

例1 如图 6.11 所示，已知两点 $A(-3,5), B(2, 15)$. 试在直线 $l: 3x - 4y + 4 = 0$ 上求一点 P，使 $|PA| + |PB|$ 的值为最小.

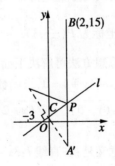

图 6.11

分析 由平面几何知识知，当 A, B 右 l 的同侧时，可求 A 关于 l 的对称点 A'. 若 BA' 交 l 于点 P，则点 P

189

为所求,有 $|PA| + |PB|$ 为最小.

解 直线

$$l: 3x - 4y + 4 = 0 \qquad (1)$$

的斜率是 $\frac{3}{4}$,过点 $A(-3,5)$ 与直线 l 垂直的直线为

$$y - 5 = -\frac{3}{4}(x + 3)$$

即

$$4x + 3y - 3 = 0 \qquad (2)$$

解由式(1),(2)组成的方程组,得两直线的交点 $C(0,1)$.

设 $A'(a,b)$ 是 A 关于 l 的对称点,则 C 是 $A'A$ 的中点. 所以

$$0 = \frac{-3+a}{2}, 1 = \frac{5+b}{2}$$

从而求得 $A'(3,-3)$. 所以 $A'B$ 的方程为

$$y = -18x + 51 \qquad (3)$$

解由式(1),(3)组成的方程组得 $x = \frac{8}{3}, y = 3$.

所以点 P 的坐标为 $P(\frac{8}{3}, 3)$.

借助本例的思想方法可解决下面的代数问题.

例2 已知 $3x - 4y + 4 = 0$,求函数

$$z = \sqrt{(x+3)^2 + (y-5)^2} + \sqrt{(x-2)^2 + (y-15)^2}$$

的最小值.

本题的几何意义是:在直线 $l: 3x - 4y + 4 = 0$ 上求一点 $P(x,y)$,使点 P 到 $A(-3,5)$ 和 $B(2,15)$ 的距离之和为最小.

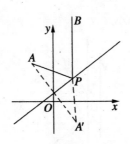

图 6. 12

如图 6.12 所示,作出点 A 关于 l 的对称点 A',联结 AA',则 $AA' \perp l$,所以 AA' 的方程为 $4x + 3y - 3 = 0$,从而求得 l 与 AA' 交点的坐标为 $(0,1)$,并由此得 A' 坐标为 $(3,-3)$. 所以

$$(|PA| + |PB|)_{\min} = |BA'| = 5 \sqrt{13}$$

即 $z_{\min} = 5 \sqrt{13}$.

例 3 在抛物线 $y^2 = 4x$ 上求一点 M,使点 M 到 $A(1,0)$,$B(3,2)$ 两点距离之和最小,并求出最小值.

分析 如果根据目标函数

$$|MA| + |MB| = \sqrt{(x-1)^2 + y^2} + \sqrt{(x-3)^2 + (y-2)^2}$$

$$= \sqrt{(\frac{y^2}{4} - 1)^2 + y^2} + \sqrt{(\frac{y^2}{4} - 3)^2 + (y-2)^2}$$

(这里 x,y 是点 M 的横、纵坐标). 来求函数的最小值,其运算是相当繁琐的,如能结合图形的性质来考虑,则相当容易.

解 作抛物线 $y^2 = 4x$ 的准线 $l: x = -1$,再作 $MN \perp l$ 于点 N(图 6.13). 因为 $A(1,0)$ 是抛物线 $y^2 = 4x$ 的焦点,所以

$$|MA| + |MB| = |MN| + |MB|$$

显然,当 B,M,N 三点共线,且直线 $BMN \perp l$ 时,

$|MN| + |MB|$最小.

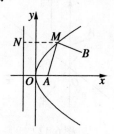

图 6.13

所以$|MA| + |MB|$的最小值就是点$B(3,2)$到直线$l: x = -1$的距离为 4.

此时点M的坐标为$(1,2)$.

例 4　已知$A(4,0)$,$B(2,2)$是椭圆$\dfrac{x^2}{25} + \dfrac{y^2}{9} = 1$内的点,$M$是椭圆上一个动点,求$|MA| + |MB|$的最大值和最小值.

分析　本例和上题虽然类似,但处理方法却不一样.

点A是椭圆的一个焦点,但不能利用"椭圆上一点到焦点的距离和它到准线的距离之比等于离心率"来求得$|MA| + |MB|$的最大值和最小值.

解　设椭圆的左焦点为A',则$A'(-4,0)$. 又$A(4,0)$是椭圆的右焦点,所以(图 6.14)

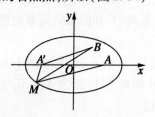

图 6.14
$$|MA| + |MA'| = 10$$

192

$$|MA| + |MB| = |MA| + |MA'| + |MB| - |MA'|$$
$$= 10 + |MB| - |MA'| \leqslant 10 + |A'B|$$

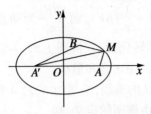

图 6.15

当 M 在 BA' 的延长线上取" = ". 所以

$$(|MA| + |MB|)_{\max} = 10 + |A'B| = 10 + 2\sqrt{10}$$

又如图 6.15 所示,有

$$|MA| + |MB| = |MA| + |MA'| - |MA'| + |MB|$$
$$= 10 - (|MA'| - |MB|)$$
$$\geqslant 10 - |A'B|$$

当 M 在 $A'B$ 的延长线上时取" = ". 所以

$$(|MA| + |MB|)_{\min} = 10 - |A'B| = 10 - 2\sqrt{10}.$$

例 5(1999 年全国高中数学联赛试题)　如图 6.16 所示,给定点 $A(-2,2)$,已知点 B 是椭圆 $\dfrac{x^2}{25} + \dfrac{y^2}{16} = 1$ 上 的动点,F 是左焦点,当 $|AB| + \dfrac{5}{3}|BF|$ 取得最小值时, 试求点 B 的坐标.

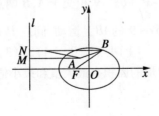

图 6.16

解 因为椭圆的离心率 $e = \dfrac{3}{5}$，所以 $|AB| +$ $\dfrac{5}{3}|BF| = |AB| + \dfrac{1}{e}|BF|$，而 $\dfrac{|BF|}{e}$ 为动点 B 到左准线的距离. 故本题转化为: 在椭圆上求一点 B，使得它到点 A 和左准线的距离之和最小.

过点 B 作 l 的垂线，垂足为 N，过 A 作此准线的垂线，垂足为 M. 由椭圆的定义，知

$$|BN| = \frac{|BF|}{e} = \frac{5}{3}|BF|$$

所以

$$|AB| + \frac{5}{3}|BF| = |AB| + |BN| \geqslant |AN| \geqslant |AM|$$

为定值. 其中，当且仅当 B 是 AM 与椭圆的交点时等号成立，此时 B 为 $\left(-\dfrac{5}{2}\sqrt{3}, 2\right)$.

所以，当 $|AB| + \dfrac{5}{3}|BF|$ 取得最小值时，点 B 的坐标为 $\left(-\dfrac{5}{2}\sqrt{3}, 2\right)$.

说明 圆锥曲线的定义在处理许多解析几何问题(包括最值问题)时常常显得极其简便.

例 6 如图 6.17 所示，已知两条抛物线 $y = 2x^2 - 2x - 4$ 与 $y = -x^2 + 6x - 9$ 相交于 A, B 两点. 点 P 在属于 $y = -x^2 + 6x - 9$ 的 $\overset{\frown}{AB}$ 上运动. 问点 P 在何位置时，由 $y = 2x^2 - 2x - 4$ 上两点 $C(0, -4), D(3, 8)$ 与点 P 联结而成的三角形的面积有最大值和最小值.

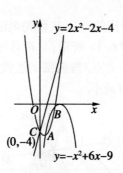

图 6.17

解 解方程组 $\begin{cases} y = 2x^2 - 2x - 4 \\ y = -x^2 + 6x - 9 \end{cases}$,求得 A,B 两点的

坐标,分别为 $(1,4)$ 和 $(1\dfrac{2}{3}, -1\dfrac{7}{9})$.

又直线 CD 的方程为 $\dfrac{y+4}{8+4} = \dfrac{x}{3}$. 所以 $4x - y - 4 = 0$,且斜率 $k_{CD} = 4$. 所以,点 B 到直线 CD 的距离 $d_B = \dfrac{40}{9\sqrt{17}}$. 所以 $d_A < d_B$.

又在 $[1, 1\dfrac{2}{3}]$ 内 $\overset{\frown}{AB}$ 下凸,所以,点 B 是 $\overset{\frown}{AB}$ 上诸点 到直线 CD 的距离最长的点,故当点 P 的坐标为 $(1\dfrac{2}{3}, -1\dfrac{7}{9})$ 时,$\triangle PCD$ 的面积有最大值.

连续函数 $y = -x^2 + 6x - 9$ 的切线的斜率 $k = y' = -2x + 6$. 当 $k_{CD} = k$,即 $4 = -2x + 6 \Rightarrow x = 1$ 时,$y = -4$. 可见,所求的切点就是 $A(1, -4)$.

所以,点 A 是 $\overset{\frown}{AB}$ 上诸点到直线 CD 的距离最短的 点,故当点 P 的坐标为 $(1, -4)$ 时,$\triangle PCD$ 的面积有最 小值.

为了解决下面的例7,我们先来证明一个引理.

引理 如图6.18所示,A,B是椭圆外两个定点,M是椭圆上一个动点. 当椭圆的法线 MN 平分 $\angle AMB$ 时,$|MA| + |MB|$ 最小.

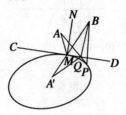

图6.18

证明 过点 M 作椭圆的切线 CD,则 $CD \perp MN$. 所以 $\angle AMC = \angle BMD$.

作点 A 关于直线 CD 的对称点 A',所以

$$|MA| = |MA'|, \angle A'MC = \angle AMC = \angle BMD$$

所以 A',M,B 三点共线.

设点 P 是椭圆上除 M 外的任意一点,联结 PA,PB,PA 和 CD 相交于点 Q. 所以

$$|PA| + |PB| = |QA| + |PQ| + |PB|$$
$$> |QA| + |QB|$$
$$= |QA'| + |QB| > |A'B|$$
$$= |MA| + |MB|$$

所以 $|MA| + |MB|$ 最小.

对于圆、抛物线、双曲线也有类似的结论.

例7 已知:$A(-1,0)$,$B(1,0)$,试在圆周 $(x-3)^2 + (y-4)^2 = 4$ 上求一点 P,使 $|AP|^2 + |PB|^2$ 取得最小值.

解 如图6.19所示,因为 $A(-1,0)$,$B(1,0)$,所以 AB 的中点是原点 O.

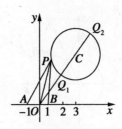

图 6.19

根据三角形的中线定理,知 $|AP|^2 + |PB|^2 = 2(|PO|^2 + |OB|^2)$,而 $|OB|^2 = 1$.

所以,当 $|AB|^2 + |PB|^2$ 取得最小值时,$|PO|$ 也取得最小值;反过来也正确.

因为,圆 $(x-3)^2 + (y-4)^2 = 2^2$ 的圆心是 $C(3,4)$,联结 OC 交圆于 Q_1, Q_2,易知 $|PO|$ 的最小值为 $|OQ|$.

因为 OC 的方程为 $y = \dfrac{4}{3}x$,所以 Q_1 的坐标可从圆及直线 OC 的方程解得.所以 Q_1 的坐标是 $(\dfrac{9}{5}, \dfrac{12}{5})$.

所以,当 $|AP|^2 + |PB|^2$ 取最小值时,P 的坐标是 $(\dfrac{9}{5}, \dfrac{12}{5})$.

例8 已知 $A(0,5)$,$B(4,3)$ 是圆 $x^2 + y^2 = 5$ 外两点,在圆上求一点 M,使 $|MA| + |MB|$ 最小,并求出最小值.

解 设 M 的坐标为 (x,y),过点 M 的圆的法线为 MN,则 MN 过圆的圆心 O(图6.20).所以

197

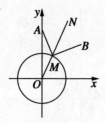

图 6.20

$$k_{MN} = \frac{y}{x}, k_{MA} = \frac{y-5}{x}, k_{MB} = \frac{y-3}{x-4}$$

当 $\angle AMN = \angle BMN$ 时, $|MA| + |MB|$ 最小. 所以

$$\begin{cases} \tan\angle AMN = \tan\angle BMN \\ x^2 + y^2 = 5 \end{cases}$$

解

$$\begin{cases} \dfrac{\dfrac{y-5}{5} - \dfrac{y}{x}}{1 + \dfrac{y-5}{x} \cdot \dfrac{y}{x}} = \dfrac{\dfrac{y}{x} - \dfrac{y-3}{x-4}}{1 + \dfrac{y}{x} \cdot \dfrac{y-3}{x-4}} \\ x^2 + y^2 = 5 \end{cases}$$

化简后,得

$$\begin{cases} (2x - y)(x + 2y - 2) = 0 \\ x^2 + y^2 = 5 \end{cases}$$

解此方程组,得到满足条件的点 M 的坐标为 $(1, 2)$. 此时 $|MA| + |MB|$ 的最小值为

$$\sqrt{1^2 + 3^2} + \sqrt{3^2 + 1^2} = 2\sqrt{10}$$

例 9 已知 $A(3,1)$, $B(-2,2)$ 是椭圆 $3x^2 + 5y^2 = 32$ 上的两点,M,N 是椭圆上的两个动点,且 M,N 位于直线 AB 的两旁,求四边形 $AMBN$ 的最大面积.

解 如图 6.21 所示,过点 M,N 的切线 l_1 和 l_2 都平行于 AB 时,四边形 $AMBN$ 有最大面积. 此时,切线

l_1 的方程为 $y = \dfrac{3}{5}x + \dfrac{16}{5}$；切线 l_2 的方程为 $y = \dfrac{3}{5}x - \dfrac{16}{5}$.

所以,平行直线 l_1 和 l_2 间的距离 $d = \dfrac{32}{34}$.

又因为 $|AB| = \sqrt{34}$,所以四边形 $AMBN$ 的最大面积是 $\dfrac{1}{2}|AB| \cdot d = 16$.

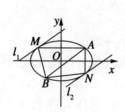   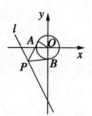

图 6.21   图 6.22

例 10 已知 P 是直线 $L:2x + y + 10 = 0$ 上一个动点,PA,PB 和圆 $x^2 + y^2 = 4$ 相切于点 A,B. 求四边形 $PAOB$ 的最小面积(图 6.22).

解 因为 PA,PB 和圆相切于 A,B,所以

$$\text{Rt}\triangle PAO \cong \text{Rt}\triangle PBO$$

所以

$$
\begin{aligned}
S_{\text{四边形}PAOB} &= 2S_{\triangle PAO} = |PA| \cdot |AO| \\
&= |AO| \cdot \sqrt{|PO|^2 - |AO|^2} \\
&= 2\sqrt{|PO|^2 - 4}
\end{aligned}
$$

当 $PO \perp L$ 时,P 到 O 的距离最小,所以 $|PO|$ 的最小值为 O 到直线 L 的距离为 $2\sqrt{5}$.

所以,四边形 $PAOB$ 的最小面积等于 8.

例 11 已知动弦 AB 过抛物线 $y^2 = 8x$ 的焦点 F,

求 AB 中点 M 到直线 $l:x+2y+4=0$ 的最短距离.

解 设 $A(x_1,y_1)$，$B(x_2,y_2)$，$M(x_0,y_0)$，则

$$y_1^2=8x_1, y_2^2=8x_2^2, y_1+y_2=2y_0$$

所以 $$(y_1+y_2)(y_1-y_2)=8(x_1-x_2)$$

所以 $$k_{AB}=\frac{y_1-y_2}{x_1-x_2}=\frac{8}{y_1+y_2}=\frac{4}{y_0}$$

又 $$k_{AB}=k_{MF}=\frac{y_0}{x_0-2}$$

所以 $$\frac{4}{y_0}=\frac{y_0}{x_0-2}$$

即 $$y_0^2=4(x_0-2)$$

所以 AB 的中点 M 的轨迹是一条抛物线，其方程为 $y^2=4(x-2)$.

当抛物线 $y^2=4(x-2)$ 的切线 l_1 平行于 l 时，M 到 l 的距离最短(图 6.23).

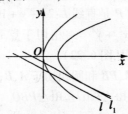

图 6.23

因为，直线 l 的方程为 $x+2y+4=0$. 所以，切线 l_1 的方程为 $x+2y+2=0$. 所以，平行直线 l_1 和 l 的距离 $d=\dfrac{2\sqrt{5}}{5}$.

故 AB 中点 M 到直线 l 的最短距离 $d=\dfrac{2\sqrt{5}}{5}$.

6.7　利用几何意义求解

　　某些函数的最值问题,初看起来无从下手,若把此函数稍作变形,即可呈现出明确的几何意义. 利用此几何意义,问题便可得到解决.

　　例1　求函数 $y = |2^{x+3} - 4| - |2^{x+1} - 4|$ 的最小值.

　　解　$y = 2 \cdot \dfrac{|2^{(x+2)+1} - 4| - |2^{x+1} - 4|}{(x+2) + x}$

而 $\dfrac{|2^{(x+2)+1} - 4| - |2^{x+1} - 4|}{(x+2) - x}$ 是过 $|2^{x+1} - 4|$ 上自变量相距为 2 的两点的直线的斜率. 由于 $|2^{x+1} - 4|$ 的图像如图 6.24 所示,故

$$\frac{|2^{(x+2)+1} - 4| - |2^{x+1} - 4|}{(x+2) - x} \geqslant k_{AB}$$

所以
$$y \geqslant 2k_{AB}$$

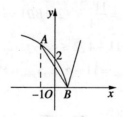

图 6.24

　　因为 $k_{AB} = -\dfrac{3}{2}, y \geqslant -3.$ 所以 $y_{\min} = -3$.

　　例2　求函数 $y = |2t - 2\sqrt{4 - (4-2)^2} + 7|$ 的最值.

201

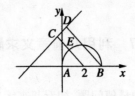

图 6. 25

解　$y = \sqrt{2^2 + (-2)^2} \cdot \dfrac{|2t - 2\sqrt{4 - (t-2)^2} + 7|}{2^2 + (-2)^2}$

而 $\dfrac{|2t - 2\sqrt{4 - (t-2)^2} + 7|}{\sqrt{2^2 + (-2)^2}}$ 是 $\begin{cases} x = t \\ y = \sqrt{4 - (t-2)^2} \end{cases}$ 上

的点到直线 $2x - 2y + 7 = 0$ 的距离,(图 6. 25). 故

$$|CE| \leqslant \frac{|2t - 2\sqrt{4 - (t-2)^2} + 7|}{\sqrt{2^2 + (-2)^2}}$$

$$\leqslant |BD|$$

所以

$$\sqrt{2^2 + (-2)^2} \cdot |CE| \leqslant y$$
$$\leqslant \sqrt{2^2 + (-2)^2} \cdot |BD|$$

因为　　　$|CE| = \dfrac{11\sqrt{2}}{4} - 2, |BD| = \dfrac{15\sqrt{2}}{4}$

所以　　　$11 - 4\sqrt{2} \leqslant y \leqslant y \leqslant 15$

所以　　　$y_{\min} = 11 - 4\sqrt{2}, y_{\max} = 15$

习　题

1. 已知两定点 $A(2, -4)$, $B(6, -4)$, 一动点 P 在圆 $x^2 + y^2 = 4$ 上,则 $\angle APB$ 的最大值与最小值分别为_____.

2. 函数 $y = \sqrt{x^4 - 5x^2 - 8x + 25} - \sqrt{x^4 - 3x^2 + 4}$ 的最大值为_____.

3. 在抛物线 $y = x^2$ 上求一点, 使它到直线 $y = 2x - 4$ 的距离最近.

4. 试用 $a(a > 1)$ 表示从定点 $M(0, a)$ 到曲线 $y = |\frac{1}{2}x^2 - 1|$ 上的点 $Q(x, y)$ 的距离的最小值.

5. 已知在 $\triangle ABC$ 中, B, C 的坐标分别为 $(1, 0)$ 和 $(5, 0)$, 点 A 在 x 轴的上方移动, 且 $\tan B + \tan C = 3$. 求 $\triangle ABC$ 面积的最大值.

6. 已知抛物 $y = 4 - x^2$ 与直线 $y = 3x$ 相交于 A, B 两点, 如果点 P 在直线 AB 左上方的抛线上移动, 求 $\triangle PAB$ 的面积为最大时的 P 点坐标.

7. 一直线 l 经过 $M(5, 6)$, 与坐标轴正向交于 A, B 两点, 如果 $\triangle OAB$ 的面积达到最小值, 求此直线 l 的方程.

8. 已知 $\triangle ABC$ 的两个顶点 $A(0, 5), B(0, -5)$, 第三个顶点 C 在 y 轴的右侧移动, 而 AC, BC 斜率乘积为 -6, 求 $\triangle ABC$ 面积的最大值.

9. $\triangle ABC$ 的 AB 边在直线 $4x + 3y = 15$ 上, AC 通过点 $M(-2, 1)$, BC 通过点 $N(-5, 5)$. (1) 求 $\triangle ABC$ 面积的最小值; (2) 求当面积有最小值时, 顶点 C 的轨迹.

10. 过抛物线 $\frac{1}{4}x^2 + y^2 = 1(x \geqslant 0, y \geqslant 0)$ 上一点引切线, 设此切线夹在两条坐标轴间的部分的长为 l. 求 l 的最小值.

11. 求以椭圆 $\frac{x^2}{a^2} + \frac{y^2}{b^2} = 1$ 的长轴为底边的内接梯

形的面积的最大值.

12. 长度为 $l(l \geqslant 1)$ 的直线段,其两端 A,B 在抛物线 $y=x^2$ 上移动,M 是该线段的中点.求点 M 距离 x 轴最近时的坐标.

13. 已知 $\triangle OAB$ 的重心为 G,三个顶点的坐标分别为 $O(0,0),A(at,0),B\left(at,\dfrac{a}{t}\right)$(其中 a 为已知正实数,t 为正实数参数).证明:G 到 OA,AB,OB 的垂线长分别为 p,q,r,问 t 为何值时,q,r 有最大值? 其值等于多少?

14. 过原点互相垂直的两条直线,分别交抛物线 $y^2=4p(x+p)(p>0)$ 于 A,B 和 C,D 四点.当 $|AB|+|CD|$ 取最小值时,求此二直线的方程.

15. 已知点 A 的坐标为 $(2,1)$,双曲线 $x^2-\dfrac{y^2}{4}=1$ 的右焦点 F,试在此双曲线的右支上找一点 P,使得 $|PA|+\dfrac{\sqrt{5}}{5}|PF|$ 取得最小值.

16. 设 $P(p,0)$ 是一个定点,$p>0$,点 A 是椭圆 $\dfrac{x^2}{4}+y^2=1$ 上距离点 P 最近的点,试求点 A 横坐标 a 的值.

17. 已知 $A(1,-4),B(2,2),M$ 是直线 $L:x+y-3=0$ 上一个动点,求 $|MA|-|MB|$ 的最大值.

18. 已知 $A(-3,2),B(1,-6),M$ 是圆 $C:(x-5)^2+(y-6)^2=1$ 上一个动点,求 $|MA|^2+|MB|^2$ 的最大值和最小值.

19. (1984 年美国中学数学竞赛题)若 a,b 是正实数,且方程 $x^2+ax+2b=0$ 和 $x^2+2bx+a=0$ 各有实数根,求 $a+b$ 的最小可能值.

20. 已知 a,b,x,y 为正数,且 $\dfrac{a}{x}+\dfrac{b}{y}=1$,试讨论 $x+y$ 的最大值和最小值.

21. 已知棱形的对角线在坐标轴上且外切于 $\dfrac{x^2}{a^2}+\dfrac{y^2}{b^2}=1$,试求此棱形的最小面积.

22. 在第一象限内,过椭圆 $\dfrac{x^2}{a^2}+\dfrac{y^2}{b^2}=1$ 上一点作切线. 求切线夹在坐标轴之间线段的最小值.

23. 已知直线 $y=x-5$ 与椭圆 $\dfrac{x^2}{40}+\dfrac{y^2}{10}=1$ 交于 A,B 两点,试在椭圆上求一点 Q,使 $\triangle QAB$ 的面积为最大.

24. 试在 y 轴上求一点 $P(x,y)$,使到点 $A(-3,2)$ 和 $B(2,5)$ 的距离之差为最大.

25. 设点 $P(x,y)$ 的坐标满足方程 $x^2+y^2-6x-4y+11=0$,试求 $\sqrt{x^2+(y+1)^2}$ 的最大值和最小值.

26. 已知点 P 在圆 $(x-5)^2+(y-5)^2=r^2$ 上移动 (r 为定值). P 关于点 $M(9,0)$ 的对称点是 Q,将 P 绕原点 O 按逆时针方向旋转 $90°$ 到达点 R,求 $|QR|$ 的最大值和最小值.

27. 求函数 $y=\sqrt{t^2-2st-\dfrac{32}{t}\sqrt{4-s^2}}+\dfrac{256}{t^2}$ 的最小值.

28. 已知内切于 $\mathrm{Rt}\triangle ABC$ 的椭圆的对称轴平行于直角边,且 $AB=3,BC=4,AC=5$. (1)试求内切椭圆中心的轨迹;(2)试求面积为 π 的内切椭圆的方程;(3)如果 P 是短平轴为 1 的内切椭圆上的一点,试求点 P 在什么位置时,PA,PB,PC 的平方和取得极大值和极小值?

复合函数的极值问题

在各级各类的竞赛或高考试题中,经常可以见到一些复合极值问题. 这些问题题型新颖,涉及的知识面广、技巧性强,下面结合具体例子介绍解这类问题的思想方法.

7.1 先求最值再求复合最值

例 1 已知 x,y 是实数,$M = \max\{|x - 2y|, |1 + x|, |2 - 2y|\}$,求 M 的最小值.

分析 我们要求的是 M 的最小值,通常的办法是先估计下界,即能找到一个常数 C,使 $M \geq C$,然后说明 M 可以等于 C. 于是 M 的最小值就是 C.

由于 M 是三个数 $|x - 2y|$,$|1 + x|$,$|2 - 2y|$ 中的最大者,因而它大于等于这三个数的算术平均值,这样便可得到 M 的下界估计.

解 因为 M 是 $|x - 2t|$,$|1 + x|$,$|2 - 2y|$ 中的最大者,故 M 不小于这三者的算术平均值. 即

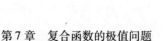

第 7 章

$$M \geqslant \frac{1}{3}(\,|x-2y|+|1+x|+|2-2y| \,)$$

$$\geqslant \frac{1}{3}|(2y-x)+(x+1)+(2-2y)|$$

$$=1$$

另一方面,当 $x=0,y=\frac{1}{2}$ 时

$$|x-2y|=|1-x|=|2-2y|=1$$

此时 $M=1$,故 M 的最小值为 1.

例 2 设 a,b,c,d,e,f,g 是非负实数,且 $a+b+c+d+e+f+g=1$.

$M=\max\{a+b+c,b+c+d,c+d+e,d+e+f,e+f+g\}$,求 M 的最小值.

分析 本题虽与上题类似,但如果用 $a+b+c$,$b+c+d,c+d+e,d+e+f,e+f+g$,这 5 个数的算术平均来估计 M 的下界,将会走进死胡同,下面我们仍然用平均来估计 M 的下界,不过,用了一点小"技巧".

解 因 M 是 $a+b+c,b+c+d,c+d+e,d+e+f$,$e+f+g$ 中的最大者, M 不小于 $a+b+c,c+d+e,e+f+g$ 中的最大者,进而 M 不少于 $a+b+c,c+d+e,e+f+g$ 的算术平均,即

$$M \geqslant \frac{1}{3}\big[(a+b+c)+(c+d+e)+(e+f+g)\big]$$

$$=\frac{1}{3}(a+b+c+d+e+f+g)+\frac{1}{3}(c+e)$$

$$\geqslant \frac{1}{3}$$

又当 $a=d=g=\frac{1}{3},b=c=e=f=0$ 时, $M=\frac{1}{3}$.

因此,M 的最小值为 $\dfrac{1}{3}$.

例 3 对于 $x \in \mathbf{R}$,$f(x) = \min(4x + 2, -12x^2 + 12, -2x + 4)$,求 $f(x)$ 的表达式及 $f(x)_{\max}$.

分析 该题涉及两个一元一次函数与一个一元二次函数,若能根据题设要求画出 $f(x)$ 的图像,再利用数形结合的方法则可以很直观地解决问题.

解 如图 7.1 所示,在同一直角坐标系中作出 $y_1 = 4x + 2$,$y_2 = -12x^2 + 12$,$y_3 = -2x + 4$ 的图像. 根据 $f(x)$ 的定义,可得 $f(x)$ 的分段表达式

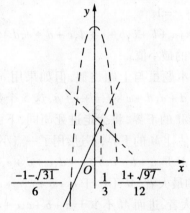

图 7.1

$$f(x) = \begin{cases} -12x^2 + 12, & x \leqslant \dfrac{-1 - \sqrt{31}}{6} \text{ 或 } x \geqslant \dfrac{1 + \sqrt{97}}{12} \\ 4x + 2, & \dfrac{-1 - \sqrt{31}}{6} < x \leqslant \dfrac{1}{3} \\ -2x + 4, & \dfrac{1}{3} < x < \dfrac{1 + \sqrt{97}}{12} \end{cases}$$

从图像上可以看出,当 $x = \dfrac{1}{3}$ 时

$$f(x)_{\max} = \frac{10}{3}$$

最值总是和对称、有序、均衡以及特殊值,特殊点有关,复合最值也不例外. 因此,我们可以利用这些关联的情形先确定所给问题的上界或下界,再进一步求出复合最值. 有时所得上界就是最大值,所得下界就是最小值.

例 4　试求函数 $f(x) = (x+1)(x+2)(x+3)(x+4)+5$ 在闭区间 $[-3,3]$ 上的最大值与最小值.

解　令 $t = x^2 + 5x$,则
$$\begin{aligned}f(x) &= (x^2+5x+4)(x^2+5x+6)+5\\ &= (t+4)(t+6)+5\\ &= t^2+10t+29\end{aligned}$$

当 $x \in [-3,3]$ 时,t 的取值范围是 $[-\frac{25}{4},24]$,如图 7.2 所示. 于是原题转化为在 $[-\frac{25}{4},24]$ 内求二次函数 $f(t) = t^2+10t+29$ 的最大值和最小值.

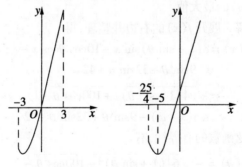

图 7.2　　　　　图 7.3

因为 $f(t) = (t+5)^2 - 16$,而 $-5 \in [-\frac{25}{4},24]$,故

当 $t = -5$ 时, $f_{min} = 4$. 而由 $-5 = x^2 + 5x$, 解得

$$x_{1,2} = \frac{-5 \pm \sqrt{5}}{2}$$

但 $\frac{-5-\sqrt{5}}{2} \notin [-3,3]$, 故当 $x = \frac{-5+\sqrt{5}}{2}$ 时, $f_{min} = 4$(图 7.3).

又当 $t = -\frac{25}{4}$ 时, $f(t) = 5\frac{9}{16}$; 当 $t = 24$ 时, $f(t) = 845$, $845 > 5\frac{9}{16}$. 所以, 当 $t = 24$ 时, 此时 $x = 3$ 时, $f_{max} = 845$.

说明 一个复杂的函数式, 如能写成二次函数型的复合函数, 即 $f(x) = ag^2(x) + bg(x) + c(a,b,c$ 为常数), 此时, 用配方法往往是行之有效的.

例5 已知 $f(x) = (\sin x + 4\sin \theta + 4)^2 + (\cos x - 5\cos \theta)^2$ 的最小值为 $g(\theta)$. 求 $g(\theta)$ 的最大值.

分析 该题是与正、余弦函数有关的复合最值问题. 先利用三角函数的有界性确定 $g(\theta)$, 再进一步求得 $g(\theta)$ 的最大值.

解 展开 $f(x)$ 的右边并整理, 得

$$f(x) = 8(1+\sin \theta)\sin x - 10\cos \theta \cos x -$$
$$9\sin^2\theta + 32\sin \theta + 42$$
$$= \sqrt{64(1+\sin \theta)^2 + 100\cos^2\theta} \cdot$$
$$\sin(x+\varphi) - 9\sin^2\theta + 32\sin \theta + 42$$

由正弦函数的有界性, 有

$$g(\theta) = -\sqrt{64(1+\sin \theta)^2 + 100\cos^2\theta} -$$
$$9\sin^2\theta + 32\sin \theta + 42$$
$$= -2\sqrt{-9\sin^2\theta + 32\sin \theta + 41} -$$

$$9\sin^2\theta + 32\sin\theta + 42$$

令 $t = \sqrt{-9\sin^2\theta + 32\sin\theta + 41}$，则 $0 \le t \le 8$. 于是，有

$$g(\theta) = t^2 - 2t + 1 = (t-1)^2 \quad (0 \le t \le 8)$$

求得

$$g(\theta)_{\max} = (8-1)^2 = 49$$

例 6(1990 年国家数学集训队试题) 在首项系数为 1 的二次函数 $x^2 + px + q$ 中，找出使 $M = \max|x^2 + px + q|(-1 \le x \le 1)$ 取最小值时的函数表达式.

分析 此题可先通过特殊值得到关于 p, q 的不等式，再利用放缩法得到下界.

解 令 $g(x) = |x^2 + px + q|(-1 \le x \le 1)$，则 $g(x)_{\max}$ 只能是 $|f(1)|$ 或 $|f(-1)|$ 或 $|\dfrac{4q - p^2}{4}|$.

因为

$$4M \ge |f(1)| + |f(-1)| + 2|f(0)|$$
$$= |1 + p + q| + |1 - p + q| + 2|-q|$$
$$\ge 2$$

当且仅当 $p = 0, q = -\dfrac{1}{2}$ 时取等号，所以

$$M_{\min} = \frac{1}{2}$$

故

$$f(x) = x^2 - \frac{1}{2}$$

例 7(1994 年国家数学集训队试题) 给定正整数 $n \ge 3$，对于模长为 1 的 n 个复数 $z_1, z_2, \cdots, z_n$，求

$$\min_{z_1, z_2, \cdots, z_n} \left[\max_{|u \in C||u| = 1} \prod_{i=1}^{n} |u - z_i| \right]$$

并求最大值中的最小值达到时，复数 $z_1, z_2, \cdots, z_n$ 满足的条件.

分析 在单位圆上有一组特殊点,那就是正 n 边形的顶点.因此,我们可以利用这 n 个点对应的复数找到所需的下界.

解 令

$$f(u) = \prod_{i=1}^{n}(u - z_i)$$
$$= u^n + c_{n-1}u^{n-1} + \cdots + c_1 u + c_0 \tag{1}$$
$$(其中 |c_0| = |z_1 z_2 \cdots z_n| = 1)$$

设 $c_0 = e^{i\theta}(0 \leqslant \theta < 2\pi)$.在单位圆 $|u| = 1$ 上取 n 个复数 $\varepsilon_k = e^{i\frac{2k\pi + \theta}{n}}(k = 1, 2, \cdots, n)$,有 $\varepsilon_k^n = e^{i\theta} = c_0$.

当 $1 \leqslant m \leqslant n - 1$ 时,数列 $\{\varepsilon_k^m\}$ 是首项为 $\varepsilon_1^m = e^{i\frac{2m\pi + m\theta}{n}}$,公比为 $q = e^{i\frac{2m\pi}{n}} \neq 1$ 的等比数列

$$\sum_{k=1}^{n} \varepsilon_k^m = \frac{\varepsilon_1^m - \varepsilon_n^m q}{1 - q} = \frac{e^{i\frac{2m\pi + m\theta}{n}} - e^{i\frac{m\theta}{n}} e^{i\frac{2m\pi}{n}}}{1 - e^{i\frac{2m\pi}{n}}} = 0$$

从而,有

$$\sum_{k=1}^{n} |f(\varepsilon_k)| \geqslant |\sum_{k=1}^{n} f(\varepsilon_k)|$$
$$= |\sum_{k=1}^{n} \varepsilon_k^n + c_{n-1}\sum_{k=1}^{n} \varepsilon_k^{n-1} + \cdots + c_1\sum_{k=1}^{n} \varepsilon_k + nc_0|$$
$$= |2nc_0| = 2n \tag{2}$$

因此,至少有一个 ε_k 满足 $|f(\varepsilon_k)| \geqslant 2$.于是

$$\max_{|u \in C| |u| = 1} \prod_{i=1}^{n} |u - z_i| \geqslant 2 \tag{3}$$

要使式(3)取等号,必须式(2)取等号.由式(2)知,当且仅当 $f(\varepsilon_k)(k = 1, 2, \cdots, n)$ 这 n 个复数相等.

又由式(2)知

$$\sum_{k=1}^{n} f(\varepsilon_k) = 2nc_0$$

故 $\qquad f(\varepsilon_k) = 2c_0 \quad (k = 1, 2, \cdots, n)$

因为 $\qquad\qquad \varepsilon_k^n = c_0$

则 $\qquad c_{n-1}u^{n-1} + c_{n-2}u^{n-2} + \cdots + c_1 u = 0$

由式（1）知该方程有根 $\varepsilon_1, \varepsilon_2, \cdots, \varepsilon_n$，故

$$c_1 = c_2 = \cdots = c_{n-1} = 0$$

所以

$$f(u) = u^n + c_0(\,|c_0| - 1) \qquad (4)$$

结合式（1）和（4）知

$$z_k^n + c_0 = 0 \Rightarrow z_k^n = -c_0 \quad (k = 1, 2, \cdots, n)$$

从而，知 $z_1, z_2, \cdots, z_n$ 为单位圆内接正 n 边形的顶点时

$$\min_{z_1, z_2, \cdots, z_n} \Big[\max_{|u \in C| \, |u| = 1|} \prod_{i=1}^n |u - z_i| \Big] = 2$$

例 8　地面上有 10 只小鸟在啄食，并且任意 5 只中至少有 4 只在同一个圆周上，问有鸟最多的圆周上最少有几只鸟？

解　设有鸟最多的圆周上最少有 m 只鸟，下面来估计 m 的下界.

显然，$m \geqslant 4$. 如果 $m = 4$，则 C_{10}^5 个 5 只鸟的小组，每组确定一个圆，每个圆上恰有 4 只鸟. 每个这样的圆至多属于 6 个小组，因而至少有 $\dfrac{C_{10}^5}{6}$ 个圆. 每个圆上有 4 个以鸟为顶点的三角形，所以这样的三角形至少有 $\dfrac{C_{10}^5}{6} \times 4$ 个.

另一方面，这样的三角形有 C_{10}^3 个. 但是

$$\frac{C_{10}^5}{6} \times 4 = 168 > 120 - C_{10}^3$$

矛盾.

如果 $5 \leqslant m \leqslant 8$,那么设圆 C 上有 m 只鸟,则圆 C 外至少有 2 只鸟 a_1, a_2. 对圆 C 上的任意 3 只鸟,其中必有 2 只与 a_1, a_2 共圆,不妨设 C 上的 a_3, a_4 与 a_1, a_2 共圆,a_5, a_6 与 a_1, a_2 共圆,对圆 C 上的第 5 只鸟 a_1 及 a_3, a_5,它们中没有两只能与 a_1, a_2 共圆,矛盾.

综上可知,$m \geqslant 9$.

又 9 只鸟在同一圆上,1 只鸟不在这个圆上,这种情况满足题中要求. 因此 $m = 9$.

7.2 通过分类讨论求复合最值

分类是揭示概念外延(概念所反映事物的范围)的逻辑方法,又是求解数学问题的一种基本思想方法. 分类的目的在于缩小分析与试验的范围,寻求问题的解决. 分类的形式有多种多样,但要注意做到既不重复又不遗漏.

例 1 设 $f(x) = \cos^2 x + 2p\sin x + q$,且 $f_{\max} = 10$,$f_{\min} = 7$. 求 p, q 值.

解 $f(x) = 1 - \sin^2 x + 2p\sin x + q$
$$= -(\sin x - p)^2 + p^2 + q + 1$$
令 $u = \sin x$,则 $u \in [-1, 1]$,我们来考虑函数
$$f(u) = -(u - p)^2 + p^2 + q + 1$$
对 p 分三种情形讨论:

(1)若 $p < -1$,如图 7.4 所示,$f(u)$ 在 $[-1, 1]$ 上是减函数,故
$$f_{\max} = f(-1)$$

$$= - (-1 - p)^2 + p^2 + q + 1$$

$$= -2p + q$$

$$f_{\min} = f(1) = - (1 - p)^2 + p^2 + q + 1 = 2p + q$$

所以
$$\begin{cases} -2p + q = 10 \\ 2p + q = 7 \end{cases}$$

解之，得 $p = -\dfrac{3}{4}, q = \dfrac{17}{2}$，这与 $p < -1$ 矛盾.

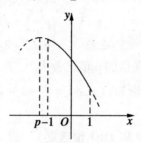

图 7.4

（2）若 $p < 1$，如图 7.5 所示，$f(u)$ 在 $[-1, 1]$ 上是增函数，所以

$$10 = f_{\max} = f(1) = 2p + q$$

$$7 = f_{\min} = f(-1) = -2p + q$$

解之得 $p = \dfrac{3}{4}, q = \dfrac{17}{2}$，这与 $p > 1$ 矛盾.

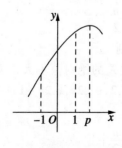

图 7.5

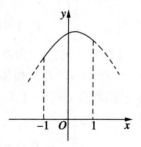

图 7.6

215

(3)若 $-1 \le p \le 1$,如图 7.6 所示,这时 $f(u)$ 的最大值在 $u = p$ 时取得,即

$$f_{\max} = f(p) = p^2 + q + 1$$

$f(u)$ 的最小值则可能在 $u = -1$,或 $u = 1$ 时取得.

解方程组

$$\begin{cases} p^2 + q + 1 = 0 \\ 7 = f(-1) = -2p + q \end{cases}, \quad \begin{cases} p^2 + q + 1 = 0 \\ 7 = f(1) = 2p + q \end{cases}$$

得

$$\begin{cases} p = -1 + \sqrt{3} \\ q = 5 + 2\sqrt{3} \end{cases}, \quad \begin{cases} p = 1 - \sqrt{3} \\ q = 5 + 2\sqrt{3} \end{cases}$$

其中不合条件的 p 值已舍去.

由上述讨论知,$(p, q) = (-1 + \sqrt{3}, 5 + 2\sqrt{3})$,$(1 - \sqrt{3}, 5 + 2\sqrt{3})$.

例 2(第 30 届 IMO 预选题) 设 $s = (x_1, x_2, \cdots, x_n)$ 是前 n 个自然数 $1, 2, \cdots, n$ 依任意次序的排列. $f(s)$ 为 s 中每两个相邻元素的差的绝对值的最小值. 求 $f(x)$ 的最大值.

解 分两种情况讨论.

(1)若 $n = 2k$ 为偶数,则 $f(s) \le k$ 与其相邻数之差的绝对值不大于 k. 另一方面,在 $s = (k + 1, 1, k + 2, 2, \cdots, 2k, k)$ 中,有

$$f(s) = k = \left[\frac{n}{2}\right]$$

(2)若 $n = 2k + 1$ 为奇数,则

$f(s) \le k + 1$ 与其相邻数之差的绝对值不大于 k. 另一方面,在 $s = (k + 1, 1, k + 2, 2, \cdots, 2k, k, 2k + 1)$ 中,有

$$f(s) = k = \left[\frac{n}{2}\right]$$

综上所述, $\max f(s) = \left[\dfrac{n}{2}\right]$.

例3(1993 年中国数学奥林匹克试题)　10 个人到书店买书,已知

(1)每人都买了三种书;

(2)任何两人所买的书中,都至少有一种相同. 问购买人数最多的一种书最少有几个人购买?

解　设购买人数最多的一种书有 x 人购买. 10 人中的甲购买了三种书,因其他 9 人都至少有一种书与甲的书相同,又 $9 \div 3 = 3$,则知甲的三种书中,购买人数最多的一种书不少于 4 人购买,故 $x \geqslant 4$.

若 $x = 4$,则甲的三种书均为 4 人购买. 同理,其他 9 人的每种书也均有 4 人购买. 故 10 人所买书的总数应是 4 的倍数,即 $4 \mid 30$,矛盾. 所以 $x \geqslant 5$.

当 $x = 5$ 时,设 A_i 为互不相同的书,存在购买人数最多的一种书恰有 5 人购买的情况如下

$$\{A_1 A_2 A_3\}, \{A_1 A_2 A_6\}, \{A_2 A_3 A_4\}$$
$$\{A_1 A_4 A_6\}, \{A_1 A_4 A_5\}, \{A_2 A_4 A_5\}$$
$$\{A_1 A_3 A_5\}, \{A_3 A_5 A_6\}, \{A_3 A_5 A_6\}$$
$$\{A_3 A_4 A_6\}$$

综上所述,购买人数最多的一种书最少有 5 人购买.

例4(1928 年匈牙利数学竞赛试题)　在平面上给定一条直线 l 和 A, B 两点,在直线 l 上应怎样选取点 P,才能使得 $\max\{AP, BP\}$ 有最小值?

解　可设 A, B 两点在 l 的同侧,否则用点 B 关于直线 l 的对称点 B' 代替 B 进行讨论.

设 A, B 在直线 l 上的投影点分别为 A_1, B_1,不妨

设 $AA_1 \geqslant BB_1$.

如果 $AA_1 \geqslant BA_1$(图 7.7),则 $\max\{AA_1, BA_1\} = AA_1$. 对于 l 上任一点 P,都有 $\max\{AP, BP\} \geqslant AA_1$. 则此时点 A_1 为所求.

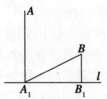

图 7.7

如果 $AA_1 < A_1B$(图 7.8),作 AB 的中垂线交直线 l 于点 C. 因为 $BA_1 > AA_1 \geqslant BB_1$,所以点 C 在线段 A_1B_1 内,显然 $\max\{BC, AC\} = AC = BC$. 对于 l 上的任一点 P,当 P 在 C 的右边时,$\max\{AP, BP\} = AP > AC$;当 P 在 C 的左边时,$\max\{AP, BP\} = BP > AC$. 此时点 C 为所求.

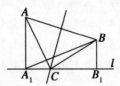

图 7.8

例 5 如图 7.9 所示,在 $\triangle ABC$ 所在平面上确定一点 P,使 $\max\{AP, BP, CP\}$ 最小.

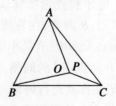

图 7.9

分析　很明显,要使 $\max\{AP,BP,CP\}$ 最小,点 P 必在 $\triangle ABC$ 的内部或边界上. 移动点 P 进行观察,如图当 $\triangle ABC$ 为锐角或直角三角形时,外心为所求点 P. 如图 7.10 所示,当 $\triangle ABC$ 为钝角三角形时,外心在三角形外部. 作 BC 边的中垂线 l,外心 O 在 l 上. 当点 P 在 l 上越来越接近 BC 的中点 M 时,$\max\{AP,BP,CP\}$ 越来越小.

证明　(1)若 $\triangle ABC$ 是锐角或直角三角形(图 7.11). 分别以 A,B,C 为圆心,以 $\triangle ABC$ 的外接圆半径长 R 为半径作圆 A、圆 B、圆 C.

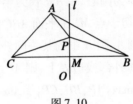

图 7.10

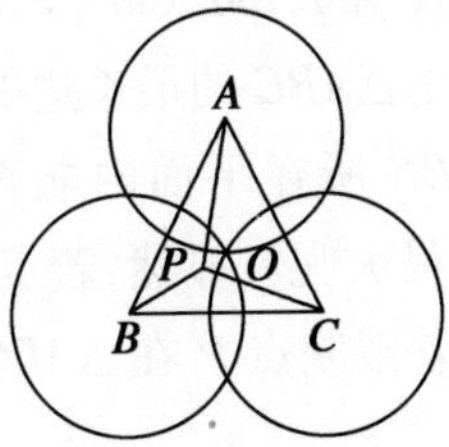

图 7.11

在平面 ABC 内任取一点 P,点 P 必在圆 A、圆 B、圆 C 的某一圆外部或边界上. 不妨设点 P 在圆 A 的外部或边界上,则 $PA \geqslant R$. 所以

$$\max\{AP,BP,CP\} \geqslant R$$

但当 P 为 $\triangle ABC$ 的外心时,有 $\max\{AP,BP,CP\} =$

R.

故此时所求点 P 应是 $\triangle ABC$ 的外心.

(2)若 $\triangle ABC$ 为钝角三角形时,如图 7.12 所示,不妨设 $\angle C > 90°$,点 M 为 AB 的中点. 易证 $MC < MA = MB$.

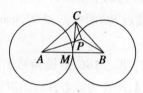

图 7.12

分别以 A,B 为圆心,以 AM 长为半径作圆 A,圆 B,则圆 A,圆 B 外切于点 M. 在平面 ABC 内任取一点 P,则点 P 必落在圆 A,圆 B 中的某一圆外部或边界上. 不妨设点 P 在圆 A 外部或边界上,则 $AP \geqslant AM$. 所以

$$\max\{AP, BP, CP\} \geqslant AM$$

因为 $$\max\{AM, BM, CM\} = AM$$

故所求点 P 是 $\triangle ABC$ 的最长边的中点.

注意:在 $\triangle ABC$ 所在平面内能否确定一点 P,使 $\min\{AP, BP, CP\}$ 最大呢? 显然,若点 P 在 $\triangle ABC$ 外部时,点 P 不存在. 若限制点 P 在 $\triangle ABC$ 内部或边界上,有结论:

(1)若 $\triangle ABC$ 为锐角或直角三角形,外心为所求;

(2)若 $\triangle ABC$ 为钝角三角形,则次长边的中垂线与最长边的交点为所求.

证明留给读者.

7.3 其他组合极值问题

组合最值是一种离散量的最值,求解组合最值的一个典型手法是,先根据组合问题的性质作出一个关于最大(小)值的最佳估计(上界或下界),然后构造一个具体的例子来说明这个估计是可以实现的.

例1 给定集合 $A = \{1,2,3,\cdots,2n,2n+1\}$,试求一个包含元素最多的一个子集 B,使 B 中任意三数 x,y,z,都有 $x+y \neq z$.

解 性质 $x+y \neq z$ 等价于 $y \neq z-x$,故可设 B 为这样的子集:用 B 中最大元(不妨设为 $2n+1$ 当 B 的最大元素不是 $2n+1$ 时同样可以讨论)减其他元,所得的差均不在 B 中,因为 $1+2n=2+(2n-1)=\cdots=n+(n+1)$,所以 $\{1,2n\}$,$\{2,2n-1\}$,$\cdots$,$\{n,n+1\}$ 这 n 组数中每组至多有一个属于 B. 所以 $2|B|-1 \leqslant 2n+1$,即 $|B| \leqslant n+1$.

上式中等号可以成立,例如 $B = \{n+1,n+2,\cdots,2n+1\}$ 时.

例2(Sperner 定理) 设 X 为 n 元集,$A_1,A_2,\cdots,A_m$ 为 X 的子集,互不包含. 证明:m 的最大值为 $C_n^{\left[\frac{n}{2}\right]}$.

证明 对 X 的元素作全排列,其排列数为 $n!$. 对于 x 的全体全排列,我们来看开头的 $|A_i|$ 个数恰为 A_i 的元素的那些全排列. 显然,这样的排列有

$$|A_i|! \cdot (n-|A_i|)!$$

个,$i=1,2,\cdots,m$. 由于 $A_1,A_2,\cdots,A_m$ 互不包含,所以这些排列互不相同. 于是

$$\sum_{i=1}^{m} |A_i|! \cdot (n - |A_i|)! \leqslant n!$$

即

$$\sum_{i=1}^{m} \frac{1}{C_n^{|A_i|}} \leqslant 1 \qquad (1)$$

我们知道,C_n^k 在 $k = \left[\dfrac{n}{2}\right]$ 时最大,所以由式(1)得

$\dfrac{m}{C_n^{\left[\frac{n}{2}\right]}} \leqslant 1$,即 $m \leqslant C_n^{\left[\frac{n}{2}\right]}$.

在 X 中,可以取 $m = C_n^{\left[\frac{n}{2}\right]}$ 个子集 $A_1, A_2, \cdots, A_m$,每一个含 $\left[\dfrac{n}{2}\right]$ 个元素,这些子集显然互不包含.

例3 对于集合 S,设 $|S|$ 表示 S 中的元素个数,而令 $n(S)$ 表示包括空集和 S 自身在内的 S 的子集的个数. 如果 A, B, C 三个集合满足 $n(A) + n(B) + n(C) = n(A \cup B \cup C)$,$|A| = |B| = 100$,那么 $|A \cap B \cap C|$ 的最小可能值是多少?

解 由于包含 k 个元素的集合共有 2^k 个子集,据 $n(A) + n(B) + n(C) = n(A \cup B \cup C)$ 可得

$$2^{100} + 2^{100} + 2^{|C|} = 2^{|A \cup B \cup C|}$$
$$1 + 2^{|C|-101} = 2^{|A \cup B \cup C|-101}$$

易见 $1 + 2^{|C|-101}$ 是大于 1 且为 2 的方幂的数,所以 $|C| = 101$,从而 $|A \cup B \cup C| = 102$.

由容斥原理,有

$$|A \cap B \cap C| = |A| + |B| + |C| + |A \cup B \cup C| -$$
$$|A \cup B| - |B \cup C| - |C \cup A|$$

因为 $|A \cup B|, |B \cup C|, |C \cup A| \leqslant 102$,所以

$$|A \cap B \cap C| \geqslant 97$$

下面的例子说明 97 是可以取到的

$$A = \{1,2,\cdots,97,98,99,100\}$$
$$B = \{1,2,,97,98,101,102\}$$
$$C = \{1,2,\cdots,97,99,100,101,102\}$$

所以，$|A \cap B \cap C|$ 的最小可能值是 97.

有时，可以将上述手法做些变通，采用先构造一个可能的具最大（或最小）性的状态，后排除存在更大（或更小）可能性的办法来解某些组合最值问题.

例4　设 S 是数集合 $\{1,2,\cdots,1\,989\}$ 的一个子集合，且 S 中任意两个数的差不等于 4 或 7.

问：S 最多可以包含多少个数？

解　显然集合 $A = \{1,4,6,7,9\}$ 中任何两个数的差都不是 4 或 7，所以 5 元集

$$S_n = \{k + 11n \mid k \in A, n \in \mathbf{Z}\}$$

中任何两个数的差也不是 4 或 7. 这说明，每次连续 11 个数中可取 5 个，注意到 $1\,989 = 11 \times 180 + 9$，最后九个数 $1\,981,1\,982,\cdots,1\,989$ 中仍可取五个数 $1\,981$，$1\,984,1\,986,1\,987,1\,989$. 则

$$|S| \geqslant 5 \times 181 = 905$$

现证 $|S|$ 不可能大于 905，若不然，则上述 181 组数中至少有一组可从中取六个数，使得两两的差不是 4 或 7，不妨考虑 $1,2,\cdots,11$ 这组数，把它划分五个小组

$$\{4,7,11\},\{3,10\},\{2,6\},\{5,9\},\{1,8\}$$

其中至少要有一个小组要取出两个数. 显然后面四对数的每一对都不能同时取出，只能在第一组中取 4,7，于是 $\{3,10\}$ 中只能取 10，$\{2,6\}$ 中只能取 2，$\{5,9\}$ 中只能取 5，这时 $\{1,8\}$ 中两个数都不能取，也就是不可能取得第六个数.

例 5 在 7×7 的正方形方格表中,选择 k 个小方格的中心,使其中任意 4 点不是一个矩形(其边与原正方形的边平行)的顶点,求满足上述要求的 k 的最大值.

解 先就 $n \times n$ 的正方形方格表讨论. 设选取的 k 个点有 x_i 个点位于第 i 列($i = 1, 2, \cdots, n$),则 $\sum\limits_{i=1}^{n} x_i = k$.

我们将每列方格的中心自下而上依次编号为 1, $2, \cdots, n$. 第 i 列选取的 x_i 个点可以构成 $C_{x_i}^2$ 个不同的点对 (p, q)($p < q$)(若 $x_i < 2$,则规定 $C_{x_i}^2 = 0$). 显然,不同列上的这种点对是不能相同的. 所以

$$\sum_{i=1}^{n} C_{x_i}^2 \leqslant C_n^2$$

即

$$\sum_{i=1}^{n} x_i^2 \leqslant n(n-1) + \sum_{i=1}^{n} x_i = n(n-1) + k$$

因 $\sqrt{\sum\limits_{i=1}^{n} x_i^2 / n} \geqslant \sum\limits_{i=1}^{n} x_i / n$,所以

$$\sum_{i=1}^{n} x_i^2 \geqslant \frac{\left(\sum\limits_{i=1}^{n} x_i\right)^2}{n} = \frac{k^2}{n}$$

从而 $\dfrac{k^2}{n} \leqslant n(n-1) + k$,解得

$$k \leqslant \frac{n + n\sqrt{4n - 3}}{2}$$

特别当 $n = 7$ 时,得 $k \leqslant 21$,也就是说,符合题设要求的中心不多于 21 点.

224

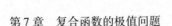

另一方面,可以构造出一张合条件的"21 点图"
(图 7.13).

综上可知,k 的最大值为 21.

例 6　给定空间中的 9 个点,其中任何 4 点都不
共面. 在每一对点之间都连一条线段,这些线段可染为
蓝色或红色,也可不染色,试求出最小的 n 值,使得将
其中任何 n 条线段中的每一条任意地染为红蓝二色之
一,在这 n 条线段的集合中都必然包含有一个各边同
色的三角形.

证明　首先证明任何一个有 9 个顶点,33 条边的
图含有 K_6 子图.

设 9 个顶点为 $v_1,v_2,\cdots,v_9$,则
$$d(v_1) + d(v_2) + \cdots + d(v_9) = 2 \times 33 = 66$$
于是 9 个顶点中至少有 3 个顶点的度为 8(否则,
$d(v_1) + \cdots + d(v_9) \leqslant 2 \times 8 + 7 \times 7 = 65$),设 $d(v_1) =$
$d(v_2) = d(v_3) = 8$. 则
$$d(v_4) + \cdots + d(v_9) = 66 - 3 \times 8 = 42$$
在 $v_4,v_5,\cdots,v_9$ 中,至少有一个顶点的度不小于 $\dfrac{42}{6}$ 即 7,
设 $d(v_4) \geqslant 7$,且设 v_4 与 $v_1,v_2,v_3,v_5,v_6,v_7,v_8$ 相邻,又
$$d(v_5) + \cdots + d(v_8) \geqslant 42 - 2 \times 8 = 26$$
故 v_5,v_6,v_7,v_8 中必有一个顶点的度不小于 $[\dfrac{26}{4}] + 1 =$

7, 设 $d(v_5) \geqslant 7$, 则 v_5 必和 v_6, v_7, v_8 中的某一个相邻. 设 v_5 和 v_6 相邻, 则 $v_1, v_2, v_3, v_4, v_5, v_6$ 构成 k_6.

熟知, 二染色 K_6 中必有一个同色三角形. 所以, 对任何一个有 9 个顶点, 33 条边的简单图的边二染色, 其中必有同色三角形.

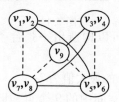

图 7.14

其次, 存在一个有 9 个顶点, 32 条边的图, 把图中的边二染色, 可使图中无同色三角形. 如图 7.14 所示, 把 9 个顶点分成 5 组 $\{v_1, v_2\}$, $\{v_3, v_4\}$, $\{v_5, v_6\}$, $\{v_7, v_8\}$, $\{v_9\}$, 图中两组中连的是实线表示以这两组中任取一点对都连红线, 若两组间连一虚线, 则表示从这两组中任取一点对都连有蓝线. 且每一组内部的点不连线, 这个图有 $C_9^2 - 4 = 32$ 条边, 且不存在同色三角形.

所以, 所求 n 的最小值为 33.

习　题

1. 对于已知的 x, y, 把 $2^{-x}, 2^{x-y}, 2^{y-1}$ 的最小值记作 $F(x, y)$, 当 $0 < x < 1, 0 < y < 1$ 时, $F(x, y)$ 的最大值等于 _____.

2. 设 x, y, z 为非负实数, 且满足方程 $4^{\sqrt{5x+9y+4z}} - 68 \times 2^{\sqrt{5x+9y+4z}} + 256 = 0$, 则 $x + y + z$ 的最大值与最小

值的乘积等于_____.

3. 对于每个实数 x, 设 $f(x)$ 是 $4x+1, x+2, -2x+4$ 这三个函数中的最小的, 求 $f(x)$ 的最大值.

4. 已知函数 $f(x) = \log_2(x+1)$, 并且当点 (x,y) 在 $f(x)$ 的图像上运动时, 点 $(\frac{x}{3}, \frac{y}{2})$ 在 $y = g(x)$ 的图像上运动, 求函数 $p(x) = g(x) - f(x)$ 的最大值.

5. 已知正数 $a_1, a_2, \cdots, a_n; b_1, b_2, \cdots, b_n$ 满足 $a_1^2 + a_2^2 + \cdots + a_n^2 = b_1^2 + b_2^2 + \cdots + b_n^2 = 1$. 求 $\min\left\{\dfrac{a_1}{b_1}, \dfrac{a_2}{b_2}, \cdots, \dfrac{a_n}{b_n}\right\}$ 的最大值.

6. 设 n 是给定的自然数, $n \geq 3$. 若 $x_1^2 + x_2^2 + \cdots + x_n^2 = 1$, 求 $\max\limits_{i \neq j} \min\limits_{i \neq j} \{|x_i - x_j|\}$.

7. 集合 $A = \{0, 1, 2, \cdots, 9\}$, $B_1, B_2, \cdots, B_k$ 为 A 的一族非空子集, 并且 $i \neq j$ 时, $B_i \cap B_j$ 至多有两个元素. 求 k 的最大值.

8. 集合 $\{00, 01, \cdots, 98, 99\}$ 的子集 X 满足: 在任一无穷的数字序列中均有两个相邻数字构成 X 的元素, X 最少应含多少个元素?

9. 设在 9×9 的棋盘的每个方格内都有一只甲虫, 根据信号它们同时沿着对角线各自爬到任一个相邻的方格中. 于是, 有些方格中会有若干只甲虫, 而有些方格是空着的, 求空格最少有多少个?

10. (1983 年全国高中联赛试题) 函数 $F(x) = |\cos^2 x + 2\cos x \sin x - \sin^2 x + Ax + B|$ 在 $0 \leq x \leq \dfrac{3\pi}{2}$ 上最大值 M 与 A, B 有关. 问 A, B 取何值时, M 最小? 证明

你的结论.

11.(1990 年国家数学集训队试题)一等腰 $\triangle ABC$ 的底角为 α,腰长为 a,$\triangle ABC$ 的每一个内接三角形有一条最大边(注:本题所述的内接三角形是 $\triangle ABC$ 的每条边上至少有此内接三角形的一个顶点). 求这些最大边的最小值. 此时,这个内接三角形的形状如何?

12.(第 36 届 IMO 中国代表队选拔题)21 人参加一次考试,试卷共有 15 道是非题. 已知每两人答对的题中至少有一道是相同的. 问答对人数最多的题最少有多少人答对?

离散量的最大值与最小值问题

所谓离散量最值问题,就是以整数、集合与子集、点、线、圆等离散量为背景,求满足某些条件的最值. 这类问题在各类各级竞赛中经常出现. 由于它们往往不能用一个函数解析式表示,难以根据函数的最值理论解决,学生颇感困难.

解离散量的最值问题,虽无一般方法,但我们通常是从这两面考虑的,即论证与构造. 先论证(求得)该量变化的上界或下界,然后构造出一个实例说明此上界或下界能达到,这样便求得了该离散量的最大值或最小值.

下列介绍解这类问题的几种主要方法.

8.1 构造法

这种方法就是把满足的对象尽可能构造出来,从而判断其最大(小)值,并给出证明.

229

例1 已知集合 A 的元素都是整数,其中最小的是 1,最大的是 100. 除 1 以外,每一个元素都等于集合 A 的两个数(可以相同)的和. 求集合 A 的元素个数的最小值.

解 构造一个元素个数尽可能少的集合使它满足条件,如 $\{1,2,3,5,10,20,25,50,100\}$,则集合 A 的元素个数的最小值不大于 9.

若 $\{1,2,x_1,x_2,x_3,x_4,x_5,100\}$ 也满足条件,则 $x_1 \leq 4, x_2 \leq 8, x_3 \leq 16, x_4 \leq 32, x_5 \leq 64$.

但 $x_4 + x_5 \leq 96 < 100$,所以 $x_5 = 50, x_3 + x_4 \leq 48 < 50$,所以 $x_4 = 25, x_2 + x_3 \leq 24 < 25$,所以 $25 = 2x_3$,矛盾.

故 A 的元素个数的最小值是 9.

例2 对于有限集 A,存在函数 $f:\mathbf{N} \to A$,具有下述性质:若 $i,j \in \mathbf{N}$,且 $|i-j|$ 是素数,则 $f(i) \neq f(j)$. 问集合 A 中至少有几个元素?

解 因为 1,3,6,8 这四个数中的任两个数的差的绝对值均为素数,由题意知 $f(1),f(3),f(6),f(8)$ 是 A 中四个两两不等的元素,从而 $|A| \geq 4$.

另一方面,若令 $A = \{0,1,2,3\}, f:\mathbf{N} \to A$ 的对应关系为:若 $x \in \mathbf{N}, x = 4k + r$,则 $f(x) = r$,其中 $k \in \mathbf{N} \cup \{0\}, r = 0,1,2,3$. 则任取 $x,y \in \mathbf{N}$,若 $|x - y|$ 为素数,假设 $f(x) = f(y)$,则 $x \equiv y \pmod 4$,于是 $4 \mid |x - y|$,这与 $|x - y|$ 是素数矛盾.

故集合 A 中至少有 4 个元素.

例3(1990 年全国高中数学联赛试题) 某市有 n 所中学,第 i 所中学派出 c_i 名学生($1 \leq c_i \leq 39, 1 \leq i \leq n$)到体育馆观看球赛,全部学生总数为 $\sum\limits_{i=1}^{n} c_i = 1\ 990$.

230

看台上每一横排有 199 个座位,要求同一学校的学生必须坐同一横排,问体育馆最少要安排多少个横排才能保证全部学生都能坐下.

解 我们先设 12 个横排能保证按要求使全部学生坐下.把 1 990 名学生按学校顺序排成一排,然后抽出第 199(从左向右算起)个学生所在学校的全体学生,第 398 个学生所在学校的全体学生,……,第 1 791($= 199 \times 9$)个学生所在学校的全体学生,留在队伍里的学生被分成 10 段,每一段的总人数小于 199,故用 10 个横排可以安排他们坐下.

由于 $5 \times 39 = 195 < 199$,故每一横排至少可以坐 6 个学校的学生,于是抽出的 9 个学校的学生用 2 个横排就能安排他们坐下,所以我们证明了 12 排座位能保证按要求使全部学生坐下.

为了说明 12 排是最少的,就需要构造一个实例,说明 11 排是不能按要求安排全部学生坐下的.

取 $n = 80$,其中 79 个学校各 25 人,另一所学校派 15 人,则 $79 \times 25 + 15 = 1 990$.由于

$$25 \times 7 = 175 < 199, 25 \times 8 = 200 > 199$$

所以除了某排能安排 8 个学校的 $7 \times 25 + 15 = 190$ 外学生外,其余每排只能安排 7 个学校的学生,总共只安排了 $8 + 10 \times 7 = 78$ 个学校的学生.矛盾.

说明 首先,猜出结论是 12(利用本题的解法不难想到),然后证明 12 排是可以的,再构造实例说明 11 排不行.这种"先猜后证"的方法是非常有用的.注意,"构造"不是唯一的,请读者自己再给出几个.

例 4 在一个有限项的实数数列中,任何 7 个连续项之和都是负数.而任何 11 个连续项之和都是正

数. 试问这样一个数列最多能有多少项?

解 设项数最多的数列为 $a_1, a_2, \cdots, a_n$. 首先可以证明 $n \leqslant 16$. 因为若 $n \geqslant 17$, 考虑数表(图 8.1)

$$
\begin{array}{ccccc}
a_1 & a_2 & a_2 & \cdots & a_{11} \\
a_2 & a_3 & a_4 & \cdots & a_{12} \\
\multicolumn{5}{c}{\cdots\cdots\cdots\cdots\cdots\cdots} \\
a_7 & a_8 & a_9 & \cdots & a_{17}
\end{array}
$$

图 8.1

它的每一行的和都是正数,从而数表中的所有数的和为正数. 另一方面,它的每一列的和是负数,因此数表中的所有数的和都是负数,矛盾.

其次,$n = 16$ 是可以实现的. 取 16 项的数列

$$
\begin{cases}
5, 5, -13, 5, 5, 5, -13, 5, 5, -13 \\
5, 5, 5, -13, 5, 5
\end{cases}
$$

它是满足条件的.

综上所述,满足题意的数列最多只有 16 项.

说明 细心的读者可能会问:这个 16 项的数列是怎样想(构造)出来的? 这当然是经过一些推敲的. 假定 $a_1, a_2, \cdots, a_{16}$ 是对称的,即 $a_i = a_{17-i} (1 \leqslant i \leqslant 8)$,设连续 7 项之和为 -1,连续 11 项之和为 1,则

$$a_1 + a_2 + a_3 + a_4 + a_5 + a_6 + a_7 = -1$$

$$a_2 + a_3 + a_4 + a_5 + a_6 + a_7 + a_8 = -1$$

$$a_3 + a_4 + a_5 + a_6 + a_7 + a_8 + a_9 = -1$$

$$a_4 + a_5 + a_6 + a_7 + a_8 + a_9 + a_{10} = -1$$

$$a_5 + a_6 + a_7 + a_8 + a_9 + a_{10} + a_{11} = -1$$

所以,$a_1 = a_8, a_2 = a_9 = a_8, a_3 = a_{10} = a_7, a_4 = a_{11} = a_6$.

利用 11 项和为 1,可得 $a_1 = a_5, a_2 = a_4$. 因此这个数列为

$$a_1, a_1, a_3, a_1, a_1, a_1, a_3, a_1, a_1, a_3, a_1, a_1, a_1, a_3, a_1, a_1$$

并用 $5a_1 + 2a_3 = -1, 8a_1 + 3a_2 = 1$，故 $a_1 = 5, a_3 = -13$.

8.2　不等式法

这里，虽然仍是不等式法，但与连续问题中的不等式法大不相同. 连续极值问题中使用最多的均值不等式和柯西不等式几乎不再使用.

这种方法的基本思想是要求问题的最值，先要建立一个带有等号的不等式，然后再指出其中等号确能成立. 实现这两步的思路和方法很多，可以正面推导也可以反面论证，抽屉原则，极端原则，数学归纳法和分类讨论法都可应用. 有时，还可通过适当的例子来说明，这恰好是解决这类问题的一个重要技巧.

例 1(1996 年上海市高中数学竞赛试题)　平面上给定 n 个点 $A_1, A_2, \cdots, A_n (n \geqslant 3)$，任意三点不共线. 由其中 k 个点对确定 k 条直线(即过 k 个点对中的每一点对作一条直线)，使这 k 条直线不相交成三个顶点都是给定点的三角形. 求 k 的最大值.

解　设过点对 A_1, A_2 的直线为 l，则 A_1, A_2 不能同时与其余 $n-2$ 个点中的任意一点联结，即过 A_1 或 A_2 的直线至多只有 $n-1$ 条(包括 l).

同理，对 $A_3, A_4, \cdots, A_n$ 这 $n-2$ 个点而言，过 A_3 或 A_4 的直线至多只有 $n-3$ 条，……所以

$$k \leqslant (n-1) + (n-3) + \cdots$$

$$= \begin{cases} \dfrac{n^2}{4}, & n \text{ 为偶数} \\ \dfrac{n^2-1}{4}, & n \text{ 为奇数} \end{cases}$$

另一方面,把 n 个点分成两组:n 为偶数时,每组 $\dfrac{n}{2}$ 个点;n 为奇数时,一组 $\dfrac{n-1}{2}$ 个点,另一组 $\dfrac{n+1}{2}$ 个点. 然后,把第一组的每一点与第二组的任一点联结成 $\dfrac{n^2}{4}$ 或 $\dfrac{n^2-1}{4}$ 条直线,这些直线显然不相交成三个顶点都是给定点的三角形.

故 k 的最大值为

$$k_{\max} = \begin{cases} \dfrac{n^2}{4}, & n \text{ 为偶数} \\ \dfrac{n^2-1}{4}, & n \text{ 为奇数} \end{cases}$$

例 2(1987 年全国中学生数学冬令营试题) 设 m 个互不相同的正偶数与 n 个互不相同的正奇数之和为 1 987,对于所有这样的 m 和 n,求 $3m + 4n$ 的最大值.

解 设 $a_1, \cdots, a_m$ 是互不相同的正偶数,$b_1, \cdots, b_n$ 是互不相同的正奇数,使得

$$a_1 + \cdots + a_m + b_1 + \cdots + b_n = 1\,987 \qquad (1)$$

这时分别有 $a_1 + \cdots + a_m \geqslant 2 + \cdots + 2m = m(m+1)$

$$b_1 + b_2 + \cdots + b_n \geqslant n^2 \qquad (2)$$

由式(1)和(2)得到 $m^2 + m + n^2 \leqslant 1\,987$,因而有

$$\left(m + \frac{1}{2}\right)^2 + n^2 \leqslant 1\,987 + \frac{1}{4} \qquad (3)$$

由式(3)及柯西不等式有

$$3\left(m+\frac{1}{2}\right)+4n \leqslant \sqrt{3^2+4^2} \cdot \sqrt{\left(m+\frac{1}{2}\right)^2+n^2}$$

$$\leqslant 5\sqrt{1\,987+\frac{1}{4}}$$

$$3m+4n \leqslant \left[5\sqrt{1\,987+\frac{1}{4}}-\frac{3}{2}\right]$$

其中 $[x]$ 表示不大于 x 的最大整数,即有

$$3m+4n \leqslant 221 \tag{4}$$

另一方面,当 $m=27$, $n=35$ 时, $m^2+m+n^2=1\,981<1\,987$ 且 $3m+4n=221$. 由此及式(4)便知,所求的 $3m+4n$ 的最大值为 221.

例 3(1977 年 IMO 试题)　在一个有限的实数数列中,任何七个连续项之和都是负数,而任何十一个连续项之和都是正数. 试问这样的数列最多能有多少项?

解　设已知的数列为

$$a_1, a_2, \cdots, a_n$$

由已知有

$$a_k+a_{k+1}+\cdots+a_{k+6}<0 \quad (k=1,2,\cdots,n-6) \tag{5}$$

$$a_k+a_{k+1}+\cdots+a_{k+10}<0 \quad (k=1,2,\cdots,n-10) \tag{6}$$

式(5)和(6)两式相减得

$$a_k+a_{k+1}+a_{k+2}+a_{k+3}>0, a_{k+7}+a_{k+8}+_{k+9}+a_{k+10}>0 \tag{7}$$

由式(5)减(7)得到

$$a_{k+4}+a_{k+5}+a_{k+6}<0 \tag{8}$$

当 $n=15$ 时,在式(7)中令 $k=5$,在式(8)中令 $k=2$,

便有

$$a_5 + a_6 + a_7 + a_8 > 0, a_6 + a_7 + a_8 < 0$$

可见,$a_5 > 0$. 同理,当 $n = 16$ 时,可以证明 $a_6 > 0$. 又当 $n = 17$ 时可得 $a_7 > 0$,从而 $a_5 + a_6 + a_7 > 0$,此与 $k = 1$ 时的式(8)矛盾. 所以,满足要求的数列的项数 $n \leqslant 16$.

下面我们构造一个有 16 项的满足条件的数列

$$5,5,-13,5,5,5,-13,5,5,-13,5,5,5,-13,5,5$$

综上可知,满足题中要求的数列最多有 16 项.

例 4(1994 年第 12 届美国数学邀请赛试题) 一块用栅栏围成的长方形的土地大小为 $24\text{m} \times 52\text{m}$,一位农业科技人中欲将这块土地从内部分割为一些全等的正方形试验田. 要求这块土地全部被划分而且分割成的正方形的边与土地的边界平行. 试问若有 1 994m 栅栏,最多可将这块土地分成多少块正方形试验田?

解 假设长方形的宽与长分别被分成 m 等分与 n 等分,则 $\dfrac{24}{m} = \dfrac{52}{n}$,因此 $\dfrac{m}{n} = \dfrac{6}{13}$,所以有正整数 k,使 $m = 6k, n = 13k$. 所用的栅栏总长度是

$$(m-1)52 + (n-1)24 = k(6 \times 52 + 13 \times 24) - (52 - 24)$$
$$= 624k - 76 \leqslant 1\ 994$$

所以

$$k \leqslant \frac{1\ 994 + 76}{624} = 3.31\cdots$$

故 k 的最大值为 3,此时正方形的总数为

$$mn = (6 \times 3)(13 \times 3) = 702$$

例 5(1997 年上海市高中数学竞赛试题) 设 $S = \{1,2,3,4\}$. n 项的数列:$q_1, q_2, \cdots, q_n$ 有下列性质:对于 S 的任何一个非空子集 B(B 的元素个数记为 $|B|$),

在该数列中有相邻的 $|B|$ 项恰好组成集合 B. 求 n 的最小值.

解　首先, S 中的每个数在数列 $q_1, q_2, \cdots, q_n$ 中至少出现 2 次, 否则, 由于含某个数的二元子集共有 3 个, 但在数列中含这个数的相邻两项至多只有两种取法, 因此, $n \geqslant 8$.

又 8 项数列: $3, 1, 2, 3, 4, 1, 2, 4$ 恰好满足条件, 故 n 的最小值为 8.

例 6(1997 年全国高中数学联赛试题)　在 100×25 的长方形表格中每一个填入一个非负实数, 第 i 行第 j 列填入的数为 x_{ij}, 记为表 1. 然后, 将表 1 每列中的数按由大到小的次序从上到下重新排列为 $x_{1j} \geqslant x'_{2j} \geqslant \cdots \geqslant x'_{100j}$, 记为表 2.

求最小的自然数 k, 使得只要表 1 中填入的数满足 $\sum\limits_{j=1}^{25} x_{ij} \leqslant 1 (i = 1, 2, \cdots, 100)$, 则当 $i \geqslant k$ 时, 在表 2 中就能保证: $\sum\limits_{j=1}^{25} x'_{ij} \leqslant 1$ 成立.

解　首先, 考虑表 1 中有一行 $x_{r1}, x_{r2}, \cdots, x_{r25}$ 必在表 2 中前几项. 因为 $100 \times 24 = 2\,400$, 而 $97 \times 25 = 2\,425$, 可知, 表 1 中必有一行在表 2 的前 97 项出现.

所以, 当 $i \geqslant 97$ 时, $x'_{ij} x'_{97j} \leqslant x_{rj} (j = 1, 2, \cdots, 25)$, 故当 $i \geqslant 97$ 时

$$\sum_{j=1}^{25} x'_{ij} \leqslant \sum_{j=1}^{25} x_{rj} \leqslant 1$$

另一方面, 取

$$x_{ij} = \begin{cases} 0, & 4(j-1) + 1 \leqslant i \leqslant 4j \\ \dfrac{1}{24}, & \text{其余的 } i \end{cases}$$

$$(j = 1, 2, \cdots, 25)$$

这时 $\sum\limits_{j=1}^{25} x_{ij} = 1 (i = 1, 2, \cdots, 100)$，重排后

$$x'_{ij} = \begin{cases} \dfrac{1}{24}, & 1 \leqslant i \leqslant 96, j = 1, 2, \cdots, 25 \\ 0, & 97 \leqslant i \leqslant 100 \end{cases}$$

有　　　$\sum\limits_{j=1}^{25} x'_{ij} = 25 \times \dfrac{1}{24} > 1 \quad (1 \leqslant i \leqslant 96)$

故 $k \geqslant 97$，即 k 的最小值为 97.

例 7(1988 年 IMO 候选题)　考察 h 块棋盘(指国际象棋的棋盘)，以下述方法将每块棋盘的方格从 1 到 64 编号:当其中任意两块棋盘的周界以任何可能的方式重合时，在相同位置上两个方格的编号都不同，问 h 的最大值是多少?

解　如图 8.2 所示，将棋盘的 64 个方格分成 16 组. 如果有 17 个棋盘，则这些棋盘的 A 组方格中共有 68 个数. 于是由抽屉原则知其中必有两个数相同. 又因同一块棋盘的 A 组 4 个数互不相同，故这两个相同的数必在两块棋盘上. 从而可选择这两块棋盘的适当位置使该两数所在的方格相重合. 这说明 $h \leqslant 16$.

将 1 到 64 这 64 个数依次每四个数分为 1 组共分成 16 组，然后将它们分别填入到第一块棋盘的 A，$B, \cdots, P$ 组方格中去. 对于第二棋盘，将 16 组数分别填入到 $B, C, \cdots, P, A$ 组方格中去. 依次轮换下去. 最后将这 16 组数字依次填入第 16 块棋盘的 $P, A, B, \cdots, O$ 组方格中去. 容易验证，这 16 块棋盘的上述编号满足题中要求. 所以，h 的最大值为 16.

J	K	L	M	N	O	P	J
P	E	F	G	H	I	E	K
O	I	B	C	D	B	F	L
N	H	D	A	A	C	G	M
M	G	C	A	A	D	H	N
L	F	B	D	C	B	I	O
K	E	I	H	G	F	E	P
J	P	O	N	M	L	K	J

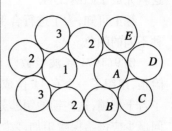

图 8.2　　　　　　　　　　　　图 8.3

例 8(1989 年中国国家集训队选拔考试题)　桌上互不重叠地放有 1 989 个大小相同的圆形纸片. 问最少要用几种不同颜色,才能保证无论这些纸片如何放置,总能给它们每个染上一种颜色,使得任何两个相切的圆形纸片都染有不同的颜色?

解　考察如图 8.3 所示的 11 个圆纸片的情形. 显然,A,B,E 3 个圆片只能染 1 和 3 两种颜色,而且是 A 为一种,B 和 E 为另一种颜色. 若只有三种颜色,则 C 和 D 无法染上不同的颜色. 所以,为了给这 11 个圆片染色并使之满足要求,至少有四种不同颜色.

下面用归纳法证明只要有四种不同颜色,就可以按题中要求进行染色.

当 $n=4$ 时,即只有 4 个圆纸片时,命题的结论当然成立. 设当 $n=k\geqslant 4$ 时可用四种颜色进行满足要求的染色. 当 $n=k+1$ 时,考察这 $k+1$ 个圆的圆心的凸包. 设 A 是此凸包多边形的一个顶点. 显然,以 A 为心的圆至多与其他 3 个圆相切. 按归纳假设,除以 A 为心的圆片外的其他 k 个圆片可用四种颜色染色. 染好之后,因与圆片 A 相切的圆片至多 3 个,当然至多染有三种颜色,于是只要给圆片 A 染上第四种颜色就行了,这就完成了归纳证明.

综上可知,为了进行合乎要求的染色,最少需要四种不同的颜色.

例9(1971 年波兰数学竞赛试题) 为了管理保险柜,组织了一个有 11 位成员的委员会.保险柜上加了若干把锁,这些锁的钥匙分配给各位委员保管使用.问最少应该给保险柜加多少把锁,才能使任何六位委员同时到场就能打开柜,而任何五人到场都不能将柜打开?

解 设满足要求的锁的最少把数为 n,设 A 是全部 n 把锁的集合,$A_1 \subset A$ 是第 i 个委员可以打开的锁的集合.按已知,对于 $M = \{1,2,\cdots,11\}$ 的任一个五元子集 $\{i_1, i_2, i_3, i_4, i_5\}$,都有

$$\bigcup_{k=1}^{5} A_{ik} \neq A \tag{9}$$

对于 M 的任一个六元子集 $\{j_1, j_2, j_3, j_4, j_5, j_6\}$,都有

$$\bigcup_{k=1}^{6} A_{jk} \neq A \tag{10}$$

式(9)表明,集合 $A - \bigcup_{k=1}^{5} A_{ik}$ 非空.设 $x_{i_1 \cdots i_5}$ 是它的一个元素.显然,$x_{i_1 \cdots i_5}$ 所对应的锁是编号为 i_1, i_2, i_3, i_4, i_5,的五位委员打不开的一把锁.式(10)则表明,对任何 $j \notin \{i_1, i_2, i_3, i_4, i_5\}$,$x_{i_1 \cdots i_5} \in A_j$.这样一来,我们就在 M 的五元子集与锁之间建立了一个对应关系.

实际上,这个对应还保证了不同的五元子集对应于不同的锁.设对于两个不同的五元子集 $\{i_1, \cdots i_5\}$ 和

$\{k_1, \cdots, k_5\}$ 有 $x_{i_1 \cdots i_5} = y_{k_1 \cdots k_5}$. 由于两个子集不同,故必存在 $j \in \{i_1, \cdots, i_5\}$ 但 $j \notin \{k_1, \cdots k_5\}$,于是由式(9)和式(10)知

$$x_{i_1 \cdots i_5} \notin A_j, \quad x_{k_1 \cdots k_5} \in A_j$$

矛盾. 由此可见,上面的对应关系是个单射. 所以,锁的个数 n 不小于 M 的所有五元子集的总数,即有 $n \geqslant C_{11}^5 = 462$.

另一方面,可以证明,如果保险柜上加了 462 把锁,我们确实可以适当分配钥匙以达到题中的要求. 事实上,我们在这 462 把锁与集 M 的 462 个五元子集之间建立一个双射,即建立一个一一对应,并将对应于子集 $\{i_1, \cdots, i_5\}$ 的那把锁的钥匙分发给其余的六人每人一把. 这样一来,任何五位委员,总有一把锁打不开;任何一把锁恰有五名委员打不开,所以任何六位委员都可打开.

综上可知,所求的锁的最少把数为 $n = 462$.

例 10(1990 年中国国家集训队选拔考试题) 平面上任给 7 点,过其中共圆的 4 点作圆,问最多能作几个不同的圆?

解 设 AD, BE, CF 是锐角 $\triangle ABC$ 的 3 条高,H 为垂心(图 8.4),则过 A, B, C, D, E, F, H 这 7 点中的 4 点作圆,共可作出 6 个不同的圆. 故所求的最大值不小于 6.

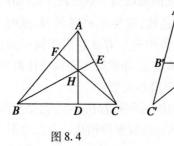

图 8.4　　　　图 8.5

下面我们用反证法来证明所求的最大值就是 6. 如果过 7 个已知点能作出 7 个不同的 4 点圆,则 7 点中的每点都恰在 4 个圆上. 这是因为:

(1)过 2 个固定点的圆至多 2 个;

(2)过 1 个固定点的圆至多 4 个;

(3)每圆上有 4 点,7 圆上共有 28 个点(包括重复计算). 但由(2)知每点至多在 4 个圆上,因而 7 点中每点都恰在 4 个圆上.

设 7 点为 A,B,C,D,E,F,G,以 G 为中心进行反演变换,则过点 G 的 4 个圆变为 4 条彼此相交的直线,其他的三个圆仍然变为圆. 设除 G 外其余 6 点的象点分别为 A',B',C',D',E',F'(图 8.5). 这 6 点中的任何 4 点要共圆,4 点中的任何 3 点都不能共线,故 3 个 4 点圆只能是 $A'B'D'F',B'C'E'F'$ 和 $A'C'D'E'$. 但 D' 在 $\triangle A'C'E'$ 之内,当然不能共圆,矛盾. 从而证明了所求的最大值为 6.

例 11 设空间中有 $2n(n \geqslant 2)$ 个点,其中任何 4 点都不共面,将它们之间任意联结 N 条线段,这些线段都至少构成一个三角形,求 N 的最小值.

解法 1 将 $2n$ 个已知点均分为 S 和 T 两组

$$S = \{A_1,A_2,\cdots,A_n\}, T = \{B_1,B_2,\cdots,B_n\}$$

现将每对点 A_i 和 B_j 之间都联结一条线段 A_iB_j,而同组的任何 2 点之间均不连线,则共有 n^2 条线段. 这时,$2n$ 个已知点中的任何 3 点中至少有 2 点属于同一组,二者之间没有连线. 因而这 n^2 条线段不能构成任何三角形. 这意味着 N 的最小值必大于 n^2.

下面我们用归纳法来证明:若在 $2n$ 个已知点间连有 n^2+1 条线段,则这些线段至少构成一个三角形.

当 $n=2$ 时, $n^2+1=5$, 即 4 点间连有 5 条线段. 显然, 这 5 条线段恰构成 2 个三角形. 设当 $n=k$ 时命题成立. 当 $n=k+1$ 时, 任取一条线段 AB. 若从 A, B 两点向其余 $2k$ 点引出的线段条数之和不小于 $2k+1$, 则显然存在一点 C, 它与 A, B 两点间都有连线, 从而 $\triangle ABC$ 即为所求. 若从 A, B 两点引出的线段条数之和不超过 $2k$, 则当把 A, B 两点除去后, 其余的 $2k$ 点之间至少还有 k^2+1 条线段. 于是由归纳假设知它们至少构成一个三角形, 这就完成了归纳证明.

综上可知, 所求的 N 的最小值为 n^2+1.

解法 2 构造例子同解法 1, 可知所求的 N 的最小值不小于 n^2+1.

由于 $2n$ 个点间连有 n^2+1 条线段, 平均每点引出 n 条线段还多, 故可猜想定有一条线段的两个端点引出的线段数之和不小于 2^{n+1}. 让我们用反证法来证明这一点.

设从 A_1, A_2, $\cdots$, A_{2n} 引出的线段条数分别为 a_1, a_2, $\cdots$, a_{2n} 且对于任一线段 A_iA_j, 都有 $a_i+a_j \leqslant 2n$. 于是, 所有线段的两个端点所引出的线段数之和的总数不超过 $2n(n^2+1)$. 但在此计数中, 点 A_i 恰被计算了 a_i 次, 故有

$$\sum_{i=1}^{2n} a_i^2 \leqslant 2n(n^2+1) \tag{11}$$

另一方面, 显然有 $\sum_{i=1}^{2n} a_i = 2(n^2+1)$. 由柯西不等式有

$$(\sum_{i=1}^{2n} a_i)^2 \leqslant 2n(\sum_{i=1}^{2n} a_i^2)$$

$$\sum_{i=1}^{2n} a_j^2 \geqslant \frac{1}{2n} \cdot 4(n^2+1)^2 > 2n(n^2+1) \tag{12}$$

式(12)与式(11)矛盾. 从而证明了必有一条线段,从它的两个端点引出的线段数之和不小于 $2n+1$. 不妨设 A_1A_2 是一条这样的线段. 从而又有 $A_k(k \geqslant 3)$,使线段 A_1A_k, A_2A_k 都存在,于是 $\triangle A_1A_2A_k$ 即为所求.

解法 3 构造例子同解法 1,可知所求的 N 的最小值不小于 n^2+1. 下面我们用极端原理来证明,当 $N = n^2+1$ 时,这些线段至少构成一个三角形. 从而所求的 N 的最小值即为 n^2+1.

设 $2n$ 个已知点间连有 n^2+1 条线段且这些线段不构成任何三角形,设 A 是 $2n$ 点中引出线段条数最多的一点,共引出 k 条线段:AB_j, $j = 1, 2, \cdots, k$. 于是 $\{B_1, \cdots, B_k\}$ 之中任何两点间都没有连线,否则必构成三角形. 因而,从任一 B_j 引出的线段条数都不超过 $2n-k$. 除了 $A, B_1, \cdots, B_k$ 之外还有 $2n-k-1$ 点,其中任何一点引出的线段条数当然不超过 k. 于是得到

$$n^2+1 \leqslant \frac{1}{2}\big[k + k(2n-k) + (2n-k-1)k\big]$$

$$= k(2n-k) \leqslant n^2$$

矛盾,这就完成了全部证明.

8.3 列举法

对于某些最值问题,通过分析推导,可将最值化为只在很少几种情形之一中取得或在增减规律明显的一系列情形之一中取得. 这时,把所有可能情形列举出来进行比较就可以了.

例 1(1983 年全国高中数学联赛试题) 六条棱

长分别为 $2,3,3,4,5,5$ 的所有四面体中,最大体积是
多少? 证明你的结论.

解 以 2 为一边的三角形有四种可能情形:
$(1)2,3,3;(2)2,3,4;(3)2,4,5;(4)2,5,5.$ 在四面体
的四个面中,有两个面以长为 2 的棱为一边. 按这两个
面来分类,有三种可能情形:(1)与(3);(1)与(4);
(2)与(4).与第一,第三两种情形对应的图形各有两
种,但因两个图形的体积相同,故只需各考虑一种就可
以了(图 8.6).

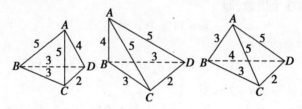

图 8.6

容易看出,$\angle ABC = \angle ABD = 90°$,所以 $AB \perp$ 平面
$BCD.$ 故得 $V_2 = \dfrac{1}{3} \times 4 \times S_{\triangle BCD} = \dfrac{8}{3}\sqrt{2}.$ 对于 V_1 和 V_2,我
们有

$$V_1 = \frac{1}{3}S_{\triangle BCD} \cdot h_1 < \frac{4}{3}S_{\triangle BCD} = V_2$$

$$V_3 = \frac{1}{3}S_{\triangle ABC} \cdot h_2 < \frac{2}{3}S_{\triangle ABC}$$

$$= \frac{2}{3}\sqrt{5.5 \times 0.5 \times 2.5^2}$$

$$= \frac{5}{6}\sqrt{11} < \frac{8}{3} < \sqrt{2} = V_2$$

故知所求的体积 V 的最大值为 $V = \dfrac{8}{3}\sqrt{2}.$

例2(1985 年 IMO 候选题) 求最小正整数 n,使它满足

(1)n 恰有 144 个不同的正因数;

(2)在 n 的正因数中有 10 个连续整数.

解 能整除 n 的 10 个连续整数中,必有数能被 2^3,3^2,5,7 整除,所以

$$n = 2^{a_1}3^{a_2}5^{a_3}7^{a_4}m$$

其中 $a_1 \geq 3$,$a_2 \geq 2$,$a_3 \geq 1$,$a_4 \geq 1$ 和 m 均为正整数. 由于 $(a_1+1)(a_2+1)(a_3+1)(a_4+1) \geq 48$,故知 m 至多有 3 个因数,即

$$m = 11^{a_5} \quad (a_5 \leq 2)$$

于是应有

$$(a_1+1)(a_2+1)(a_3+1)(a_4+1)(a_5+1)$$
$$= 144 = 2^4 \times 3^2$$

其中 $a_1 \geq 3$,$a_2 \geq 2$,$a_3 \geq 1$,$a_4 \geq 1$,$0 \leq a_5 \leq 2$,且 $a_1 \geq a_2 \geq a_3 \geq a_4 \geq a_5$. 这可视为一个不定方程,它的所有可能的解组为:

(1)$a_1 = 5$,$a_2 = 2$,$a_3 = a_4 = a_5 = 1$;

(2)$a_1 = 3$,$a_2 = a_3 = 2$,$a_4 = a_5 = 1$;

(3)$a_1 = 7$,$a_2 = a_3 = 2$,$a_4 = 1$,$a_5 = 0$;

(4)$a_1 = 8$,$a_2 = 3$,$a_3 = a_4 = 1$,$a_5 = 0$;

(5)$a_1 = 11$,$a_2 = 2$,$a_3 = a_4 = 1$,$a_5 = 0$.

它们所分别对应的 n 值为:

$n_1 = (2^3 \times 3^2 \times 5 \times 7) \times 4 \times 11 = 44 \times (2^3 \times 3^2 \times 5 \times 7)$;

$n_2 = (2^3 \times 3^2 \times 5 \times 7) \times 5 \times 11 = 55 \times (2^3 \times 3^2 \times 5 \times 7)$;

$n_3 = (2^3 \times 2^3 \times 5 \times 7) \times 16 \times 5 = 80 \times (2^3 \times 3^2 \times 5 \times 7)$;

$n_4 = (2^3 \times 3^2 \times 5 \times 7) \times 32 \times 3 = 96 \times (2^3 \times 3^2 \times 5 \times 7)$;

$n_5 = (2^3 \times 3^2 \times 5 \times 7) \times 256$.

可见,满足要求的最小正整数为

$$n = 44 \times (2^3 \times 3^2 \times 5 \times 7) = 110\ 880$$

例 3(1981 年 IMO 试题)　求 $m^2 + n^2$ 的最大值,其中 $m, n \in \{1, 2, \cdots, 1\ 981\}$ 并满足 $(n^2 - mn - m^2)^2 = 1$.

解　如果数对 (n, m) 满足条件 $n, m \in \{1, 2, \cdots, 1\ 981\}$ 且 $(n^2 - nm - m^2)^2 = 1$,则称 (n, m) 为"允许对".显然,若 $m = 1$,则 $(1, 1)$ 和 $(2, 1)$ 是仅有的允许对.

对于 $n_2 > 1$ 的任何允许对 (n_1, n_2),我们有

$$n_1(n_1 - n_2) = n_2^2 \pm 1 > 0$$

可见,$n_1 > n_2$,若令 $n_3 = n_1 - n_2$,则 $n_1 = n_2 + n_3$,于是

$$\begin{aligned}
1 &= (n_1^2 - n_1 n_2 - n_2^2)^2 \\
&= ((n_2 + n_3)^2 - (n_2 + n_3)n_2 - n_2^2)^2 \\
&= (-n_2^2 + n_2 n_3 + n_3^2)^2 \\
&= (n_2^2 - n_2 n_3 - n_3^2)^2
\end{aligned}$$

所以 (n_2, n_3) 也是一个允许对.

若 $n_3 > 1$,按同样方法又知 $n_2 > n_3$. 令 $n_4 = n_2 - n_3$,又得知 (n_3, n_4) 为一个允许对. 依此类推,可以得到一个数列 $n_1 > n_2 > n_3 \cdots$,其中 $n_{i+1} = n_{i-1} - n_i$ 且 (n_i, n_{i+1}) 为允许对. 此数列当然是有限的,它于 $n_i = 1$ 时终止. 因为 $(n_{i-1}, 1)$ 是允许对,$n_{i-1} > 1$. 故必有 $n_{i-1} = 2$. 所以,允许对 (n_1, n_2) 是截尾的斐波那契数列

$$1\ 597, 987, \cdots, 13, 8, 5, 3, 2, 1, 1$$

的连续两项,反之亦然.

显然,不超过 1 981 的最大的允许对为 $(1\ 597, 987)$. 所以,所求的 $m^2 + n^2$ 的最大值为 $1\ 597^2 + 987^2$.

例 4(1978 年 IMO 试题)　已知正整数 m 和 n 满

足 $n > m$ 且使数 1978^n 和 1978^m 的最后三位数字相同,求数 m 和 n,使 $m + n$ 取得最小值.

解 数 1978^n 与 1978^m 的最后三位数字相同,即两者之差的最后三位数字都是 0,亦即 $1978^m \cdot (1978^{n-m} - 1)$ 是 $1000 = 2^3 \times 5^3$ 的倍数. 因为 $1978^{n-m} - 1$ 为奇数,故必有 $2^3 \mid 1978^m$. 又因 $1978 = 2 \times 989$,故知 $m \geqslant 3$.

由于 $5 \nmid 1978$,所以 $5^3 \mid (1978^{n-m} - 1)$. 注意,$1978^t$ 的尾数是 $8,4,2,6,8,4,2,6,\cdots$ 循环,便知仅当 $n - m = 4k$ 时,$1978^{n-m} - 1$ 才可能被 5^3 整除. 因为 $1978^{4k} = (2000 - 22)^{4k}$,所以这又当且仅当 $5^3 \mid (22^{4k} - 1)$. 由于 $22^{4k} = 484^{2k} = (500 - 16)^{2k}$,$16^{2k} = (250 + 6)^k$,故 $5^3 \mid (1978^{4k} - 1)$ 当且仅当 $5^3 \mid (6^k - 1)$. 因为

$$6^k - 1 = (6 - 1)(6^{k-1} + 6^{k-2} + \cdots + 6 + 1)$$

所以又必有 $5^2 \mid (6^{k-1} + 6^{k-2} + \cdots + 6 + 1)$. 因为 6^s 除以 5 的余数为 1,而括号中共有 k 项,故 k 为 5 的倍数,设 $k = 5p$. 于是

$$6^k - 1 = 6^{5p} - 1 = 7776^p - 1$$
$$= 7775(7776^{p-1} + 7776^{p-2} + \cdots + 7776 + 1)$$

显然,7 775 是 25 的倍数而不是 125 的倍数,7 776 被 5 除余 1. 为使上式括号中的数被 5 整除,p 应为 5 的倍数,最小值即为 5. 所以

$$n - m = 4k - 20p = 100$$

可见,为使 $n + m$ 最小,应取 $m = 3$,$n = 103$.

例5 16 名学生参加一次数学竞赛,考题全是选择题. 每题有四个选择项. 考完后发现任何两名学生的答案至多有一道题相同,问最多有多少道考题? 说明你的理由.

解　先估计考题数的上界. 设共有 k 道题, 四个选择项是 $1,2,3,4$. 记有 a_i 个学生对某道题 S 的答案是 i ($i=1,2,3,4$), 则 $\sum\limits_{i=1}^{4} a_i = 16$.

现定义"两人对"为某道题答案相同的两个人. 考虑对题 S 答案相同的"两人对"的总数 A

$$A = \sum_{i=1}^{4} C_{a_1}^2 = \frac{1}{2} \sum_{i=1}^{4} (a_i^2 - a_i)$$

$$= \frac{1}{2} \sum_{i=1}^{4} a_i^2 - \frac{1}{2} \sum_{i=1}^{4} a_i$$

$$\geqslant \frac{1}{2} \times \frac{1}{4} \left(\sum_{i=1}^{4} a_i \right)^2 - 8$$

$$= 24$$

故 k 道题的两人对总数 $B \geqslant 24k$.

另一方面, 由题设任意两个人至多构成一个两人对, 所以 $24k \leqslant B \leqslant C_{16}^1$, 从而 $k \leqslant 5$.

现在来指出 $k=5$ 是可能的. 当 $k=5$ 时, 存在如下答题方式满足题设要求. 其中 $P_1, P_2, \cdots, P_{16}$ 表示 16 名学生

P_1:1 1 1 1 1　　P_2:1 2 2 2 2　　P_3:1 3 3 3 3

P_4:1 4 4 4 4　　P_5:2 1 2 3 4　　P_6:2 2 1 4 3

P_7:2 3 4 1 2　　P_8:2 4 3 2 1　　P_9:3 1 3 4 2

P_{10}:3 2 4 3 1　　P_{11}:3 3 1 2 4　　P_{12}:3 4 2 1 3

P_{13}:4 1 4 2 3　　P_{14}:4 2 3 1 4　　P_{15}:4 3 2 4 1

P_{16}:4 4 1 3 2

先估计上界或下界, 然后再构造实例说明这个界是能够达到的, 是解决离散量最值问题的最有效方法之一.

8.4 计算求值法

对于某些求最值的问题,最值在什么情况下取得很易看出,问题的难点在于如何把这个最值求出来. 相对来说,这是一类比较简单的离散极值问题. 解决这类问题,既不必像不等式法那样去估算,也不必像列举法那样来一一列举,而只要设法将所求的最值计算出来就行了,所以我们称之为计算求值法. 确切地说,这不是一种解题方法,而是处理这一类问题的办法.

例1(1964 年第 6 届国际数学奥林匹克试题)平面上给定五个点,这些点两两之间的连线互不平行,又不垂直,也不重合,从任何一点开始,向其余四个点两两之间的连线作垂线,如果不计已知的五个点,所有这些垂线间的交点数最多是多少?

解 设 P_1,P_2,P_3,P_4,P_5 为所给的点. 两两连线共有 $C_5^2=10$ 条,四个点间两两连线是 $C_4^2=6$ 条,可见从一个点可引六条垂线,五个点共可引 30 条垂线,它们最多有 $S=C_{30}^2=435$ 个交点.

但 P_1P_2 的三条垂线平行,它们无交点,故应从 S 中减去 $C_5^2 \cdot C_3^2$.

又从任一点可引六条垂线,因此应从 S 中减去 $5C_6^2$.

再因每三点构成一个三角形,这个三角形的三条高共点,应从中减去 $C_5^3 \cdot (C_3^2 - 1)$.

所以,交点最多有

$$C_{30}^2 - C_5^2 \cdot C_3^2 - 5C_6^2 - C_5^3 \cdot (C_3^2 - 1) = 310 \ (\text{个})$$

例 2(1965 年全俄数学奥林匹克十年级题)　某委员会开了 40 次会议,每次有 10 人出席,而且委员会任意两个成员都未在一起出席过一次以上的会议,证明:该委员会成员一定多于 60.

证明　在一次会议上出席的 10 人,可以组成 $C_{10}^2 = 45$ 对,故 40 次会议可以组成不同的两人组共有 $45 \times 40 = 1\ 800$ 组,但由 60 人最多只能组成不同的两人组 $C_{60}^2 = 60 \times \dfrac{59}{2} = 1\ 770$ 组,故知该委员会的成员一定多于 60.

另证　设委员会人数 $n \leqslant 60$,则 $\dfrac{10 \times 40}{n} > 6$. 因此必有人至少出席 7 次会议,与他同出席会议的人都不相同,从而人数不小于 $7 \times 9 = 63 > 0$,矛盾.

例 3(1979 年全国联赛试题)　某区学生若干人参加数学竞赛,每个学生得分都是整数,总分为 8 250,前三名的分数是 88,85,80,最低是 30 分,得同一分数的学生都不超过 3 人. 问至少有多少学生得分不低于 60 分(包括前三名)?

解　除了前三名外,得分为 30 ~ 79,总分为 $8\ 250 - (88 + 85 + 80) = 7\ 997$. 其中分数为 30 ~ 59 的人至多(每种分数三人),共得 $(30 + 31 + \cdots + 59) \times 3 = 4\ 005$ 分,因此至少有 $7\ 997 - 4\ 005 = 3\ 992$ 分分配给 60 ~ 79 分的人. 由于 $(79 + 78 + \cdots + 61) \times 3 = 3\ 990 < 3\ 992$,所以 60 ~ 79 的人数至少为

$$3 \times (79 - 61 + 1) + 1 = 58$$

故得分不低于 60 分的学生总数为 61 人(包括前三名).

例 4(1989 年第 30 届国际数学奥林匹克题)　设

n 和 k 是正整数，S 是平面上 n 个点的集合，满足：

(1) S 中任何三点不共线；

(2) 对 S 中的每一个点 P，S 中至少存在 k 个点与 P 距离相等.

求证：$k < \dfrac{1}{2} + \sqrt{2n}$.

证明　以 S 中的两个点为端点的线段称为"好线段".

显然好线段的条数为 C_n^2.

另一方面，以 S 中任一点 P 为圆心，可以作一个圆，圆上至少有 k 个 S 中的点，从而这圆至少有 C_k^2 条弦是好线段. 可以作 n 个这样的圆. 由于每两个圆至多有一条公共弦，所以 n 个圆至多有 C_n^2 条公共弦（重数计算在内）. 从而至少有 $nC_k^2 - C_n^2$ 条弦是好线段.

因此　　　　　　　$nC_k^2 - C_n^2 \leqslant C_n^2$

即　　　　　　　　$k < \dfrac{1}{2} + \sqrt{2n}$

例5　平面上的 n 个圆最多能把平面分成多少部分？

解　显然，当这 n 个圆两两相交且任何三圆都不共点时，把平面分成的部分最多. 下面我们就来计算这个最大值.

设平面被 k 个圆分成的部分数的最大值为 m_k. 考察第 $k+1$ 个圆 C_{k+1}，它与前 k 个圆中的每个圆都交于两点，共有 $2k$ 个交点. 这些交点把圆 C_{k+1} 分成 $2k$ 段弧，而这些弧中的每一段都恰好把它所穿过的那一部分区域一分为二. 所以，圆 C_{k+1} 的加入最多使得平面被分成的部分数增加 $2k$，即有

$$m_{k+1} = m_k + 2k$$

显然,当 $k=1$ 时, $m_1=2$ 递推便得

$$m_n = 2(n-1) + 2(n-2) + \cdots + 4 + 2 + 2 = n^2 - n + 2$$

即 n 个圆最多能将平面分成 n^2-n+2 个部分.

习 题

1. 对于任何集合 S,以 $|S|$ 表示集合 S 的元素个数以 $n(S)$ 表示集合 S 的子集的个数(包括空集与 S 本身). 如果 A,B 和 C 是三个集合,满足条件

$$n(A) + n(B) + n(C) = n(A \cup B \cup C)$$

$$|A| = |B| = 100$$

求 $|A \cap B \cap C|$ 的最小可能值.

2. 求最小自然数 N,使得它是 83 的倍数,并且 N^2 有 63 个因子.

3. 在前 100 个奇数 $1,3,\cdots,199$ 的集合 S 中,选出一个子集 A,使 A 中任一数都不能整数除另一数,问 A 最多有多少个元素?

4. (1985 年奥地利数学竞赛试题)对于自然数 n,令

$$f(n) = 1^n + 2^{n-1} + 3^{n-2} + \cdots + (n-1)^2 + n$$

试求 $f(n+1)/f(n)$ 的最小值.

5. (1987 年全俄数学竞赛试题)求一个最小自然数,使得将这个数的末位数字移到第一位时,所得的数是原数的 5 倍.

6. 空间中给定 8 个点,其中任何 4 个点不共面. 将每 2 个点之间连线都染上红蓝两色之一,问其中最少

存在几个同色三角形?

7. (1971 年波兰数学竞赛试题)求最大整数 A,使对于由 1 到 100 的全部自然数的任一排列,其中都有 10 个连续项,其和不小于 A.

8. 一个完全平方数(10 进表示)的最后几位数字是相同的非零数字,问相同数字最多有多少个并求具有这种性质的最小完全平方数.

9. (1985 年 IMO 候选题)对于每个整数 $r > 1$,试求最小整数 $h(r) > 1$,使对集合 $\{1,2,\cdots,h(r)\}$ 分为 r 组的任一分解,都存在整数 $a \geq 0, 1 \leq x \leq y$,使得数 $a + x, a + y, a + x + y$ 属于这个分解的同一组中.

10. 在平面上给定 n 个点,其中任意两点间的距离都不超过 d. 我们把距离为 d 的两点间的连线称为此点集的直径. 问这一点集最多有多少条直径?

11. (1988 年 IMO 预选题)试求具有下述性质的最小自然数 n,如把集合 $\{1,2,\cdots,n\}$ 任意分成两个不相交的子集时,必可从其中一个子集中选出三个数,使其中两数之积等于第三个数.

12. (第 32 届 IMO 试题)设 $S = \{1,2,3,\cdots,280\}$,求最小的自然数 n 使得 S 的每个有 n 个元素的子集都含有 5 个两两互素的数.

13. 一本招生通讯有 101 所院校的介绍分别占篇幅为 $1,2,\cdots,101$ 页. 问最多可安排多少个学校的介绍开端在奇数页上?

14. 平面上的点集 M 与 7 个不同的圆 $C_1, C_2, \cdots, C_7$,其中 C_k 恰好经过 M 中的 k 个点($k = 1,2,\cdots,7$). 问 M 中至少有几个点?

15. S 是 $\{1,2,3,\cdots,1\,999,2\,000\}$ 的一个子集,而

且 S 中任意两个数的差不能是 4 或 7,那么,S 中最多可有多少个元素?

16. 设正整数 n 是 75 的倍数且恰有 75 个正整数因子(包括和自身),求 n 的最小值.

17. 把 1 993 分成若干个互不相等的自然数的和,且使这些自然数的乘积最大. 求出该乘积.

18. (1977 年 IMO 试题)在一个有限项的实数列中,任意相邻 7 项之和为负数,任意相邻 11 项之和为正数,这样的数列最多有几项?

19. 集合 $A = \{0,1,2,\cdots,9\}$,$\{B_1,B_2,\cdots,B_k\}$ 是 A 的一族非空子集,当 $i \neq j$ 时,$B_i \cap B_j$ 至多有两个元素. 求 k 的最大值.

20. (第 21 届俄罗斯数学竞赛试题)开头 100 个自然数按某种顺序排列,然后按每连续三项计算和数,得到 98 个和数,其中为奇数的和数最多有几个?

21. 要将集合 $A = \{1,2,,\cdots,n\}$ 分解为满足如下条件的两个子集 I_1 与 I_2:1. $I_1 \cap I_2 = \varphi$;2. $I_1 \cup I_2 = A$;3. I_1 与 I_2 的任何三个数都不构成等差数列. 问:

(1)能实现这样的分解的 n 的最大值是多少?

(2)不能实现这样的分解的 n 的最小值是多少?

证明你的结论.

22. 有一个 1 999×1 999 的方格表,记第 i 行、第 j 列的方格里填上数为 a_{ij},且满足下列两个条件:

(1)a_{ij} 为非负数;

(2)若 $s_{ij} = 0$,则第 i 行和第 j 列中至少共有1 999 个自然数.

求该方格表中所有数之和的最小值.

23. (1989 年捷克斯洛伐克数学竞赛试题)设 a_1,

$a_2, \cdots, a_k$ 是以不超过 n 的正整数为项的有限数列,其中任一项的两个邻项都不同且不存在任何四个指标 $p < q < r < s$,使得 $a_p = a_r \neq a_q = a_z$,求项数 k 的最大值.

24.(1990 年中国国家集训队选拔考试题)在一个车厢中,任何 $m(m \geqslant 3)$ 位旅客都有唯一的公共朋友(当甲是乙的朋友时,乙也是甲的朋友,任何人都不作为自己的朋友).问此车厢中,朋友最多的人有多少位朋友?

25.设 m 和 n 都是正整数,求 $|12^m - 5^n|$ 的最小值.

26.(1988 年全苏数学竞赛试题)一条折线联结着一个棱长为 2 的正方体相距最远的两个顶点.这条折线的所有顶点都位于这个立方体的表面上,并且折线的每一条线段长度都为 3.问这条折线最少由几条线段组成?试将这条折线描绘出来.

27.(1990 年 IMO 试题)设 $n \geqslant 3$,考虑一圆周上的 $2n-1$ 个不同的点所成的集合 E.如果将 E 中的一些点染成黑色,使得至少有两个黑点,以它们为端点的两条弧之一的内部恰含 E 的 n 个点,则称这种染色方式是"好的".若将 E 中 k 个点染黑的每一种染色方式都是好的,求 k 的最小值.

28.三维空间中的 n 个球面最多能把整个空间分成多少部分?

29.(1986 年中国国家集训队选拔考试题)以任意方式将圆周上的 $4k$ 个点标上号码 $1, 2, \cdots, 4k$.现在用 $2k$ 条两两不交的弦联结这 $4k$ 个点,使得每条弦两端所标的两数之差均不超过 N,求数 N 的最小值.

30.(1982 年美国中学生数学竞赛试题)一次集会有 1 982 个人参加,其中任意四个人中至少有一个人

认识其余三个人. 问这次集会上,认识全体到会者的人至少有多少位?

31. (1965 年第 7 届国际数学奥林匹克试题)在平面上给出 $n(\geqslant 3)$ 个点,其中任两点的距离最大为 d,距离为 d 的两点间的线段称为这组点的直径. 证明:直径的数目至多 n 条.

32. (1969 年第 3 届全苏数学奥林匹克八年级试题)某国已经建立起航空网,任何一个城市与不多于三个城市相联结,而且任何一个城市到另一个城市最多只换乘一次,问这个国家最多有多少个城市?

33. (1969 年第 3 届全苏数学奥林匹克九年级试题)有 20 个队参加全国足球冠军决赛. 为了使任何三个队中都有两个队相互比赛过,问至少要进行多少场比赛?

34. (1973 年第 7 届全苏数学奥林匹克九年级试题)网球协会为全体会员排定名次,最强的为第 1 号,其次为第 2 号等等. 已知,在名次相差高于 2 的运动员比赛时,总是高名次的运动员获胜. 在由 1 024 名最强的选手参加的循环赛中(即参加者为 1 号选手到 1 024 号选手),按奥林匹克规则进行:每一轮比赛的每对选手都由抽签决定,胜者进入下一轮. 因此,每一轮比赛后参赛者将减少一半. 这样一来,第十轮后将决出胜者. 试问,胜者的最大号码是多少?

35. (1974 年第 16 届国际数学奥林匹克试题)把一个 8×8 的棋盘(指国际象棋棋盘)剪成 p 个矩形,但不能剪坏任何一格,而且这种剪法还必须满足如下条件:

(1)每一个矩形中白格和黑格的数目相等;

（2）令 a_i 是第 i 个矩形中的白格的个数,则

$$a_1 < a_2 < \cdots < a_p$$

求出使上述剪法存在的 p 的最大可能值,同时对这个 p 求出所有可能的 $a_1, a_2, \cdots, a_p$.

36.（1982 年第 11 届美国数学奥林匹克试题）一个团体有 1 982 人,在任何 4 人的小组中,至少有一人认识其他 3 人,问在此团体中,认识其他所有人的最少人数是多少?

37.（1976 年第 10 届全苏数学奥林匹克十年级试题）在一张正方形纸上画出 n 个边与纸的边平行的矩形,这些矩形中任两个都没有公共内点,证明:如果剪下所有的矩形,那么纸片数不大于 $n+1$.

38.（1985 年第 19 届全苏数学奥林匹克十年级试题）在平面上画出 $n(n \geqslant 2)$ 条直线,将平面分成若干个区域,其中一些区域上涂了颜色,并且任何两个涂色的区域没有相邻的边界. 证明:涂色的区域数不超过 $\dfrac{(n^2+n)}{3}$.（只有一个公共点的两个区域,不认为是有相邻的边界）

39.（1982 年第 23 届国际数学奥林匹克试题）设 S 是边长为 100 的正方形,L 是在 S 内自身不相交的折线段 $A_0A_1, A_1A_2, \cdots, A_{n-1}A_n (A_0 \neq A_n)$. 假定对于边界上每一点 P,在 L 上总能找到一点,该点与点 P 的距离不大于 $\dfrac{1}{2}$,试证:在 L 上有两点 X, Y,它们之间的距离不大于 1,沿折线 L,它们之间的距离不小于 198.

40.（1987 年北京市赛高一题）儿童计数器的三个档上各有十个算珠,现将每档算珠分为左右两部分（不许一旁无珠）,要求左方三档中所表示的三个珠数

的乘积等于右方三档中所表示的珠数的乘积. 问有多少种分珠法?

41. (1987 年全国联赛试题)五对孪生兄妹参加 k 个组的活动,若规定:(1)孪生兄妹不在同一组;(2)非孪生关系的任意两个人都恰好共同参加过一个组的活动;(3)有一个人只参加两个组的活动. 求 k 的最小值.

42. (1988 年全国联赛试题)甲乙两队各出 7 名队员按事先排好的顺序出场参加围棋擂台赛,双方先由 1 号队员比赛,负者被淘汰,胜者再与负方 2 号队员比赛,……直到有一方队员全被淘汰为止,另一方获得胜利,形成一种比赛过程. 求所有可能出现的比赛过程的种数.

43. (1990 年第 16 届全俄数学奥林匹克试题)学校举办足球循环赛,每个参赛队都与其他队各赛一场,胜一场积 2 分,平一场积 1 分,负一场积 0 分,已知仅有一个队积分最多,但他胜的场数最少,问至少有几队参赛,才有可能这样?

44. (1990 年第 31 届国际数学奥林匹克试题)设 $n \geqslant 3$. 考虑在同一圆周上的 $2n-1$ 个互不相同的点所成的集合 E. 将 E 中一部分点染成黑色,其余的点不染颜色. 如果至少有一对黑点,以它们为端点的两条弧中有一条的内部(不包含端点)恰含 E 中 n 个点,则称这种染色方式为好的. 如果将 E 中 k 个点染黑的每一种染色方式都是好的,求 k 的最小值.

45. (1991 年中国数学奥林匹克题)地面上有 10 只小鸟在啄食,其中任意 5 只鸟中至少有 4 只在一个圆周上,问有鸟最多的一个圆周上最少有几只鸟?

46. (1992 年第 33 届国际数学奥林匹克试题)给定空间的 9 个点,其中任何 4 点都不共面,每一对点都连着一条线段. 试求出最小的 n 值,使得将其中任意 n 条线段中的每一条任意地染为红、蓝二色之一,在这 n 条线段的集合中都必然包含有一个各边同色的三角形.

47. (1993 年中国数学奥林匹克题)10 人到书店买书,如果已知:

(1)每人都买了本三书;

(2)任二人所买书中都至少有一本相同,问最受欢迎的书(购买人数最多者)最少有几人购得? 为什么?

48. (1993 年第 3 届澳门数学奥林匹克第三轮题)某市发出车牌号码均由 6 个数字(从 0 到 9)组成,但要求任意 2 个车牌至少有 2 位不同(如车牌 038471 和 030471 不能同时使用). 试求该市最多能发出多少个不同车牌? 并证明.

49. (1993 年第 25 届加拿大数学奥林匹克题)若干个学校参加网球比赛,同一学校之间的选手不比赛,每两个学校的每两个选手都要比赛一场. 在两个男孩或两个女孩之间进行的比赛称为单打;一个男孩和一个女孩之间的比赛称为混合单打. 男孩的人数与女孩的人数至多相差 1. 单打的场数和混合单打的场数也至多相差 1. 问有奇数个选手的学校至多有几个?

50. (1993 年第 19 届全俄数学奥林匹克试题)用水平和垂直的直线网把一块正方形黑板分成边长为 1 的 n^2 个小方格,试问对于怎样的最大自然数 n,一定可以选出 n 个小方格,使得任意面积不小于 n 的矩形

中都至少包含有上面选出的一个小方格?（矩形的边是沿着直线网的）

51.（1993 年第 34 届 IMO 预选题）设 $n, k \in \mathbf{N}$ 且 $k \leqslant n$,并设 S 是含有 n 个互异实数的集合. 设 T 是所有形如 $x_1 + x_2 + \cdots + x_k$ 的实数的集合,其中 $x_1, x_2 \cdots, x_k$ 是 S 中的 k 个互异元素. 求证:T 至少有 $k(n-k)+1$ 个互异的元素.

52.（1994 年全国联赛试题）给定平面上的点集 $P = \{P_1, P_2, \cdots, P_{1994}\}$,$P$ 中任三点不共线,将 P 中点任意分成 83 组,使每组至少有 3 个点,每点恰好属于一组. 将每组中任二点均连成一线段,不在一组的两点不连线段. 这样得到了个图 G. 显然,不同联结线段的方式,得到不同的图. 图 G 中所含以 P 中点为顶点的三角形的个数记为 $m(G)$.

(1)求 $m(G)$ 的最小值 m_0;

(2)设 G^* 是使 $m(G^*) = m_0$ 的一个图,若将 G^* 的线段用 4 种颜色染色,每条线段恰好染一种颜色. 则存在一种染色法,使 G^* 中线段染色后,不含有同色边三角形.

53.（1995 年日本数学奥林匹克预选赛题）某种绘图装置可沿横、纵、斜方向以每秒 1cm 的速度移动,该装置可以纸面上描出线来,也可在离开纸面在空中运行. 现用这个装置绘制右边的图形,问至少要用几秒?图中各角均系直角,该装置离开纸面的时间略而不计.

54.（1997 年日本数学奥林匹克预选赛题）在平面上画出 30 条不同的线段时,线段的不同端点数至少有几个?

55.（1997 年江苏省高中数学竞赛题）已给集合

$S = \{1,2,3,\cdots,1\ 997\}, A = \{a_1, a_2, \cdots a_k\}$ 是 S 的子集,具有下述性质:"A 中任意两个不同元素之和不能被 117 整除". 试确定 k 的最大值,并证明你的结论.

56. (1) 在 7×7 的正方形方格纸中,选择 k 个小方格中心,使得以它们中任意四个为顶点都不构成一个矩形(边与原来正方形的边平行),求出 k 的最大值.

(2) 对 13×13 的正方形方格纸解决相同的问题.

57. (1997 年全国数学联赛试题) 在 100×25 的长方形表格中每一格填入一个非负实数,第 i 行第 j 列中填入的数为 $x_{ij}(i = 1, 2, \cdots, 100; j = 1, 2, \cdots, 25)$(表 1). 然后将表 1 每列中的数按由大到小的次序从上到下重新排列为 $x'_{1j} \geqslant x'_{2j} \geqslant \cdots \geqslant x'_{100j}, j = 1, 2, \cdots, 25.$(表 2)

表 1

$x_{1,1}$	$x_{1,2}$	$\cdots$	$x_{1,25}$
$x_{2,1}$	$x_{2,2}$	$\cdots$	$x_{2,25}$
$\cdots$	$\cdots$	$\cdots$	$\cdots$
$x_{100,1}$	$x_{100,2}$	$\cdots$	$x_{100,25}$

表 2

$x'_{1,1}$	$x'_{1,2}$	$\cdots$	$x'_{1,25}$
$x'_{2,1}$	$x'_{2,2}$	$\cdots$	$x'_{2,25}$
$\cdots$	$\cdots$	$\cdots$	$\cdots$
$x'_{100,1}$	$x'_{100,2}$	$\cdots$	$x'_{100,25}$

求最小的自然数 k,使得只要表 1 中填入的数满足 $\sum\limits_{j=1}^{25} x_{ij} \leqslant 1 (i = 1, 2, \cdots, 100)$,则当 $i \geqslant k$ 时,在表 2 中

就能保证 $\displaystyle\sum_{j=1}^{25} x'_{ij} \leqslant 1$ 成立.

58. (1994 年日本数学奥林匹克预选赛题) 某城市是长宽各为 10km 的正方形. 城内有间隔各为 1km 的横盘街, 东西走向和南北走向各 11 条. 东西走向道路所在的直线记为 $y=m(m=-5,-4,\cdots,4,5)$, 南北走向道路所在的直线记为 $x=n(n=-5,-4,\cdots,4,5)$. 某公司在该市开设 5 个分店 $A_k(k=1,2,\cdots,5)$, 它们分布在棋盘街道路沿线, 其坐标 (x_k,y_k) 分别是 $(-5,1.3),(2,4.5),(4.4,3),(4,-1),(-2.7,-2)$. 分店各派出 1 名店员, 沿棋盘街道路行走, 到街道沿线的某地会合. 要使得店员们行走的路程总和 $S(x,y)$ 最小, 求该地的坐标.

第 3 章

1. B.

2. C.

3. $\frac{1}{2} \leqslant x \leqslant 1, w_{\max} = 6, w_{\min} = 3\frac{1}{2}$.

4. $m = -\frac{2}{5}$ 时, $PR + RQ$ 有最小值 PQ.

5. 设甲厂运到 A 站 x 万匹, 则运到 B 站为 $(10-x)$ 万匹; 乙厂运到 A 站 y 万匹, 则运到 B 站为 $(8-y)$ 万匹, 其中 $x+y=6$ 且 $x \geqslant 0, y \geqslant 0$, 则整个运费为

$$T = 9 \times 12x + 4 \times 9y + 9 \times 10(10-x) + 9 \times 10(8-y)$$
$$= 7x + 1\,296$$

所以, 当 $x = 0$ 时, $T_{\min} = 1\,296$.

6. 由已知条件解得 $x = \frac{1}{27}(q - 6p + 18) \geqslant 0, y = \frac{1}{27}(3p - 5q + 14) \geqslant 0, z = \frac{1}{27} \cdot$

$(3p+4q+5)\geqslant 0.$

7. 2.

8. $1\leqslant a\leqslant 2, y_{\min}=1.$

9. (1)当 $x=-3$ 时, $y_{\max}=2$; 当 $x=0$ 时, $y_{\min}=-1$;

 (2)当 $x=-2$ 时, $y_{\min}=-3$; 当 $-1\leqslant x\leqslant 2$ 时, $y_{\max}=-1.$

10. 仿照例 5 知, 使 S 为最小的点应是 p_4 点.

11. (1) $x=2$;

 (2) $x=-\dfrac{3}{2}$;

 (3) $996\leqslant x\leqslant 997.$

12. (1)E;

 (2) $-\dfrac{1}{3}\leqslant x\leqslant \dfrac{2}{3}.$

13. (1) $x<-3$ 或 $x>2$;

 (2) $x\neq \dfrac{1}{2}$;

 (3) $1\leqslant x<5$ 或 $x>5.$

14. 设 $\left[\dfrac{1}{x}+\dfrac{1}{2}\right]=a$, 则 $\dfrac{1}{x}+\dfrac{1}{2}=a+\alpha$, 这里 $0\leqslant \alpha<1.$ 于是 $\dfrac{1}{x}-\left[\dfrac{1}{x}+\dfrac{1}{2}\right]=\dfrac{1}{x}-a=\alpha-\dfrac{1}{2}$, 所以 $f(x)=\left|\alpha-\dfrac{1}{2}\right|.$ 因为 $-\dfrac{1}{2}\leqslant \alpha-\dfrac{1}{2}<\dfrac{1}{2}$, 所以 $f(x)$ 的最大值是 $\dfrac{1}{2}$, 此时 $\alpha=0$, 即 $\dfrac{1}{x}+\dfrac{1}{2}=a, x=\dfrac{2}{2a-1}$, a 为整数.

15. 令 $a^3+a^2-a=A$, 则 $y=|x-A|$ 的图像是从点 $(A,0)$ 引出的两条射线, 斜率分别是 1 和 -1.

(1)若 $0 \leqslant A \leqslant \dfrac{4}{5}$,则在 $0 \leqslant x \leqslant \dfrac{4}{5}$ 中,$|x - A|$ 的最小值为 0,不合题意.

(2)若 $A > \dfrac{4}{5}$,则当 $x = \dfrac{4}{5}$ 时,$|x - A|$ 有最小值,这时要使 $|\dfrac{4}{5} - A| = \dfrac{1}{5}$,必须 $A - \dfrac{4}{5} = \dfrac{1}{5}$,由此 $a^3 + a^2 - a - 1 = 0$,所以 $(a - 1)(a + 1)^2 = 0$,因为 $a > 0$,所以 $a = 1$.

(3)若 $A < 0$,则当 $x = 0$ 时,$|x - A|$ 有最小值. 这时从 $|0 - A| = \dfrac{1}{5}$,得 $-A = \dfrac{1}{5}$,因而

$$a^3 + a^2 - a + \dfrac{1}{5} = 0 \qquad (1)$$

但 $a^3 + a^2 - a + \dfrac{1}{5} = (a + \dfrac{5}{3})(a - \dfrac{1}{3})^2 + \dfrac{2}{135} \geqslant \dfrac{2}{135}$(因为 $a > 0$). 所以不存在满足式(1)的正数 a. 故 $a = 1$.

16. 设一中调给二中 x 台,二中给三中 y 台,三中给四中 z 台,四中给五中 t 台,五中给一中 w 台. 则一中有 $w + 15 - x = 10$ 台,二中有 $x + 7 - y = 10$ 台,三中有 $y + 11 - z = 10$ 台,四中有 $z + 3 - t = 10$ 台,五中有 $t + 14 - w = 10$ 台. 将 y, z, t, w 均用 x 表示,则调运总台数为

$M = |x| + |y| + |z| + |t| + |w|$

$= |x| + |x - 3| + |x - 2| + |x - 9| + |x - 5|$

由定理知,当 $x = 3$ 时,$M_{\min} = 12$.

17. (1) $x^2 - x - 12$;

(2) $1\ 985$;

(3) 18;

（4）$m = \dfrac{2}{3}$，$x_1^2 + x_2^2$ 的最小值为 $\dfrac{8}{9}$；

（5）2.

18.（1）C；

（2）C.

19. $y = 3x^2 - 6x + 2$.

20. $a = -\dfrac{5}{2}$，$b = 15$，$c = -\dfrac{15}{2}$.

21.（1）$x = \dfrac{1}{3}$ 时，$y_{\max} = -\dfrac{5}{9}$，无最小值.

（2）$y = (|x|^2 - 1)^2 - 1 \geqslant -1$，当 $|x| = 1$ 即 $x = \pm 1$ 时取等号. 故当 $x = \pm 1$ 时，y 取最小值 -1，而 y 无最大值.

又当 $|x| < 1$ 时，$(|x| - 1)^2 = (1 - |x|)^2 \leqslant 1$，即 $y = (|x| - 1)^2 - 1 \leqslant 0$ 且当 $x = 0$ 时取等号，故当 $x = 0$ 时，y 取极大值 0.

（3）$y = | -2x^2 + 8x + 6 |$

$$= \begin{cases} -2x^2 + 8x - 6 = -2(x-2)^2 + 2, 1 \leqslant x \leqslant 3 \\ 2x^2 - 8x + 6 = 2(x-2)^2 - 2, 3 < x \leqslant \dfrac{17}{5} \end{cases}$$

当 $x = 2$ 时，$y_{\max} = 2$；当 $x = 1$ 或 3 时，$y_{\min} = 0$.

22.（1）当 $a \leqslant 1$ 时，$y_{\max} = f(1) = 1$；当 $a > 1$ 时，$y_{\min} = f(a) = 2a - a^2$，函数无最小值；

（2）当 $0 < a \leqslant 1$ 时，$y_{\max} = f(a+1) = a^2 + 2a + 3$；当 $1 < a \leqslant 2$ 时，$y_{\max} = f(2) = 4$；当 $a > 2$ 时，$y_{\max} = f(a) = 4a - a^2$；

（3）如图 1 所示，$-2 \leqslant a \leqslant 2$，$-1 \leqslant x \leqslant 1$ 时，$y_{\max} = f\left(\dfrac{a}{2}\right) = \dfrac{a^2}{4}$；$y_{\min} = f(1) = -(1-a)$.

267

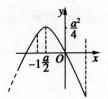

图1

23. $y=(x-1)^2+2, x\in[0,a]$，因为 y 的最小值是 2，此时只有 $x=1$，所以 $1\in[0,a]$，即 $a\geqslant 1$.

又因为 y 的最大值为 3，所以 $x^2-2x+3\leqslant 3, 0\leqslant x\leqslant 2$，且知在区间 $[0,a]$ 的左端点 y 达到最大值. 所以 $a\leqslant 2$. 故 $1\leqslant a\leqslant 2$.

24. $\Delta=4(a-5)^2-4(2a^2-4a-2)\geqslant 0$，解之得 $-9\leqslant a\leqslant 3$，设两根之积为 t，则

$$t=2a^2-4a-2=2(a-1)^2-4$$

所以：

当 $a=1$ 时，$t_{min}=-4$；

当 $a=-9$ 时，$t_{max}=196$.

25. $g(t)=\begin{cases}(t+5)^2-4(t+5)+3, & t\leqslant -3\\ -1, & -3<t\leqslant 2\\ t^2-4t+3, & t>2\end{cases}$

26. $y=x^2+ax+3=(x+\dfrac{a}{2})^2+3-\dfrac{a^2}{4}$. 当 $x=-\dfrac{a}{2}$ 时，y 有最小值 $3-\dfrac{a^2}{4}$.

(1) 当 $0<a<2$ 时，$-1<-\dfrac{a}{2}<0$，所以 $-\dfrac{a}{2}$ 包含在区间 $-1\leqslant x\leqslant 1$ 中，且靠近区间的左端点 -1. 所以当 $x=-\dfrac{a}{2}$ 时，$y_{min}=3-\dfrac{a^2}{4}$；当 $x=1$ 时，$y_{max}=a+4$.

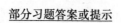

(2)当 $a > 2$ 时，$-\dfrac{a}{2} < -1$，$-\dfrac{a}{2}$ 在区间 $[-1,1]$ 的左边，所以函数 y 在区间 $-1 \leqslant x \leqslant 1$ 上是单调增大．所以，当 $x = -1$ 时，$y_{\min} = 4 - a$；当 $x = 1$ 时，$y_{\max} = 4 + a$．

27. $f(x) = \left(x + \dfrac{a}{2}\right)^2 - \dfrac{a^2 - 4b}{4}$.

(1)若 $-\dfrac{a}{2} \leqslant 0$ 即 $a \geqslant 0$ 时，$y_{\max} = f(1) = 1 + a + b$；$y_{\min} = f(0) = b$.

(2)若 $0 < -\dfrac{a}{2} \leqslant \dfrac{1}{2}$ 即 $-1 \leqslant a < 0$ 时，$y_{\min} = f\left(-\dfrac{a}{2}\right) = b - \dfrac{a^2}{4}$；$y_{\max} = f(1) = a + b + 1$.

(3)若 $\dfrac{1}{2} < -\dfrac{a}{2} \leqslant 1$，即 $-2 \leqslant a < -1$ 时，$y_{\max} = f(0) = b$，$y_{\min} = f\left(-\dfrac{a}{2}\right) = b - \dfrac{a^2}{4}$.

(4)若 $-\dfrac{a}{2} > 1$ 即 $a < -2$ 时，$y_{\max} = f(0) = b$；$y_{\min} = f(1) = a + b + 1$.

28. 因为 $0 \leqslant x \leqslant 1$，故：

(1) $a \leqslant 0$ 时，$f(x) = x(x - a) \leqslant 1 - a$（当 $x = 1$ 时取等号）；

(2)当 $0 < a < x \leqslant 1$ 时，$f(x) = x(x - a) \leqslant 1 - a$（当 $x = 1$ 时取等号）；

(3)当 $0 \leqslant x \leqslant a \leqslant 1$ 时

$$f(x) = -x(x - a) = -\left(x - \dfrac{a}{2}\right)^2 + \dfrac{a^2}{4} \leqslant \dfrac{a^2}{4}$$

（当 $x = \dfrac{a}{2}$ 时取等号）．

（4）当 $1 < a \leq 2$ 时，$f(x) = -x(x-a) = -(x - \frac{a}{2})^2 + \frac{a^2}{4} \leq \frac{a^2}{4}$（当 $x = \frac{a}{2} \leq 1$ 时取等号）；

（5）当 $a > 2$ 时

$$f(x) = -x(x-a) = -(x - \frac{a}{2})^2 + \frac{a^2}{4}$$

$$\leq -(1 - \frac{a}{2})^2 + \frac{a^2}{4} = a - 1$$

（当 $x = 1$ 时取等号）．

比较（2），（3）知，当 $a \geq 2(\sqrt{2} - 1)$ 时，$\frac{a^2}{4} \geq 1 - a$，

当 $0 < a < 2(\sqrt{2} - 1)$ 时，$1 - a > \frac{a^2}{4}$. 于是

$$g(a) = \begin{cases} 1 - a, & \text{若 } a < 2(\sqrt{2} - 1) \\ \dfrac{a^2}{4}, & \text{若 } 2(\sqrt{2} - 1) \leq a \leq 2 \\ a - 1, & \text{若 } a > 2 \end{cases}$$

29. 若 $4 - 3a = 0$，即 $a = \frac{4}{3}$，则函数 $f(x) = -2x + \frac{4}{3}$ 在 $[0,1]$ 上单调减小，$f(x)$ 的最大值为 $f(0) = \frac{4}{3}$；若 $4 - 3a \neq 0$，则 $f(x) = (4 - 3a)(x - \frac{1}{4 - 3a})^2 + a - \frac{1}{4 - 3a}$，（1）当 $4 - 3a < 0$ 时，即 $a > \frac{4}{3}$，$f(x)$ 的图像是开口向下的抛物线，在区间 $[0,1]$ 中 $f(x)$ 单调减小，因而 $f(x)$ 的最大值为 $f(0) = a$；（2）当 $0 < 4 - 3a \leq 2$ 时，即 $\frac{2}{3} \leq a < \frac{4}{3}$ 时，$f(x)$ 的图像是开口向上的抛物线，顶点横坐标在区间 $[\frac{1}{2}, +\infty)$ 内，所以在 $[0,1]$ 中，$f(x)$ 的

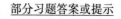

最大值为 $f(0) = a$;(3)当 $4 - 3a > 2$,即 $a < \dfrac{2}{3}$ 时,$f(x)$ 的图像是开口向上的抛物线,顶点横坐标在 $\left(0, \dfrac{1}{2}\right)$ 内,所以在 $[0, 1]$ 中,$f(x)$ 的最大值为 $f(1) = 2 - 2a$. 综上所述,当 $a < \dfrac{2}{3}$ 时函数的最大值为 $2 - 2a$,当 a 取其他值时函数的最大值为 a.

30. 函数的最大值只能在 $x_1 = -\dfrac{3}{2}$,$x_2 = 2$ 或 $x_0 = \dfrac{1 - 2a}{2a}$ 处取得,(1)当 $f\left(-\dfrac{3}{2}\right) = 1$ 时,解得 $a = -\dfrac{10}{3}$,此时抛物线开口向下,$x_0 = -\dfrac{23}{20} \in \left[-\dfrac{3}{2}, 2\right]$,最大值在 x_0 处取得,不可能在 x_1 处取得;(2)当 $f(2) = 1$ 时,解得 $a = \dfrac{3}{4}$,此时抛物线开口向上,$x_0 = -\dfrac{1}{3} \in \left[-\dfrac{3}{2}, 2\right]$,最大值能在 x_2 处取得;(3)令 $f\left(\dfrac{1 - 2a}{2a}\right) = 1$,解得 $a = \dfrac{1}{2} \cdot (-3 \pm 2\sqrt{2})$,要使最大值为 $f(x_0)$,必须且只需 $a < 0$ 且 $x_0 \in \left[-\dfrac{3}{2}, 2\right]$,经检验只有 $a = -\dfrac{1}{2}(3 + 2\sqrt{2})$ 时,才有 $x_0 \in \left[-\dfrac{3}{2}, 2\right]$. 综上,符合题意的解是 $a = \dfrac{3}{4}$ 或 $a = -\dfrac{1}{2}(3 + 2\sqrt{2})$.

31. $\Delta = (2\sin\theta)^2 - 4\cos^2\theta = 8\sin^2\theta - 4 \geq 0$,所以 $\sin^2\theta \geq \dfrac{1}{2}$,又 $|\sin\theta| \leq 1$,所以 $\dfrac{1}{2} \leq \sin^2\theta \leq 1$.

设方程两实根为 x_1, x_2,则

$$x_1^2 + x_2^2 = (x_1 + x_2)^2 - 2x_1x_2$$
$$= (2\sin\theta)^2 - 2\cos^2\theta$$
$$= 6\sin^2\theta - 2$$

当 $\sin^2\theta = \dfrac{1}{2}$ 时，$x_1^2 + x_2^2$ 的值最小为 1；

当 $\sin^2\theta = 1$ 时，$x_1^2 + x_2^2$ 的值最大为 4.

32. $a = -2, b = 6, c = -4$.

33. $\alpha^5 + \beta^5 = (\alpha^2 + \beta^2)(\alpha^3 + \beta^3) - (\alpha\beta)^2(\alpha + \beta)$
$$= 5\cos^2\theta - 5\cos\theta + 1$$

令 $\cos\theta = t, f(t) = \alpha^5 + \beta^5$ 时，在 $-1 \leqslant t \leqslant 1$ 上，

$f(t) = 5t^2 - 5t + 1 = 5\left(t - \dfrac{1}{2}\right)^2 - \dfrac{1}{4}$. 从而最小值为

$f\left(\dfrac{1}{2}\right) = -\dfrac{1}{4}$，最大值 $f(-1) = 11$.

34. $m(\theta) = -2\sin^2\theta + 2\sin\theta + 1, M \cdot m = -\dfrac{1}{2}$.

35. $f(x) = \sin^2 x - a\sin^2\dfrac{1}{2}x$

$$= 1 - \cos^2 x + a \cdot \dfrac{1}{2}(1 - \cos x)$$

$$= -\cos^2 x + \dfrac{1}{2}a\cos x + 1 - \dfrac{1}{2}a$$

令 $u = \cos x$，则

$$y = f(x) = -u^2 + \dfrac{1}{2}au + 1 - \dfrac{1}{2}a \qquad (2)$$

式(2)的顶点横坐标为 $\dfrac{1}{4}a$，由 $u = \cos x$ 知 $-1 \leqslant$

$u \leqslant 1$.

(1)若 $\dfrac{1}{4}a \in [-1, 1]$ 即 $-4 \leqslant a \leqslant 4$，$u^2$ 的系数为

负,所以 y 在 $u = \frac{1}{4}a$ 处有最大值 b,即

$$b = \frac{1}{16}a^2 - \frac{1}{2}a + 1 \quad (-4 \leqslant a \leqslant 4)$$

(2)若 $\frac{1}{4}a > 1$,即 $a > 4$,y 的最大值 b 在 $u = 1$ 处取得,即 $b = 0(a > 4)$;

(3)若 $\frac{1}{4}a < -1$ 即 $a < -4$,y 在 $u = -1$ 时有最大值,即 $b = -a(a < -4)$. 所以

$$b = \begin{cases} \frac{1}{16}a^2 - \frac{1}{2}a + 1, & -4 \leqslant a \leqslant 4 \\ 0, a > 4 \\ -a, a < -4 \end{cases}$$

36. $M = (2x - 3y)^2 + (y + 2)^2 + 5, x = -3, y = -2$ 时,M 有最小值 5;

37. $f(x,y) = (x - y - 7)^2 + 5(y - 2)^2 + 3$. 当 $x - y - 7 = 0, y - 2 = 0$ 即 $x = 9, y = 2$ 时,$f(x,y)$ 有最小值 3.

38. 令 $\frac{y}{x} = t$,利用判别式法,可得 $3 - 2\sqrt{2} \leqslant t \leqslant 3 + 2\sqrt{2}$,所以 $t_{\max} = 3 + 2\sqrt{2}$.

39. 由 $x + y + z = 5$,得 $(x + y)^2 = (5 - z)^2$;由 $xy + yz + zx = 3$,得 $xy = 3 - z(x + y) = 3 - z(5 - z)$,于是

$$\begin{aligned} 0 \leqslant (x - y)^2 &= (x + y)^2 - 4xy \\ &= (5 - z)^2 - 4[3 - z(5 - z)] \\ &= -3z^2 + 10z + 13 \\ &= (13 - 3z)(1 + z) \end{aligned}$$

即 $-1 \leqslant z \leqslant \frac{13}{3}$.

当 $x = y = \dfrac{1}{3}$ 时,得 $z = \dfrac{13}{3}$,所以 z 的最大值是 $\dfrac{13}{3}$.

40. 已知等式可化成

$$2x^2 - 2(y+3)x + y^2 - 4y + 27 = 0$$

因为 x, y 实数,所以

$$\Delta = 4\left[(y+3)^2 - 2(y^2 - 4y + 27)\right] \geqslant 0$$
$$y^2 - 14y + 45 \leqslant 0$$

所以 $5 \leqslant y \leqslant 9$.

所以 $y_{\max} = 9, y_{\min} = 5$.

同样可以求得 $x_{\max} = 5 + \sqrt{2}, x_{\min} = 5 - \sqrt{2}$.

41. $x + y$ 的最小值为 $4\sqrt{3}$(此时 $x = y = 2\sqrt{3}$);xy 的最小值为 12(此时 $x + y = 4\sqrt{3}$);$x^3 + y^3$ 的最小值为 $48\sqrt{3}$(此时 $x = y = 2\sqrt{3}$).

42. $x = z + 1, y = 2z - 1$,所以 $x^2 + y^2 + z^2 = (z+1)^2 + (2z-1)^2 + z^2 = 6z^2 - 2z + 2 = 6\left(z - \dfrac{1}{6}\right)^2 + \dfrac{11}{6} \geqslant \dfrac{11}{6}$.

所以,当 $x = \dfrac{7}{6}, y = -\dfrac{2}{3}, z = \dfrac{1}{6}$ 时,$x^2 + y^2 + z^2$ 取最小值 $\dfrac{11}{6}$.

43. (1) $x = \dfrac{5}{2}, y = \dfrac{5}{2}$ 时,$x^2 + 3y^2$ 有最小值 25;

(2) $x = \dfrac{1}{5}, y = \dfrac{2}{5}$ 时,$x^2 + y^2$ 有最小值 $\dfrac{1}{5}$;

(3) $y^2 = \dfrac{1}{2}(9x - 3x^2) = -\dfrac{3}{2}x(x - 3) \geqslant 0, 0 \leqslant x \leqslant 3$.

当 $x = 3$ 时,$x^2 + y^2$ 的最大值为 9;$x = 0$ 时,$x^2 + y^2$ 的最小值为 0.

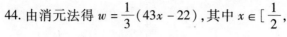

44. 由消元法得 $w = \dfrac{1}{3}(43x - 22)$，其中 $x \in \left[\dfrac{1}{2},\right.$

$1\left.\right]$，$w_{\min} = -\dfrac{1}{6}$，$w_{\max} = 7$.

45. 令 $y = x - L$ 代入约束条件，用判别式得 $L_{\max} = 0$.

46. 用三角代换法，$w_{\max} = 1$，$w_{\min} = -1$.

47. $w_{\max} = \sqrt{2}$，$w_{\min} = -\sqrt{2}$.

48. 当 $(x,y,z) = (\dfrac{\sqrt{2}}{2}, \dfrac{\sqrt{2}}{2}, 1)$ 时，有 $w_{\max} = 1 + \sqrt{2}$；

当 $(x,y,z) = (-\dfrac{1}{2}, -\dfrac{1}{2}, \dfrac{1}{2})$ 时，有 $w_{\min} = -\dfrac{1}{2}$.

49. 当 $(x,y) = (\dfrac{28}{4}, \dfrac{21}{5})$ 时，有 $w_{\max} = 2\sqrt{13}$；当 $(x,$

$y) = (\dfrac{12}{5}, \dfrac{9}{5})$ 时，有 $w_{\min} = 2\sqrt{3}$.

50. 由已知得 $y = \dfrac{bx}{x - a}$，代入 $2x + y$ 中，并令 $s =$

$2x + \dfrac{bx}{x - a}$，即 $s = \dfrac{2x^2 - 2ax + bx}{x - a}$. 去分母、化简，得 $2x^2 -$

$(2a + b + s)x + as = 0$. 因为 $x \in \mathbf{R}$，应有判别式 $\Delta \geqslant 0$，

即 $(2a - b + s)^2 - 8as \geqslant 0$，所以 $s \leqslant (\sqrt{2a} - \sqrt{b})^2$，或 $s \geqslant$

$(\sqrt{2a} + \sqrt{b})^2$. 所以 $(2x + y)_{\min} = (\sqrt{2a} + \sqrt{b})^2$.

51. $x_{\min} = 0$，$x_{\max} = \dfrac{2}{3}a$.

52. 用不等式法 $w_{\min} = \dfrac{16}{3}$.

53. $(1) w_{\max} = \dfrac{16}{9}$；$(2) u_{\max} = \dfrac{9}{2}$；$(3) t_{\max} = \dfrac{144}{49}$.

54. $u = (x - \dfrac{y}{2})^2 + \dfrac{3}{4}y^2 \geqslant 0$，当 $x = y = 0$ 时等号成立，故 $u_{\min} = 0$，又因为 $u \leqslant x^2 + y^2 + |xy| = \dfrac{1}{4}(|x| - |y|)^2 + \dfrac{3}{4}(|x| + |y|)^2$. 当 $|x| + |y| \leqslant 1$ 时，$-1 \leqslant |x| - |y| \leqslant 1$，故 $u \leqslant \dfrac{1}{4} + \dfrac{3}{4} = 1$，且当 $x = 1, y = 0$ 时，$u = 1$，所以 $u_{\max} = 1$.

55. $f(x) = \dfrac{3}{2}[x \cdot x \cdot (\dfrac{2}{3} - 2x)] \leqslant \dfrac{3}{2} \times (\dfrac{2}{9})^3 = \dfrac{4}{243}$，且当 $x = \dfrac{2}{9}$ 时等号成立，故 $f_{\max} = \dfrac{4}{243}$.

56. $M \geqslant \dfrac{1}{3}[(a + b + c) + (c + d + e) + (e + f + g)]$

$= \dfrac{1}{3}[(a + b + c + d + e + f) + (c + e)]$

$\geqslant \dfrac{1}{3}$

且当 $a = d = g = \dfrac{1}{3}, b = c = e = f = 0$ 时等号成立，故 M 的最小值为 $\dfrac{1}{3}$.

57. 对于 $k = 1, 2, \cdots, 1\,992$，有

$|y_k - y_{k+1}| = |\dfrac{1}{k}(x_1 + x_2 + \cdots + x_k) - \dfrac{1}{k+1}(x_1 + x_2 + \cdots + x_{k+1})|$

$= \dfrac{1}{k(k+1)}|x_1 + \cdots + x_k - kx_{k+1}|$

$\leqslant \dfrac{1}{k(k+1)}\{|x_1 - x_2| + 2|x_2 - x_3| + \cdots +$

$$k|x_k - x_{k+1}|\}$$

所以

$$|y_1 - y_2| + \cdots + |y_{1\,992} - y_{1\,993}|$$

$$\leqslant |x_1 - x_2|\left(\frac{1}{1 \times 2} + \frac{1}{2 \times 3} + \cdots + \frac{1}{1\,992 \times 1\,993}\right) +$$

$$2|x_2 - x_3|\left(\frac{1}{2 \times 3} + \cdots + \frac{1}{1\,992 \times 1\,993}\right) + \cdots +$$

$$1\,992|x_{1\,992} - x_{1\,993}| \times \frac{1}{1\,992 \times 1\,993}$$

$$= |x_1 - x_2|\left(1 - \frac{1}{1\,993}\right) + |x_2 - x_3|\left(1 - \frac{2}{1\,993}\right) + \cdots +$$

$$|x_{1\,992} - x_{1\,993}|\left(1 - \frac{1\,992}{1\,993}\right)$$

$$\leqslant 1\,993\left(1 - \frac{1}{1\,993}\right) = 1\,992$$

58. 易知 $\displaystyle\sum_{i<j} x_i x_j (x_i + x_j) = \sum_{i=1}^{n}(x_i^2 - x_i^3)$，设 $x_i \neq 0$

的个数为 k. 当 $k = 1$ 时，$\displaystyle\sum_{i=1}^{n}(x_i^2 - x_i^3) = 0$. 当 $k = 2$ 时，

不妨设 $x_1 \neq 0, x_2 \neq 0$，则 $0 < x_1, x_2 < 1, x_1 + x_2 = 1$，此时

$\displaystyle\sum_{i=1}^{n}(x_i^2 - x_i^3) = x_1 x_2 \leqslant \frac{1}{4}$. 当 $k \geqslant 3$ 时，因 $(x_1 + x_2) +$

$(x_2 + x_3) + \cdots + (x_n + x_1) = 2$，不妨设 $x_1 + x_2 \leqslant \dfrac{2}{n} \leqslant$

$\dfrac{2}{3}$，则

$$\sum_{i=1}^{n}(x_i^2 - x_i^3) \leqslant x_1^2 + x_2^2 - x_1^3 - x_2^3$$

$$= (x_1 + x_2)^2 - (x_1 + x_2)^3 - x_1 x_2[2 - 3(x_1 + x_2)]$$

$$\leqslant (x_1 + x_2)^2 - (x_1 + x_2)^3$$

$$= \frac{1}{2}(x_1 + x_2)$$

则

$$(x_1 + x_2)\left[2 - 2(x_1 + x_2)\right] \leq \frac{1}{2} \times \left(\frac{2}{3}\right)^3 = \frac{4}{27} < \frac{1}{4}$$

故 $\sum\limits_{i<j} x_i x_j (x_j + x_i)$ 的最大值为 $\frac{1}{4}$，且当 x_i 中有两个为 $\frac{1}{2}$，其余的为空时达到.

59. (1) 设 k 是正的常数，则

$$ax^n + bx^{-2n} + c$$

$$= \left[(\sqrt{b}x^{-n})^2 + k - 2k\sqrt{b}x^{-n}\right] + 2k\sqrt{b}x^{-n} + ax^n - k^2 + c$$

$$= (\sqrt{b}x^{-n} - k)^2 + \left[(\sqrt{2k\sqrt{b}}x^{-\frac{n}{2}})^2 + (\sqrt{a}x^{\frac{n}{2}})^2 - 2\sqrt{2ak\sqrt{b}}\right] + 2\sqrt{2ak\sqrt{b}} - k^2 + c$$

$$= (\sqrt{b}x^{-n} - k)^2 + (\sqrt{2k\sqrt{b}}x^{-\frac{n}{2}} - \sqrt{a}x^{\frac{n}{2}})^2 + 2\sqrt{2ak\sqrt{b}} - k^2 + c$$

当 k 满足

$$\begin{cases} \sqrt{b}x^{-n} = k \\ \sqrt{2k\sqrt{b}}x^{-\frac{n}{2}} = \sqrt{a}x^{\frac{n}{2}} \end{cases}$$

时，原来的函数有极小值. 解方程组得 $k = \frac{1}{2}\sqrt[3]{4a\sqrt{b}}$.

所以，当 $x^n = \frac{\sqrt{b}}{k} = \frac{2\sqrt{b}}{\sqrt[3]{4a\sqrt{b}}} = \frac{\sqrt[3]{2a^2b}}{a}$ 时，原来的函数有极小值

$$2\sqrt{2ak\sqrt{b}} - k^2 + c = 2\sqrt{a^3\sqrt{4a\sqrt{b}}} - \frac{1}{4}\sqrt[3]{16a^2b} + c$$

(2) 用待定常数易求出 $k = 3$，其极小值为

$$4\sqrt{27k} - k^2 + 1 = 4\sqrt{27 \times 3} - 3^2 + 1 = 28$$

第4章

1.（1）$y_{\max} = 12, y_{\min} = -12$；

（2）$y_{\max} = \dfrac{\sqrt{2}}{2} - \dfrac{\sqrt{6}}{4}, y_{\min} = -(\dfrac{\sqrt{2}}{2} + \dfrac{\sqrt{6}}{4})$；

（3）$y_{\max} = 4, y_{\min} = -6$；

（4）$y_{\min}x = 2, y_{\max}$不存在；

（5）$y_{\max} = 1, y_{\min} = \dfrac{1}{2}$；

（6）$y_{\max} = \dfrac{1 + \sqrt{2}}{2}, y_{\min} = \dfrac{1 - \sqrt{2}}{2}$；

（7）$y_{\min} = 1, y_{\max}$不存在；

（8）$y_{\max} = 1(x = 0); y_{\min} = -2\sqrt{2} - 1(x = \dfrac{3\pi}{8})$；

（9）$y_{\max} = 3, y_{\min} = \dfrac{1}{3}$；

（10）$y_{\max} = \dfrac{3}{7}, y_{\min} = -1$；

（11）$y_{\max} = \dfrac{4}{3}, y_{\min} = 0$；

（12）$y_{\max} = \dfrac{3}{2}, y_{\min} = \dfrac{1}{2}$；

（13）y 的极大值为 -1，极小值是 $\dfrac{7}{5}$；

（14）$y_{\max} = \dfrac{1}{2}\left[(a + c) + \sqrt{b^2 + (a - c)^2}\right], y_{\min} =$

$$\frac{1}{2}\left[(a+c)-\sqrt{b^2+(a-c)^2}\right];$$

(15) $y_{\max}=\sqrt{a^2+b^2}$, $y_{\min}=-\sqrt{a^2+b^2}$.

2. (1) 当 $x=k\pi+\arccos\dfrac{\sqrt{3}}{3}$ 时,有 $y_{\max}=\left(\dfrac{2}{3}\right)^3=$

$\dfrac{8}{27}$;

(2) 当 $x=\dfrac{15\pi}{2}+30k\pi$ (k 为整数), y 有最小值

-3 .

3. (1),(3),(4) 在正三角形时达到最小值;

(2) 在正三角形或 $A=B=30°$, $C=120°$ 时,达到最小值.

4. (1),(2),(4) 在正三角形,(3),(4) 在 $A=B=$ $20°$, $C=140°$ 时达到最大值.

第 5 章

1. B.

2. D.

3. C.

4. B.

5. D.

6. 9.

7. 3.

8. 3

9. 7.

10. $\sqrt{13}$.

11. $\dfrac{9}{25}a$.

12. $\dfrac{12}{5}$.

13. 6.

14. $\dfrac{\sqrt{3}}{8}a^2$.

15. 如图 2 所示,设

$$MK = x, \angle FNK = \angle EMK = \theta, MN = b$$

由 $\quad \triangle MEK \backsim \triangle NKF \Rightarrow NF = \dfrac{a(b-x)}{x}$

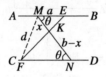

图 2

$$S_{\triangle MEK} + S_{\triangle NFK} = \dfrac{1}{2}ax\sin\theta + \dfrac{1}{2}(b-x) \cdot \dfrac{a(b-x)}{x}\sin\theta$$

$$= \dfrac{a}{2}\sin\theta\left(2x + \dfrac{b^2}{x} - 2b\right)$$

令 $y = 2x + \dfrac{b^2}{x} - 2b = \left(\sqrt{2}x - \dfrac{b}{\sqrt{x}}\right)^2 + 2(\sqrt{2}-1)b$. 当

$x = \dfrac{\sqrt{2}}{2}b$ 时,y 有最小值 $2(\sqrt{2}-1)b$,从而 $S_{\triangle MEK} + S_{\triangle NFK}$

的最小值为 $(\sqrt{2}-1)ad$.

16. 设 $PC = x$,由

$$\triangle CPD \backsim \triangle CAB \Rightarrow PD = \dfrac{8}{7}x$$

同理 $PE = \dfrac{5}{7}(7-x)$. 在 $\triangle ABC$ 中, $\cos B = \dfrac{1}{2}$, 则 $B = 60°$

$$S_{\square PEBD} = BE \cdot BD \cdot \sin B = \dfrac{20\sqrt{3}}{49}x^2 + \dfrac{20\sqrt{3}}{7}x - \dfrac{20\sqrt{3}}{7}$$

故当 $x = \dfrac{7}{2}$ 时, $S_{\square PEBD}$ 最大值为 $5\sqrt{3}$.

17. 如图 3 所示, 将五边形 $ABCDE$ 补成矩形 $ABFE$, 延长 MN 交 BF 于 G.

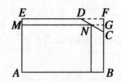

图 3

设 $NG = x$, $CG = y$, 则

$$S_{\triangle NMA} = (8-x) \cdot (4-y)$$

由 $\triangle NCG \backsim \triangle DCF$, 得 $\dfrac{CG}{CF} = NG$. 所以 $y = \dfrac{2}{3}x$. 所以

$$S_{\triangle NMA} = (8-x)\left(4 + \dfrac{2}{3}x\right) = -\dfrac{2}{3}(x-1)^2 + \dfrac{98}{3}$$

因为点 N 在 CD 上, 所以 $0 \leqslant x \leqslant 4$.

所以当 $x = 1$, $y = \dfrac{2}{3}$ 时, 所以 $S_{\triangle NMA}$ 的面积最大, 最大面积为 $\dfrac{98}{3}$; 当 $x = 4$, $y = \dfrac{8}{3}$ 时, $S_{\triangle NMA}$ 的面积最小, 最小面积为 $\dfrac{80}{3}$.

18. 连心线与圆周的交点.

19. 略.

20. 如图 4 所示, 作 AA' 与河岸垂直, 且 AA' 的长等于河宽, 联结 $A'B$, 与河岸的交点即得点 Q.

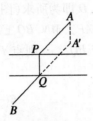

图 4

21. (1) 联结 AO, 与圆周的交点即是;

(2) 过 O 作与 AM 或 45°交角的直线, 与圆周的交点即是.

22. 若点 A 在抛物线的内部, 则由 A 作抛物线准线和垂线, 与抛物线的交点即为所求; 若点 A 在抛物线上, 即是点 A 本身; 若点 A 在抛物线的外部, 联结 AF, 与抛物线的交点即是.

23. 最短路径为折线 MPN (其中 P 为 VB 的中点), 其长为 a.

24. 1.5cm. (提示: 将圆锥侧面沿母线 VP 剪开)

25. (1) 略.

(2) 分别作点 A 关于 l_1, l_2 的对称点 A_1, A_2, 联结 A_1A_2, 与 $l_1 l_2$ 的交点即为所示.

(3) 若三直线的交点为 P, Q, S. 当 $\triangle PQS$ 为锐角三角形时, $\triangle PQS$ 的垂足三角形即为所求; 当 $\triangle PQS$ 为钝角三角形时, 则所求的 $\triangle ABC$ 退化为一条线段 (即钝角所对边上的高).

26. 作点 B 关于 AC 的对称点 B', 作 C 关于 AB 的对称点 C', 联结 $B'C'$, 交 AB, AC 于点 P, Q, 即为所求.

27. (1)作 $BE /\!/ MN$,且使 $BE = a$. 作点 A 关于 MN 的对称点 A'. 联结 $A'E$,交 MN 于 C,过 B 作 $BD /\!/ EC$,交 MN 于 D. 则点 C,D 即为所求(图5);

(2)过 A,B 作 $AP \perp MN,BQ \perp MN$,若 $PQ \geqslant a$,则 C,D 求法同(1);若 $PQ < a$,则点 P,Q 即为所求(图6).

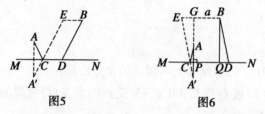

图5　　　　图6

28. 仿前面的5.1的例7,作 AF 使其与 l 的交角为 $30°$;过 O 作 AF 的垂线 AD,交 l 于 B,交圆周于点 C,则折线 ABC 的时间最小.

29. 等腰梯形.

30. 长是25m,宽12.5m.

31. 当 $\angle QPR = 60°$ 时,$\triangle PQR$ 的面积最大.

32. 极值点均为重心(提示:将线段比转化为面积比)

33. (1)极值点为垂心;

(2)极值点为外心.

34. 重心 G 与内心 I 的连线与内切圆周的交点即是.

35. 取 AM 的中点 N,过 N 分别作 AB,AC 的垂线,则垂足即为所求.

36. (1)过 M 作直线 $l_1 /\!/ AB$,再作 $l_2 /\!/ l_1$,且使 l_2 与 l_1 的距离等于 l_1 与 AB 的距离. 若 l_2 与 AC 的交点为 Q,则 QM 即为所求.

（2）作一圆，使与角的两边 AB，AC 相切，且圆周过点 M. 再过点 M 作此圆的切线，则此切线即为所求.

（3）设 $\angle BAC$ 的平分线为 AD，过 M 作 AD 的垂线即是.

37. 过圆心 O 作线段 AB 的垂线，则此垂线与圆周的两个交点即为所求.

38. 过点 A，O 作与定圆相内切的圆，则切点（有两个圆）即为所求.

39. 作半圆的切线 $l /\!/ MN$，则切点 P 即为所求.

40. 过 B 作 AB 的垂线即为所求.

41. 记圆的半径为 R，$OE = a$，若 $a > \dfrac{1}{\sqrt{2}}R$，则 BD 是

过点 E 引以 O 为圆心，以 $\dfrac{R}{\sqrt{2}}$ 为半径的圆的切线；若 $a \leqslant$

$\dfrac{1}{\sqrt{2}}R$，则 BD 是过点 E 引 AC 的垂线.

42. 设定圆半径为 R，定长动弦的长为 a，作以 O

为圆心，半径 $r = \sqrt{R^2 - (\dfrac{a}{2})^2}$ 的圆. 若 AB 的中心为

N，联结 ON，过 ON 与此圆的两交点，分别作该圆的切线即为所求.

43. 过点 A 作外接圆的直径 AM，则点 M 即为所求.

44. 将 $\triangle ABC$ 连续翻转 6 次，这时曲线 l 形成一个封闭曲线（图7），由于面积一定的封闭图形中，以圆的周长最小. 因此，所求的曲线是以 A 为圆心，以 R 为半径的圆弧（这里有 $\dfrac{\pi}{6}R^2 = \dfrac{\sqrt{3}}{8}a^2$，$a$ 为 $\triangle ABC$ 的边长）.

图7

45.将线段 AB 以 EF 为轴旋转到 ECD 的平面上.则这时 AD,BC 的交点 P 即为所求(易见点 P 在公垂线 EF 上).

46.将绕点 A 按逆时针旋转 $90°$ 到达点 O'. 设 OO' 的中点为 S ,以 S 为圆心, $\dfrac{r}{\sqrt{2}}$ 为半径作圆. 联结 BS ,交圆 S 于点 M 及(延长后)点 N. 过 $M(N)$ 作 $AM(AN)$ 的垂线,交圆 O 于点 P (这时取 $MP = AM$ 的交点 P),则点 P 即为所求.

47.如图8所示,圆 O 是定圆,其半径为 R ,矩形 $ABCD$ 内接于圆 O. 联结 AC ,则 $AC = 2R$,设 $AB = x$, $BC = y$,矩形 $ABCD$ 的周长为 l ,则 $l = 2(x+y)$.

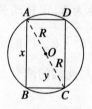

图8

所以
$$l^2 = 4(x+y)^2 = 4(x^2+y^2) + 8xy = 16R^2 + 8xy$$

因 R 是定值,故由上式可知,当且仅当 xy 极大时, l^2 极大,但因 $x^2+y^2 = 4R^2$ 为定值,故当且令当 $x^2 = y^2$,即 $x = y$ 时, x^2y^2 极大,从而 xy 极大, l^2 极大.因而 l 极大,即矩形 $ABCD$ 的周长最长.而当 $x = y$ 时, $ABCD$ 为

正方形,故命题得证.

48. 如图 9 所示,设 $Rt\triangle ABC$ 的面积为定值 S,斜边 BC 上的高为 $AD, AD = x, BC = y$,则

$$(x+y)^2 = (y-x)^2 + 4xy = (y-x)^2 + 8S$$

因 S 为定值,故由上式可知,当且仅当 $y - x$ 极小时,$x + y$ 极小,又设面积为 S 的等腰直角三角形的斜边为 $2a$,则其斜边上的高(与中线重合)为 a,则

$$2a \cdot a = 2S = xy \qquad (1)$$

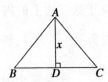

图 9

若 $y < 2a$,则由式(1)知 $x > a$,于是 $2x^2 > 2a^2$,但直角三角形斜边上的高不大于中线,从而不大于斜边的一半,即 $2x \leqslant y$,故 $xy \geqslant 2x^2 > 2a^2$,这与式(1)相矛盾. 所以,$y < 2a$ 为不可能,故 $y \geqslant 2a$,从而由式(1)知 $x \leqslant a$. 因此

$$y - x \geqslant 2a - a = a$$

所以

$$(y-x)_{\text{极小}} = a$$

当 $y - x = a$ 时

$$(x+y)^2_{\text{极小}} = a^2 + 8S = a^2 + 8a^2 = 9a^2$$

所以 $(x+y)_{\text{极小}} = 3a$. 由 $y - x = a$ 和 $x + y = 3a$ 得 $x = a$,$y = 2a$. 这时 $\triangle ABC$ 为等腰直角三角形.

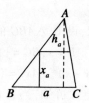

图 10

49. 如图 10 所示, 设在 $\triangle ABC$ 中, 角 A, B, C 所对的边依次为 a, b, c, 且 $a \leqslant b \leqslant c$. 又设 a, b, c 各边上的高依次为 h_a, h_b, h_c, 立于这三边上的内接正方形的边长依次为 x_a, x_b, x_c. 因为 $\dfrac{h_a - x_a}{h_a} = \dfrac{x_a}{a}$, 所以 $x_a = \dfrac{ah_a}{a + h_a}$; 同时 $x_b = \dfrac{bh_b}{b + h_b}$, $x_c = \dfrac{ch_c}{c + h_c}$. 于是三个内接正方形的面积分别为

$$x_a^2 = (\frac{ah_a}{a + h_a})^2, \quad x_b^2 = (\frac{bh_b}{b + h_b})^2, \quad x_c^2 = (\frac{ch_c}{c + h_c})^2$$

因

$$ah_a = bh_b = ch_c = 2S_{\triangle ABC}$$

故欲比较 x_a^2, x_b^2, x_c^2 的大小, 只需比较 $a + h_a, b + h_b, c + h_c$ 的大小. 因为 $ah_a = bh_b$, 所以 $\dfrac{a}{h_b} = \dfrac{b}{h_a}$, 所以

$$\frac{a}{a - h_b} = \frac{b}{b - h_a}$$

但 $a \leqslant b$, 故由上式可知 $a - h_b \leqslant b - h_a$, 所以 $a + h_a \leqslant b + h_b$, 同理 $b + h_b \leqslant c + h_c$, 所以

$$x_a^2 \geqslant x_b^2 \geqslant x_c^2$$

50. 令 a, b, c, p, q, r 分别表示 BC, CA, AB, PD, PE, PF 的长, 因此, $\dfrac{a}{p} + \dfrac{b}{q} + \dfrac{c}{r}$ 取得最小值, 当且仅当

$(ap + bq + cr)(\dfrac{a}{p} + \dfrac{b}{q} + \dfrac{c}{r})$ 取得最小值（因为 $ap + bq + cr$ 为常数 $2S_{\triangle ABC}$），又

$$(ap + bq + cr)(\dfrac{a}{p} + \dfrac{b}{q} + \dfrac{c}{r})$$

$$= a^2 + b^2 + c^2 + ab(\dfrac{p}{q} + \dfrac{q}{p}) + bc(\dfrac{q}{r} + \dfrac{r}{q}) + ca(\dfrac{p}{r} + \dfrac{r}{p})$$

再由 $x + \dfrac{1}{x} \geqslant 2 (x > 0)$，当且仅当 $x = 1$ 时取等号. 可知上式只有三个括号内同时取得最小值时，所给式子取最小值，即 $p = q = r$. 因此，点 P 为 $\triangle ABC$ 的内心时，

$\dfrac{BC}{PD} + \dfrac{CA}{PE} + \dfrac{AB}{PF}$ 取得最小值：$\dfrac{(a + b + c)^2}{2S_{\triangle ABC}}$.

第 6 章

1. $\arctan\dfrac{3 + \sqrt{3}}{4}$，$\arctan\dfrac{3 - \sqrt{3}}{4}$. 经几何分析易知，当过 A，B，P 三点的圆与已知圆分别外切、内切时，$\angle APB$ 取到最大值与最小值.

2. $2\sqrt{5}$. 原函数即为 $y = \sqrt{(x - 4)^2 + (x^2 - 3)^2} - \sqrt{x^2 + (x^2 - 2)^2}$，从而问题转化为求抛物线 $y = x^2$ 上的动点 $M(x, y)$ 到两定点 $A(4, 3)$ 和 $B(0, 2)$ 的距离之差的最大值，易知 $y = |MA| - |MB| \leqslant |AB| = 2\sqrt{5}$.

3. $(1, 1)$

4. 当 $1 < a \leqslant 4$ 时，最小值为 $a - 1$；$a > 4$ 时，最小值为 $\sqrt{2a + 1}$.

5. 6.

6. 设点 P 的坐为 $(x_0, 4 - x_0^2)$,从而可得 $A(-4, -12)$,$B(1, 3)$,$AB = \sqrt{(-4 - 1)^2 + (-12 - 3)^2} = 5\sqrt{10}$. 因为点 P 到直线 AB 的距离 $d = \dfrac{(-3x_0 + 4 - x_0^2)}{\sqrt{10}}$,又 $S_{\triangle PAB} = \dfrac{1}{2}d \cdot |AB|$,当 $\triangle PAB$ 的面积取得极大值时,d 应取得极大值. 此时

$$x_0 = -\frac{3}{2}, y_0 = 4 - x_0^2 = 4 - \left(\frac{-3}{2}\right)^2 = \frac{7}{4}$$

所以点 P 的坐标为 $P\left(-\dfrac{3}{2}, \dfrac{7}{4}\right)$.

7. $S_{\min} = 60$,$l: 6x + 5y - 6 = 0$.

8. $\dfrac{25\sqrt{6}}{6}$.

9. (1) 40;

(2) $4x + 3y + 25 = 0$.

10. 设切点坐标为 $P(x_0, y_0)$,则切线方程为 $\dfrac{1}{4}x_0 x + y_0 y = 1$. 则它在 x 轴上的截距为 $\dfrac{4}{x}$,它在 y 轴上的截距为 $\dfrac{1}{y_0}$. 所以 $l^2 = \dfrac{16}{x_0^2} + \dfrac{1}{y_0^2}$. 因为点 P 在曲线上,所以

$$y_0^2 = 1 - \frac{1}{4}x_0^2 = \frac{1}{4}(4 - x_0^2) > 0 \quad (0 < x_0 < 2)$$

所以

$$l^2 = \frac{16}{x_0^2} + \frac{4}{4 - x_0^2}$$

设 $x^2 x_0 = t$,去分母得

$$l^2 t^2 - (12 + 4l^2)t + 64 = 0$$

因为此方程有实数解,所以必有 $\Delta \geqslant 0$,即

$$4^2(6+l^2)^2 - 4 \times 64l^2 \geqslant 0$$

所以 $l^2 \geqslant 9$ 或 $l^2 \leqslant 1$. 所以 l^2 的最小值是 9,因为 $l > 0$,所以 l 的最小值是 3.

11. 设梯形一底边长为 PP_1,令 $P(a\cos\theta, b\sin\theta)$,$P_1(-a\cos\theta, -b\sin\theta)$,则

$$S_{梯形} = \frac{2a + 2a\cos\theta}{2} \cdot b \cdot \sin\theta$$

$$= \frac{ab}{\sqrt{3}}\sqrt{(1+\cos\theta)^3(3-3\cos\theta)}$$

$$\leqslant \frac{ab}{\sqrt{3}}\left(\frac{3+3\cos\theta-3-3\cos\theta}{4}\right)^2$$

$$= \frac{3\sqrt{3}}{4}ab$$

其中等号成立的条件为 $1+\cos\theta = 3-3\cos\theta$,即 $\cos\theta = \frac{1}{2}$.

12. $M\left(\frac{1}{2}\sqrt{l-1}, \frac{1}{2}l - \frac{1}{4}\right)$ 或 $M\left(-\frac{1}{2}\sqrt{l-1}, \frac{1}{2}l - \frac{1}{4}\right)$.

13. $t = 1, \frac{\sqrt{2}a^3}{54}$.

14. $y = x$ 和 $y = -x$.

15. 由于双曲线的离心率 $e = \frac{3}{5}$,所以

$$|QA| + \frac{\sqrt{5}}{5}|QF| = |QA| + \frac{1}{e}|QF|$$

利用双曲线的第二定义,仿照前面 6.6 的例 5 可

求得点 P 的坐标为 $(\frac{\sqrt{5}}{2}, 1)$.

16. 当 $0 < p < \frac{3}{2}$ 时, $a = \frac{4}{3}p$; 当 $p \geq \frac{3}{2}$ 时, $a = 2$ 时,

设点 A 的坐标为 $(2\cos\theta, 2\sin\theta)$, 则有

$$|AP|^2 = (2\cos\theta - p)^2 + \sin^2\theta$$

$$= 3(\cos\theta - \frac{2}{3})^2 + (1 - \frac{1}{3}p^2)$$

17. 作 A 关于直线 $L : x + y - 3 = 0$ 的对称点 A', 则 $A'(7, 2)$(图11), 所以

$|MA| - |MB| = |MA'| - |MB| = |MA'| - |MB| \leqslant |A'B|$ (当 M 在 $A'B$ 的延长线上时取 "$=$"). 所以 $|MA| - |MB|$ 的最大值为 $|A'B| = 5$.

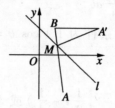

图 11

18. 如图 12 所示取线段 AB 的中点 N, 则 $N(-1, -2)$, 在 $\triangle MAB$ 中

$$|MA|^2 + |MB|^2 = \frac{1}{2}(|AB|^2 + 4|MN|^2)$$

$$= \frac{1}{2}[(4^2 + 8^2) + 4|MN|^2]$$

$$= 40 + 2|MN|^2$$

当直线 MN 过圆心 C 且与圆 C 相交于 M_1, M_2 两点时, 则 $|M_1N|, |M_2N|$ 分别为 M 到 N 的最大值和最小值,

所以，$|MA|^2 + |MB|^2$ 的最大值为

$$40 + 2|M_1N|^2 = 40 + 2(|NC| + 1)^2$$
$$= 40 + 2 \times (10 + 1)^2 = 282$$

$|MA|^2 + |MB|^2$ 的最小值为

$$40 + 2|M_2N|^2 = 40 + 2(|NC| - 1)^2$$
$$= 40 + 2 \times (10 - 1)^2 = 202$$

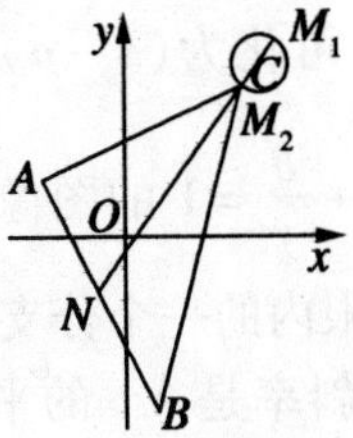

图 12

19. 如图 13 所示，因为 $a, b > 0$，且 $a^2 - 8b \geqslant 0$，满足条件的点在第一象限内，抛物线 $b = \dfrac{1}{8}a^2$ 的下方部分（包括抛物线 $b = \dfrac{1}{8}a^2$ 在内），因为 $b^2 \geqslant a$，所以满足条件的点在第一象限内，抛物线 $b^2 = a$ 的上方部分（包括抛物线 $b^2 = a$ 在内）. 满足 $\begin{cases} a^2 - 8b \geqslant 0 \\ b^2 \geqslant a \end{cases}$ 的区域的点如阴影部分所示，设 $a + b = k$，即求直线 $b = -a + k$ 在 y 轴正向上的截距的最小值. 因为抛物线 $b = \dfrac{a^2}{8}$ 与 $b^2 = a$ 相交于第一象限的点 $M(4, 2)$. 所以过点 $M(4, 2)$ 的直线在 y 轴正向上的截距的最小值为 6. 所以 $a + b$ 的最小可能值为 6.

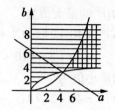

图 13

20. $\dfrac{a}{x}+\dfrac{b}{y}=1$ 可化为 $(x-a)(y-b)=ab$,因为

$x>0,y>0$,所以 $\dfrac{a}{x}+\dfrac{b}{y}=1$ 的图像为以 (a,b) 为中心

的双曲线在第一象限内的一个分支,设 $x+y=m$,所以

直线 $y=-x+m$ 为斜率是 -1 的平行线束,当直线与

双曲线相切时,截距 m 达到最小值,最小值为 $a+b+$

$2\sqrt{ab}$.

21. $4ab$.

22. $a+b$.

23. $Q(-4\sqrt{2},\sqrt{2})$.

24. $P(0,11)$.

25. 最大值为 $4\sqrt{2}$;最小值为 $2\sqrt{2}$.

26. 最小值为 $2\sqrt{106}+\sqrt{2}r$;最小值为 $|2\sqrt{106}-\sqrt{2}r|$.

27. $y=\sqrt{(s-t)^2+(\sqrt{4-s^2}-\dfrac{16}{t})^2}$,故 y 为

$\begin{cases}x=s\\y=\sqrt{4-s^2}\end{cases}$ 上的点到 $\begin{cases}x=t\\y=\dfrac{16}{t}\end{cases}$ 上的点的距离,即

$x^2+y^2=4(y\geqslant0)$ 上的点到 $xy=16$ 上的点的距离,如

图 14 所示. 故 $y\geqslant|AB|$. 因为 $|AB|=4\sqrt{2}-2$,所以 $y\geqslant$

$4\sqrt{2}-2$,所以 $y_{\min}=4\sqrt{2}-2$.

294

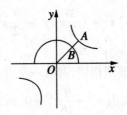

图 14

28.（1）如图 15 所示，以直角边 BC 所在的直线为 x 轴，直角边 BA 所在的直角为 y 轴，直角顶点 B 为坐标原点，则 A,B,C 的坐标分别为 $A(0,3)$，$B(0,0)$，$C(4,0)$. 又设对称轴平行于直角边且内切于 $\mathrm{Rt}\triangle ABC$ 的椭圆的中心 $M(x',y')$，则 x',y' 恰为椭圆的二半轴之长，故椭圆的方程为

$$\frac{(x-x')^2}{x'^2}+\frac{(y-y')^2}{y'^2}=1 \qquad (1)$$

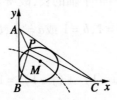

图 15

又 AC 所在直线的方程为

$$y=-\frac{3}{4}x+3 \qquad (2)$$

将式（2）代入式（1），得

$$\frac{(x-x')^2}{x'^2}+\frac{\left(-\dfrac{3}{4}x+3-y'\right)^2}{y'^2}=1$$

化简得

$$\left(y'^2 + \frac{9}{16}x'^2\right)x^2 + \left(\frac{3}{2}x'^2y' - \frac{9}{2}x'^2 - 2x'y'^2\right)x +$$

$$(9x'^2 + x'^2y'^2 - 6x'^2y') = 0 \tag{3}$$

因为 AC 与椭圆相切,有唯一交点,故方程式(3)有唯一实数根,又因 $y'^2 + \frac{9}{16}x'^2 \neq 0$,所以

$$\Delta = \left(\frac{3}{2}x'^2y' - \frac{9}{2}x'^2 - 2x'y'^2\right)^2 - 4\left(y'^2 + \frac{9}{16}x'^2\right) \cdot$$

$$(9x'^2 + x'^2y'^2 - 6x'^2y') = 0$$

即

$$x'y' - 3x' - 4y' + 6 = 0$$

将 x', y' 换成 x, y,即得轨迹所在曲线方程: $xy - 3x - 4y + 6 = 0$,曲线为双曲线. 故所求轨迹是双曲线 $xy - 3x - 4y + 6 = 0$ 夹在第一象限的部分.

(2)设面积为 π 的内切椭圆的中心坐标为 (a, b),则 a, b 是椭圆的两个半轴的长,故 $\pi = \pi ab$,$ab - 3a - 4b + 6 = 0$,解得 $a = 1$,$b = 1$ 或 $a = \frac{4}{3}$,$b = \frac{3}{4}$. 故所求椭圆的方程为

$$(x-1)^2 + (y-1)^2 = 1$$

或

$$\frac{\left(x - \frac{4}{3}\right)^2}{\left(\frac{4}{3}\right)^2} + \frac{\left(y - \frac{4}{3}\right)^2}{\left(\frac{3}{4}\right)^2} = 1$$

即

$$x^2 + y^2 - 2x - 2y + 1 \approx 0$$

或

$$81x^2 + 256y^2 - 216x - 384y + 144 = 0$$

(3)因为所求椭圆的中心坐标是方程

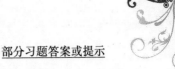

$$xy - 3x - 4y + 6 = 0$$

的解,而 $\begin{cases} x = 1 \\ y = 1 \end{cases}$ 适合方程,故短轴为 1 的内切椭圆正好

是半径为 1 的圆. 这时,方程为 $(x-1)^2 + (y-1)^2 = 1$,

即 $x^2 + y^2 - 2x - 2y + 1 = 0$,也就是说,点 P 是 $\triangle ABC$ 的

内切圆 $x^2 + y^2 - 2x - 2y + 1 = 0$ 上的一点. 设点 P 的坐

标为 $P(x, y)$,如图 15 所示,根据题意,PA, PB, PC 的

平方和为

$$
\begin{aligned}
PA^2 &+ PB^2 + PC^2 \\
&= x^2 + (y-3)^2 + x^2 + y^2 + (x-4)^2 + y^2 \\
&= 3x^2 + 3y^2 - 8x - 6y + 25 \\
&= 3(x^2 + y^2 - 2x - 2y + 1) - 2x + 22 \\
&= -2x + 22
\end{aligned}
$$

由 $(x-1)^2 + (y-1)^2 = 1$,得

$$(y-1)^2 = 1 - (x-1)^2$$

所以 $1 - (x-1)^2 \geqslant 0$,因此 $(x-1)^2 \leqslant 1$. 所以

$-1 \leqslant x - 1 \leqslant 1$,则 $0 \leqslant x \leqslant 2$. 即 $x_{\min} = 0, x_{\max} = 2$. 而 $x = 0$

时,$y = 1$,当 $x = 2$ 时,$y = 1$,所以对于 $P_1(0,1)$,$PA^2 +$

$PB^2 + PC^2$ 取得极大值 22,而对于 $P_2(2,1)$,$PA^2 +$

$PB^2 + PC^2$ 取得极小值 18.

第 7 章

1. $2^{-\frac{1}{3}}$.

2. 4.

3. 在直角坐标系中作出 $f_1(x) = 4x + 1, f_2(x) =$

$x + 2, f_3(x) = -2x + 4$ 的图像,可得

$$f(x) = \begin{cases} 4x+1, & x \leq \dfrac{1}{3} \\ x+2, & \dfrac{1}{3} < x \leq \dfrac{2}{3} \\ -2x+4, & x > \dfrac{2}{3} \end{cases}$$

进而可求得 $f_{\max}(x) = \dfrac{8}{3}$.

4. 因点 (x,y) 在 $y = f(x)$ 的图像上, 故 $y = \log_2(x+1)$. 点 $(\dfrac{x}{3}, \dfrac{y}{2})$ 在 $y = g(x)$ 的图像上, 故 $\dfrac{y}{2} = g(\dfrac{x}{3})$. 从而

$$g(\dfrac{x}{3}) = \dfrac{1}{2}\log_2(x+1)$$

所以

$$g(x) = \dfrac{1}{2}\log_2(3x+1)$$

因此

$$\begin{aligned} p(x) &= g(x) - f(x) \\ &= \dfrac{1}{2}\log_2(3x+1) - \log_2(x+1) \\ &= \dfrac{1}{2}\log_2 u \end{aligned}$$

其中

$$u = \dfrac{3x+1}{(x+1)^2} = -\dfrac{2}{(x+1)^2} + \dfrac{3}{x+1}$$

$$= -\dfrac{1}{2}(\dfrac{1}{x+1} - \dfrac{3}{4})^2 + \dfrac{9}{8}$$

因此, 当 $\dfrac{1}{x+1} = \dfrac{3}{4}$, 即 $x = \dfrac{1}{3}$ 时, $u_{\max} = \dfrac{9}{8}$. 从而

$P(x)$ 的最大值为 $\dfrac{1}{2}\log_2\dfrac{9}{8}$.

5. 略.

6. 不妨设 $x_1 \leqslant x_2 \leqslant \cdots \leqslant x_n$，令 $m = \min\limits_{i \neq j}|x_i - x_j|$，则
$$x_i - x_j \geqslant (i-j)m \quad (i>j)$$

于是有
$$\sum_{i \neq j}(x_i - x_j)^2 \geqslant m^2 \sum_{i \neq j}(i-j)^2 = m^2 \sum_{k=1}^{n-1}(n-k)k^2$$
$$= \frac{m^2 n^2(n^2-1)}{12}$$

另一方面，有
$$\sum_{i \neq j}(x_i - x_j)^2 = (n-1)\sum_{i=1}^{n}x_i^2 - 2\sum_{i \neq j}x_i x_j$$
$$= n\sum_{i=1}^{n}x_i^2 - \left(\sum_{i=1}^{n}x_i\right)^2 \leqslant n$$

所以，$\dfrac{m^2 n^2(n^2-1)}{12} \leqslant n$. 即 $m \leqslant \sqrt{\dfrac{12}{n(m^2-1)}}$. 又当

$\sum\limits_{i=1}^{n}x_i = 0$，$\{x_i\}$ 成等差数列时，上述等号成立，故 m 的

最大值为 $\sqrt{\dfrac{12}{n(n^2-1)}}$ 即

$$\max_{i \neq j}\ \min_{i \neq j}\{|x_i - x_j|\} = \frac{12}{n(n^2-1)}$$

7. 175.

8. 55.

9. 9.

10 ~ 12. 略.

14. 10.

第8章

1. 易知 $|C| = |0|$, $|A \cup B \cup C| = 102$, 在

$$|A \cup B \cup C| = 102, |A| = |B| = 100, |C| = 101$$

的条件下, $|A \cap B|$ 的最小值是 98, $|B \cap C|$ 的最小值是 99, $|A \cap C|$ 的最小值也为 99, 且这种情况是可能出现的. 例如, 取 $A = \{a_1, a_2, \cdots, a_{99}, a_{100}\}$, $B = \{a_1, a_2, \cdots, a_{98}, a_{101}, a_{102}\}$, $C = \{a_1, a_2, \cdots, a_{97}, a_{98}, a_{99}, a_{100}, a_{101}, a_{102}\}$, 故 $|A \cap B \cap C|$ 的最小可能值为 97.

2. 1 992.

3. 令 $P = \{2n + 1 | 33 \leqslant n \leqslant 99\}$, 易证 P 有 67 个元素且可作为 A 满足题述要求. 另一方面, 令 $Q_m = \{k | k = 3^r m, k \in S, r$ 为非负整数$\}$, $m = 1, 5, 7, 11, \cdots$, $197, 199$ 为与 3 互素的正整数, 这样的 m 共有 67 个, 设 S_1 为 S 的任一不少于 68 个元素的子集, 由抽屉原则知 S_1 必有两个元素同属于 Q_m, 二者之中小的整除大的, 故 $A \neq S_1$, 所以 A 最多有 67 个元素.

4. 首先, 由 $f(1) = 1, f(2) = 3$ 知所求的最小值不超过 3, 其次, 考察 $f(1 + n) 3 f(n)$ 的值可知, 当 $n \geqslant 5$ 时, $\dfrac{f(n + 1)}{f(n)} \geqslant 3$. 最后, 因为 $f(3) = 8, f(4) = 22$, $f(5) = 65$, 所以有 $\dfrac{f(3)}{f(2)} = \dfrac{8}{3}, \dfrac{f(4)}{f(3)} = \dfrac{11}{4}, \dfrac{f(5)}{f(4)} = \dfrac{65}{22}$. 可见, 最小值为 $\dfrac{f(3)}{f(2)} = \dfrac{8}{3}$.

5. 设所求的数为 $\overline{a_1 a_2 \cdots a_{n-1} a_n}$, 按已知有

$$\overline{a_n a_1 a_2 \cdots a_{n-1}} = 5 \cdot \overline{a_1 a_2 \cdots a_{n-1} a_n}$$
$$a_n \cdot \underbrace{99 \cdots 95}_{n-2\text{个}} = 49 \cdot \overline{a_1 a_2 \cdots a_{n-1}}$$

分析上式被 7 和 49 整除的情形，可得 $n=6$，$a_n=7$. 于是又有 $7 \times 99\,995 = 49 \times \overline{a_1 a_2 \cdots a_5}$，最后得到最小自然数为 142 857.

6. 最少有 8 个同色三角形. 考虑异色三角形可知，至多有 48 个异色三角形. 将 8 点均分为 A,B 两组，并将同组两点连线染红色、异组两点连线染蓝色，这时恰有 8 个同色三角形.

7. 最大整数 $A=505$.

8. 相同的非零数字最多有 3 个，具有这种性质的最小完全平方数是 $38^2 = 1\,444$.

9. $h(r)=2r$. 首先，将集合 $\{1,2,\cdots,2r\}$ 分成 r 组，则 $r,r+1,\cdots,2r$ 这 $r+1$ 个数有两个 u 和 v 在同一组中. 设 $u<v$. 令 $a=2u-v\geqslant 0$，$x=y=v-u\geqslant 1$，则
$$a+x=a+y=u,\ a+x+y=v$$
所以 $h(r)\leqslant 2r$.

其次，将集合 $\{1,2,\cdots,2r-1\}$ 分成 r 组：$\{1,r+1\},\{2,r+2\},\cdots,\{r-1,2r-1\},\{r\}$ 用反证法可证，对任何 $a\geqslant 0$ 和 $1\leqslant x\leqslant y$，$a+x,a+y,a+x+y$ 都不可能在同一组. 所以必有 $h(r)>2r-1$.

10. 最多有 n 条直径.

11. $n=96$. 我们将 $1,2,3,4$ 排入 A 组，于是 $6,18,12$ 应在 B 组，48 在 A 组. 至此可见，无论 96 属于 A 组还是 B 组，都将出现满足要求的 3 个数. 对于 $n=95$，我们令
$$A=\{1,2,3,4,5,7,9,11,13,48,60,72,80,84,$$

90}

$$B = \{1,2,\cdots,95\} \backslash A$$

可见,同组任何 3 个数都不满足题中的要求.

当 $n = 96$ 时,注意 96 的所有因数是 1,2,3,4,6,8,12,16,24,32,48,96. 用分类反证法可以证明,无论把这些数怎样分成两组,都必有一组的 3 个数满足题中要求.

12. 设 $A_1 = \{S$ 中被 2 整除的数$\}$,$A_2 = \{S$ 中被 3 整除的数$\}$,$A_3 = \{S$ 中被 5 整除的数$\}$,$A_4 = \{S$ 中被 7 整除的数$\}$,并记 $A = A_1 \cup A_2 \cup A_3 \cup A_4$,易得 $|A| = 216$.

由于在 A 中任取 5 个数,必有两个数在同一个 A_i 中,且不互素,故 $n \geq 217$.

另一方面,设 $B_1 = \{1$ 和 S 中的一切素数$\}$,$B_2 = \{2^2,3^2,5^2,7^2,11^2,13^2\}$,$B_3 = \{2 \times 131,3 \times 89,5 \times 53,7 \times 37,11 \times 23,13 \times 19\}$,$B_4 = \{2 \times 127,3 \times 83,5 \times 47,7 \times 31,11 \times 19,13 \times 17\}$,$B_5 = \{2 \times 113,3 \times 79,5 \times 43,7 \times 29,11 \times 17\}$,$B_6 = \{2 \times 109,3 \times 73,5 \times 41,7 \times 23,11 \times 13\}$.

记 $B = B_1 \cup B_2 \cup \cdots \cup B_6$,则 $|B| = 88$. 于是,$S \backslash B$ 含有 192 个元素,在 S 中任取 217 个数,由于 $217 - 192 = 25$,故必有 25 个元素在 B 中. 于是必有 5 个数属于同一 B_i,显然它们两两互素.

故 n 的最小值为 217.

13. 76 个.

14. 至少有 12 个点.

15. 最多有 91 个元素.

16. 设 n 的质因数分解式为

$$n = p_1^{r_1} p_2^{r_2} \cdots p_k^{r_k}$$

其中 $p_1, p_2, \cdots, p_k$ 是 n 的不同质因数, $r_1, r_2, \cdots, r_k$ 是正整数, 于是正整数因子的个数为 $(r_1+1)(r_2+1)\cdots(r_i+1)$. 因为

$$(r_1+1)(r_2+1)\cdots(r_k+1) = 75 = 3 \times 5 \times 5$$

所以 n 最多有三个不同的质因数, 为了使 n 最小且是 75 的倍数的质因数应取之集合 $\{2,3,5\}$, 并且 3 至少出现 1 次, 5 至少出现 2 次即

$$n = 2^{r_1} 3^{r_2} 5^{r_3}$$

$$(r_1+1)(r_2+1)(r_3+1) = 75 (r_2 \geq 1, r_3 \geq 2)$$

解得满足上述条件的 (r_1, r_2, r_3) 为

$$(4,4,2), (4,2,4), (2,4,4), (0,4,14)$$
$$(0,14,4), (0,2,24), (0,24,2)$$

不难得到, 当 $r_1 = r_2 = 4, r_3 = 2$ 时, n 最小, 此时

$$n = 2^4 \times 3^4 \times 5^2 = 32\,400$$

17. 由于把 1 993 分成若干个不相等的自然数的和的分法只有有限种, 因而一定存在一种分法, 使得这些自然数的乘积最大.

若 1 作为因子, 显然乘积不会最大, 把 1 993 分成若干个互不相等的自然数的和, 因子个数越多, 乘积就越大(这一点留给读者补证), 于是为使因子个数越多, 乘积就越大(这一点留给读者补证). 于是为使因子个数尽可能地多, 我们把 1 993 分成 $2+3+\cdots+n$ 直到和不小于 1 993.

若和比 1 993 大 1, 这时因子个数至少减少 1 个, 为了使乘积最大, 应去掉最小的 2, 并将最后一个数 (最大)加上 1.

若和比 1 993 大 $m(m>1)$, 则去掉等于 m 的那个数, 便可使得乘积最大.

令 $2+3+\cdots+n \geqslant 1\,993$，则
$$n^2+n-3\,988 \geqslant 0$$
由于 n 是满足上述不等式的最小自然数，故 $n=63$，此时
$$(2+3+\cdots+63)-1\,993=22$$

因此，把 $1\,993$ 写成 $(2+3+\cdots+21)+(23+\cdots+63)$ 时，这些数的乘积最大，其积为
$$(2 \times 3 \times \cdots \times 21) \times (23 \times 24 \times \cdots \times 63)$$

18. 不难写出 16 项的数列满足条件，如 $1,1,-2.6,1,1,1,-2.6,1,1,1,-2.6,1,1,-2.6,1,1$. 考虑 $a_1,a_2,\cdots,a_{17}$，有
$$0 < (a_1+a_2+\cdots+a_{11})+(a_2+a_3+\cdots+a_{12})+\cdots+$$
$$(a_7+a_8+\cdots+a_{17})$$
$$= (a_1+a_2+\cdots+a_7)+(a_2+a_3+\cdots+a_8)+\cdots+$$
$$(a_{11}+a_{12}+\cdots+a_{17}) < 0$$
矛盾，故这个数列最多有 16 项.

19. 一元、二元、三元子集共 175 个，显然满足要求，所以 $k \geqslant 175$.

假设 $k > 175$，则 $\{B_1,B_2,\cdots,B_k\}$ 中至少有一个子集多于 3 个元素. 不妨设 B_i 多于 3 个元素，且 $a \in B_i$，记 $B_i \backslash \{a\}$ 为 B_i 去掉 a 所得的集合，则 $B_i \cap B_i \backslash \{a\}$ 至少有 3 个元素，所以 $B_i \backslash \{a\} \notin \{B_1,B_2,\cdots,B_k\}$.

现在用 $B_i \backslash \{a\}$ 替换 B_i，得到的一族子集仍符合要求，不断进行这种替换，可使子集族中每个子集的元素最多只有 3 个，而不改变子集的个数，故 k 的最大值为 175.

20. 首先，98 个和数不可能都是奇数，否则，这 100 个自然数的排列顺序只能是下列情况之一：

部分习题答案或提示

（1）奇奇奇奇……；

（2）奇偶偶奇偶偶……；

（3）偶奇偶偶奇偶……；

（4）偶偶奇偶偶奇…….

这四种情况与 100 个连续自然数矛盾. 而把 1~100 个自然数按如下顺序排列

奇偶偶奇偶偶……奇偶偶奇奇……奇

（25个奇数 50个偶数 25个奇数）

可得到 97 个奇数. 故和数为奇数的最多为 97 个.

21. 首先证明：无论将集 $\{1,2,\cdots,8,9\}$ 划分怎样的两个子集，至少在一个子集中含有成等差数列的三项. 其次，对于 $\{1,2,\cdots,7,8\}$，存在一种分法：$\{1,3,6,8\}$，$\{2,4,5,7\}$，每一个子集中都没有三项成等差. 故最大值为 8，最小值为 9.

22. 设所有行（或列）中各数之和的最小者为 k. 当 $k<1\,999$ 时，该行（或行）中至少有 $1\,999-k$ 个 0，这 $1\,999-k$ 个 0 的所在列（或行）各数之和均不小于 $1\,999-k$. 而位于其他列（或行）的各数之和都不小于 $1\,999-k$. 所以，$S\geqslant(1\,999-k)^2+k^2=2(k-\dfrac{1\,999}{2})^2+\dfrac{1\,999^2}{2}$. 当 $k=1\,999$ 时，$S_{\min}=\dfrac{1}{2}(1\,999^2+1)$. 另外，只要当 $i+j$ 为奇数时，$a_{ij}=0$；当 $i+j$ 为偶数时，$a_{ij}=1$，就有 $S=\dfrac{1}{2}(1\,999^2+1)$. 又当 $k\geqslant1\,999$ 时，显然有 $S>\dfrac{1}{2}(1\,999^2+1)$. 故 $S_{\min}=\dfrac{1}{2}(1\,999^2+1)$.

23. 容易看出，数列

$n,n,n-1,n-1,\cdots,2,2,1,1,2,2,\cdots,n-1,n-1,$

305

n , n

满足题中要求,故知所求的最大值不小于 $4n-2$,用数学归纳法可以证明最大值就是 $4n-2$.

24. 最多有 m 位朋友,设朋友最多的人 A 有 $k>m$ 位朋友: $B_1B_2,\cdots,B_k$,设 $\{B_{i_1},B_{i_2},\cdots,B_{i_{m-1}}\}$ 是 $S=\{B_1,B_2,\cdots,B_k\}$ 的任一 $m-1$ 元子集,则 $A,B_{i_1},\cdots,B_{i_{m-1}}$ 这 m 个人有唯一的公共朋友 $C_i\in S$. 这就在 S 的 $m-1$ 元子集与 S 之间建立了一个对应且易证这个对应是单射,故有 $C_k^{m-1}\leqslant k$,矛盾.

25. 当 $m=n=1$ 时, $|12^m-5^n|=7$. 下面我们用穷举法证明 7 就是最小值.

(1) $|12^m-5^n|$ 为奇数,不可能为 2,4,6.

(2) 因为 $3|12^m,3|5^n,5\nmid 12^m$,故 $|12^m-5^n|$ 不可能为 3 或 5.

(3) 若 $12^m-5^n=1$,则 $12^m-1=5^n$. 左端为 11 倍数而右端不是,矛盾.

(4) 若 $12^m-5^n=-1$,则 $12^m=5^n-1$. 右端末位数字为 4,于是应有 $m=4k+2$. 这又导致 $144^{2k+1}+1=5^n$. 但 $145|144^{2k+1}$ 而 $145\nmid 5^n$,矛盾. 可见,所求的最小值为 7.

26. 6 条.

27. 当 $3|2n-1$ 时,最小值为 $n-1$;当 $3\nmid 2n-1$ 时,最小值为 n .

28. 显然,任何两个球面都相交且任何四个球面都不交于一点时,所分成的部分区域数达到最大值.

像 8.2 节的例 9 一样地可以证明,前 k 个球面将第 $k+1$ 个球面分成 $m_k=k^2-k+2$ 部分,这些部分中的每一片都恰好把所通过的前 k 个球面所分出的那部分

一分为二,由此递推可得,n 个球面最多能空间分成 $\frac{1}{3}n \cdot (n^2 - 3n + 8)$ 个区域.

29. 最小值为 $3k - 1$. 首先将标有号码 $1, 2, \cdots, k$, $3k + 1, 3k + 2, \cdots, 4k$ 的 $2k$ 个点分别在 A 组,其余 $2k$ 个点分在 B 组. 则可连出 $2k$ 条互不相交的弦,使得任一条弦的两个端点都不在同一组中,于是有 $N \leqslant 3k - 1$.

现将 A 组的前 k 个数的集称为 A_1,后 k 个数为 A_2,将圆周分为两半,每个半圆上有 $2k$ 个点. 第一个半圆上奇数位置的点依次标数 $1, 2, \cdots, k$;偶数位置依次标 A_2 中的 k 个数. 第二个半圆上依次标数 $k + 1$, $k + 2, \cdots, 3k$,使 $3k$ 与 1 相邻,$k + 1$ 与 $4k$ 相邻. 易见,这时有 $N \geqslant 3k - 1$.

30. 在 1 982 个人中,A 不认识 B 和 C. 此外,每 2 个人都互相认识,则任意 4 个人中至少有 1 个人认识其余 3 个人,这时有 1 979 个人认识全体到会者,即有 3 个人不认识全体到会者. 另外,假设有 4 个人不认识全体到会者,设 A 为其中之一,A 不认识 B,还有 C 不认识全体到会者,C 不认识 D,若 D 不是 A, B,则 A, B, C, D 四人中每一个都不全认识其余三个人. 所以 C 不认识的人一定是 A, B. 又还有 D 不认识全体到会者. 同理,D 不认识的人一定是 A, B, C. 这时 A, B, C, D 四个人不满足条件,故认识全体到会者的人至少有 1 979 个人

31. 假定直径多于 n 条. 如果从某个点出发的直径少于两条,我们就把这点除去,剩下的 $n - 1$ 个点至少有 n 条直径,显然 $n - 1 \geqslant 3$,故不妨假设从每一点都至少引出两条直径.

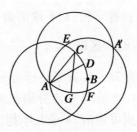

图 16

因为直径数目比点多,而每条直径都联结两个点,所以至少有一点 A 引出三条直径 AB, AC, AD,每两条直径的夹角不超过 $60°$,否则另一端的距离大于 d. 不妨设 AD 在 AB 与 AC 之间. 因此,圆(A,d)(以 A 为圆心,d 为半径的圆),圆(B,d),圆(C,d) 的公共部分覆盖了整个点集,而与 D 距离为 d 的点只有点 A 一个(图 16 中,对 $\overparen{AF}$ 上任一点 $G \neq A$,由于 $\angle GDC > \angle ADC = \angle ACD > \angle GCD$,所以 $DG < CG = d$. 同理可证 D 到除 A 外的其他点距离小于 d). 即点 D 只引出一条直径,矛盾. 故命题成立.

32. 任一城市 O 与三个城市 A, B, C 联结. 这三个城市中的每一个至多分别与两个城市相联结. 这样,城市的个数不大于 $1 + 3 + 3 \times 2 = 10$.

如图 17 所示,恰有 10 个城市的图在图论中称为彼得森图.

图 17

33. 把 20 个队分成两个组,各有 k 个队和 $20-k$ 个队,使每个组中的所有队之间都比赛一次,这样比赛的次数为

$$C_k^2 + C_{20-k}^2 = (k-10)^2 + 90 \geqslant 90$$

由于任何三个队中至少有两个队在同一组,而同一组的两个队都相互比赛过,所以至少需 90 场比赛,当两组各有 10 个队时,恰好比赛 90 场.

34. 胜者的最大号码是 20 号.

因为不计比他强的选手时,k 号选手只可能输给 $k+1$ 号和 $k+2$ 号选手,所以,胜 1 号选手的号数至多为 3,胜 3 号的号数至多为 5,…. 因此,冠军的号数不可能低于 $1 + 2 \times 10 = 21$. 但在冠军号数为 21 时,第一轮比赛后应淘汰 1 号和 2 号选手,他们分别败于 3 号和 4 号选手;在第二轮中 3 号、4 号被淘汰,5 号、6 号取胜,等等. 依此类推,直到第九轮,在该轮比赛中 19 号和 20 号选手应分别战胜 17 号和 18 号选手,这样,21 号选手将不会进入决赛.

下面举一个第 20 号选手获胜的赛例,全体参赛者按每组 512 人分成两组,第一组中包括第 19 号、20 号及其他510名较弱的选手,该组的比赛使得第 20 号选手获胜(显然,这是可能的). 在第二组中有 1 号至 18 号选手及其余较弱的选手,在该组比赛中使第 18 号选手获胜,这只要出现前面所说的情况,是可以做到的:第一轮中 3 号、4 号分别战胜 1 号、2 号;第二轮中 5 号、6 号战胜 3 号、4 号等等;到第八轮,第 17 号和 18 号选手战胜 15 号和 16 号选手,在第九轮中 18 号选手战胜 17 号选手. 这样,参加决赛的将是第 20 号选手和第 18 号选手,于是,20 选手可能获胜.

35. 由于 $a_1 + \cdots + a_p \geqslant 1 + 2 + \cdots + p = \dfrac{p(p+1)}{2}$

故 $\qquad \dfrac{p(p+1)}{2} \leqslant 32$

由此可知 $p \leqslant 7$，$p = 7$ 时只有五种可能的组合

$$
\begin{array}{cccccccc}
 & a_1 & a_2 & a_3 & a_4 & a_5 & a_6 & a_7 \\
(1) & 1 & 2 & 3 & 4 & 5 & 6 & 11 \\
(2) & 1 & 2 & 3 & 4 & 5 & 7 & 10 \\
(3) & 1 & 2 & 3 & 4 & 5 & 8 & 9 \\
(4) & 1 & 2 & 3 & 4 & 6 & 7 & 9 \\
(5) & 1 & 2 & 3 & 5 & 6 & 7 & 8 \\
\end{array}
$$

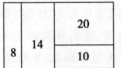

图18

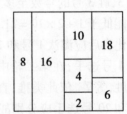

图19

图20

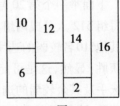

图21

　　第一种组合不可能在棋盘上实现，因为棋盘上剪出的矩形不可能是 22 格的. 其他四种情况都是可以实现的，如上图（图18～图21）所示（图中数字表示该块含方格数）.

　　36. 认识可能是双方的，也可能是单方的.

（1）假设认识按双向性理解，作一个有 1 982 个点图 G，每点代表一个人，若两人彼此不认识，就将相应两点连一条边，认识者不连. 于是，我们的问题变为：已知在此图中，每 4 点所成的子图，至少有一孤立点，问图中最少有多少个孤立点？

设 G 中有边 AB. 若又有边 CD 联结另两点 C,D，则 A,B,C,D 四点所成子图中无孤立点，矛盾. 因此 G 中任一点或者是孤立点，或者与 A 或 B 相连，设点 C 与 A 相连，则对任一点 D，由于 A,B,C,D 所成子图中有孤立点，所以 D 不与 A、B 相连，从而（根据上面所证）D 为 G 的孤立点. 于是 G 中至多有 A,B,C 三点非孤立点，至少有 1 979 个孤立点，即该团体中至少有 1 979 个人认识其他所有人.

（2）若认识是单向的，设 1 982 个人围成一圆圈，每人皆不认识其右邻，但认识其余的人. 容易证明，任 4 人中都至少有 1 人认识其他 3 人，但团体中无 1 人认识其他所有人，即认识所有其他人的人数最少是 0.

37. 设纸片数为 k，在每张纸片上标出 4 个顶点（纸片上可能不止 4 个顶点），这些顶点每一个都是矩形的顶点，或原正方形的顶点，如果两张纸片上标出的 2 个顶点实际上是同一个点，那么这一点一定是原来靠在一起的两个矩形的共同顶点. 因此

$$4k \leqslant 4n + 4$$

从而得 $$k \leqslant n + 1$$

38. 如果所画的直线都互相平行，那么它们将平面分成 $n+1$ 个区域，这时能涂色的区域不超过 n 个，因为

$$\frac{n^2+n}{3} = \frac{n(n+1)}{3} \geqslant \frac{n(2+1)}{3} = n$$

所以此时命题成立.

设并非所有直线都互相平行,每个区域的边界由若干条位于不同直线上的线段或射线组成,这些线段和射线称为区域的边,每个区域的边数不少于2. 用 m_2 表示有两条边的涂色区域的个数;m_3 表示有三条边的涂色区域的个数,等等,我们用 m_4 表示边数最多的涂色区域的个数.

首先证明 $m_2 \leqslant n$. 任何有两条边的区域的边界是由两条射线组成的,并且每条射线只能是一个涂色区域的边界. 所有这样的射线不超过 $2n$ 条(每条直线上的射线不超过两条). 所以有两条边的涂色区域的边数不超过 $2n$,即 $m_2 \leqslant n$. n 条直线中的每一条被分成的区间(线段或射线)数不多于 n,所以所有的区间数不超过 n^2,因而所有区域边的总数也就不超过 n^2 条,由于每个区间至多是一个涂色区域的边,所以

$$2m_2 + 3m_3 + \cdots + km_k \leqslant n^2$$

涂色的区域数

$$m_2 + m_3 + \cdots + m_4$$
$$\leqslant \frac{n_2}{3} + \frac{2m_2 + 3m_2 + \cdots + km_k}{3}$$
$$\leqslant \frac{n}{3} + \frac{n^2}{3} = \frac{n^2 + n}{3}$$

39. 根据题设,对于正方形的顶点 S_1, S_2, S_3, S_4,在折线 L 上有 4 个点 L_1, L_2, L_3, L_4;使得 L_i 与 S_i 的距离不大于 $\frac{1}{2}(i = 1, 2, 3, 4)$.

在沿 L 由 A_0 到 A_n 时,不妨假定先经过 L_1,并且在 L_2 与 L_4 中,先出现的是 L_2.

考虑边 $S_1 S_4$. 对 $S_1 S_4$ 上每一点 P,L 中总有一点

312

$Q,PQ \leqslant \dfrac{1}{2}$. 现在将 S_1S_4 上的点分为两类:如果 Q 在 A_0L_2 这一段,P 在第一类,如果 Q 在 L_2A_n 上,P 在第二类. 显然 S_1 在第一类,S_2 在第二类,所以两类都是非空的,这两类可以有公共点(原因见后). 如果 P_0 是公共点,那么在折线 A_0L_2,L_2A_n 上各有点 Q_1,Q_2 满足

$$P_0Q_1 \leqslant \frac{1}{2},\ P_0Q_2 \leqslant \frac{1}{2}$$

从而

$$Q_1Q_2 \leqslant \frac{1}{2} + \frac{1}{2} = 1$$

另一方面,从 Q_1 沿着 L 到 Q_2 必须经过 L_2,而 Q_1 到 L_2 这段长 $\geqslant Q_1L_2 \geqslant S_1S_4 - P_0Q_1 - S_2L_2$

$$\geqslant 100 - \frac{1}{2} - \frac{1}{2} = 99$$

L_2 到 Q_2 这段长也不小于 99. 所以 Q_1,Q_2 之间的 L 的长不小于 198.

Q_1,Q_2 就是要求的点 X,Y.

最后来说明上面定义的两个类的公共点 P_0 是存在的. 设在边 S_1S_4 的从 S_1 到 S_4 的方向上,第一类的点最远能延伸到 P_0,从 S_4 到 S_1 的方向上,第二类点最远能延伸到 P_0'. 如果 P_0' 在 P_0 与 S_4 之间,那么区间(P_0,P_0') 内任何一点都不满足题设条件,从而 P_0' 必在 S_1P_0 上,即 P_0 必须是两类公共点.

40. 如图 22 所示,不妨设左方上中下三档珠数分别为 a,b,c,则右方上中下三档珠数分别为 $10-a$,$10-b$,$10-c$,依题意得

$$abc = (10-a)(10-b)(10-c) \tag{1}$$

即　　$abc = 500 - 50(a+b+c) + 5(ab+bc+ca)$

因 $1 \leqslant a,b,c \leqslant 9$,且 $5 \mid abc$,故 a,b,c 三数中至少有

一个是 5.

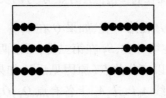

图 22

若只有一档珠数为 5. 不妨设 $a = 5$. 式（1）化为

$$bc = (10 - b)(10 - c) = 100 - 10(b + c) + bc$$

即　　　　　　　　　　$b + c = 10$

这时 b 可以取 $1, 2, 3, 4, 6, 7, 8, 9$, 而 c 相应取 $9, 8,$ $7, 6, 4, 3, 2, 1$, 共得 8 种分珠法. 同理, 若 $b = 5$（a, c 均不等于 5）, 或 $c = 5$（a, b 均不等于 5）, 也各有 8 种分珠法.

显然 $a = 5, b = 5, c = 5$ 时, 也是一种分珠法（注意: 若 a, b, c 中有两个是 5, 则第三个也必然是 5）.

综上可知, 总计共有 $8 + 8 + 8 + 1 = 25$ 种分珠法.

41. 用 A, a, B, b, C, c, D, d 和 E, e 表示五对孪生兄妹. 不妨设 A 只参加两个组的活动, 要同时满足（1）, （2）, 这两组要包含除 a 外的其余 8 人, 同时每组各为 5 人（不然, 则有一组包含一对孪生兄妹）. 由对称性, 这两组可以设为 (A, B, C, D, E) 和 (A, b, c, d, e). 再考虑 a, 为使编组尽可能地少, 可在 B, C, D, E 与 b, c, d, e 中各取一个（二者非孪生兄妹）编为 4 组

$$(B, a, c), (C, a, b), (D, a, e), (E, a, b)$$

最后, 将余下没有编在一组的非孪生关系的, 每两人编为一组, 共 8 组

$$(B, d)(B, e)(C, d)(C, e)(D, b)(D, c)(E, b)(E, c)$$

总共 14 组, 所以 k 的最少值为 14.

42. 设甲队胜, 则甲队必在前 13 场比赛中胜 7 场,

可能情况有 C_{13}^7 种. 若乙队胜,也应有 C_{13}^7 种可能情况. 故共有 $C_{13}^7 = 3\,422$ 种.

43. 称积分最多的为冠军,设冠军胜 n 场,平 m 场,则他共积 $2n+m$ 分. 由题设,其余各队胜的场数不少于 $n+1$,即积分不少于 $2(n+1)$. 由 $2n+m>2n+2$ 得 $m \geqslant 3$. 从而有队踢过平局,他们的积分不少于 $2(n+1)+1$,由 $2n+m \geqslant 2n+3$,得 $m \geqslant 4$.

冠军队至少胜 1 场,否则,它的积分不多于 $S-1$(S 是参赛的队数). 其余队的积分少于 $S-1$,于是所有参赛队积分之和少于 $S(S-1)$. 而每赛一场,双方积分之和总是 2 分,因此所有队积分之和应是

$$2 \cdot \frac{S(S-1)}{2} = S(S-1)$$

矛盾.

这样,$m \geqslant 4$,$n \geqslant 1$,因此冠军队比赛场数不少于 5,参赛队数(包括冠军队)不少于 6.

下面的比赛积分表(表1)表明,有 6 个队(分别用 A,B,C,D,E,F 表示)参赛且满足题设要求的比赛结果. 因此至少 6 队参赛.

表 1

	A	B	C	D	E	F	积分
A		1	1	1	1	2	6
B	1		2	0	0	2	5
C	1	0		0	2	2	5
D	1	2	2		0	0	5
E	1	2	0	2		0	5
F	0	0	0	2	2		4

44. 将 E 中的点依次记为 $1,2,3,\cdots,2n-1$，并将点 i 与 $i+(n-1)$ 用一条边相连（我们约定 $j+(2n-1)\cdot k(k\in\mathbf{Z})$，表示同一点 j）. 这样得到一个图 $G.$ G 的每个点的次数均为 2（即与两个点相连），并且相差为 3 的两个点与同一点相连.

由于 G 的每个点的次数为 2，G 由一个或几个圈组成.

在 $3\nmid 2n-1$ 时，$1,2,\cdots,2n-1$ 中每一点 j 都可以表示成 $3k$ 的形式（即方程 $3x\equiv j(\bmod(2n-1))$ 有解），因此图 G 是一个长为 $2n-1$ 的圈. 在这圈上可以取出 $n-1$ 个互不相邻的点，而且至多可以取出 $n-1$ 个互不相邻的点.

在 $3\mid 2n-1$ 时，图 G 由三个长为 $\dfrac{2n-1}{3}$ 的圈组成，各个圈的顶点集合为

$$\left\{1+3k,k=0,1,\cdots\dfrac{2n-4}{3}\right\}$$

$$\left\{2+3k,k=0,1,\cdots\dfrac{2n-4}{3}\right\}$$

$$\left\{3k,k=1,\cdots\dfrac{2n-1}{3}\right\}$$

每个圈上至多可以取出

$$\dfrac{\dfrac{2n-1}{3}-1}{2}=\dfrac{n-2}{3}$$

个点，两两互不相邻. 总共可以取出 $n-2$ 个点互不相邻.

综上所述，在 $3\nmid 2n-1$ 时，$\min k=n$，在 $3\mid 2n-1$ 时，$\min k=n-1$.

45. 9 只鸟在同一圆周上,1 只鸟不在这圆周上,满足题目条件.

设有鸟最多的圆上至少有 l 只鸟,则 $4 \leqslant l \leqslant 9$.

首选证明,$l \neq 4$. $l \leqslant 9$,必有 4 只鸟不在同一圆周上,过其中每 3 只作一个圆,共得 4 个圆,其余 6 只鸟中的每一只与上述 4 只鸟组成 5 元组,因而这只鸟必在(上述 4 个圆中)某一个圆上,6 只鸟中必有 2 只在同一个圆上,从而这个圆上至少有 5 只鸟.

其次,如果 $5 \leqslant l \leqslant 8$,设圆 C 上有 l 只鸟,则 C 外至少有两只鸟 b_1, b_2,对圆 C 上任三只鸟,其中必有两只与 b_1, b_2 共圆,设 C 上的 b_3, b_4 与 b_1, b_2 共圆,b_5, b_6 与 b_1, b_2 共圆,C 上第 5 只鸟 b_7 及 b_3, b_5,这 3 只鸟中没有两只能与 b_1, b_2 共圆,矛盾.

所以 $l = 9$.

46. 设染色的线段到少有 33 条,则由于线段共 $C_9^2 = 36$ 条,不染色的线段至多 3 条.

若点 A_1 引出不染色的线段,去掉 A_1 及所引出的线段,若剩下的图中,还有点 A_2 引出不染色的线段,去掉 A_2 及所引出的线段. 依此进行,由于不染色的线段至多 3 条,所以至多去掉 3 个顶点(及从它们引出的线段),即有 6 个点,每两点之间的连线染上红色及蓝色.

熟知这里存在一个同色三角形.

如图 23 所示,表明染色的边少于 33 条时,未必有同色三角形(不染色的边 $1-9, 2-8, 3-7, 4-6$ 没有画出),其中 1,9 与 2,8 间的虚线表明 $1-2, 1-8, 9-2, 9-8$ 均为虚线,5 与 4,6 间的实线表明 $5-4, 5-6$ 均为实线等等.

因此 $n = 33$.

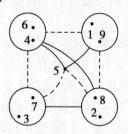

图 23

47. 设最受欢迎的书有 k 人购买. 每人买 3 本书, 共买 30 本书. 若 $k \leqslant 4$, 由于 $4 \nmid 30$, 不可能每种书均被 4 人购买. 设第一个人购的书为 a, b, c, 并且买 a 的人不超过 3 人, 则与第一个人的公共图书为 a 的, 不超过 2 人; 为 b 或 c 的, 均不超过 3 人. 从而总人数不超过 $1 + 2 + 3 + 3 = 8$, 矛盾! 因此 $k \geqslant 5$.

现给出一种 $k = 5$ 的购书法(表 2).

表 2

书\人	1	2	3	4	5	6	7	8	9	10
A	√	√	√							
B	√			√	√	√				
C	√						√	√	√	√
D		√		√	√					
E		√				√	√			
F			√	√	√	√		√		
G		√			√				√	√

因此, 购买人数最多的一种书, 最少有 5 人购买.

48. 最多发出 100 000 个. 事实上, 若发出了 100 001 个车牌, 则由抽屉原则知至少有 10 001 个号码

首位相同;同理这 10 001 个号码中至少有 1 001 个号码第 2 位亦相同,…,依此类推,至少有 2 个号码前 5 位均相同,违反规定. 另一方面,可发出 100 000 个车牌并符合规定:号码的后 5 位任意填写但没有两个完全相同(有 10^5 种填法),首位则为后 5 倍数字之和的个位数字. 若有 2 个号码后 5 位数字仅有 1 位不同,则其首位也必不同. 所以这 100 000 个号码符合规定.

49. 设有 n 个学校,第 i 个学校派出 x_i 个男选手、y_i 个女选手$(i = 1, 2, \cdots, n)$.

由题意,有

$$\left| \sum_{i=1}^{n} x_i - \sum_{i=1}^{n} y_i \right| = \left| \sum_{i=1}^{n} (x_i - y_i) \right| \leqslant 1$$

单打比赛有 $\sum_{i<j} (x_i x_j + y_i y_j)$ 场,混单比赛有 $\sum_{i<j} (x_i y_i + x_j y_i)$ 场. 由题意,有

$$\left| \sum_{i<j} (x_i x_j + y_i y_j - x_i y_j - x_j y_i) \right| \leqslant 1$$

即 $\qquad \left| \sum_{i<j} (x_i - y_i)(x_j - y_j) \right| \leqslant 1$

因此

$$\sum_{i=1}^{n} (x_i - y_i)^2 = \left(\sum_{i=1}^{n} (x_i - y_i) \right)^2 - 2 \sum_{i<j} (x_i - y_i)(x_i - y_j)$$
$$\leqslant 1 + 2 = 3$$

即在 $(x_i - y_i)(i = 1, 2, \cdots, n)$ 中至多只有三项不为零,而且这 n 项都应为 1. 这就是说,至多 3 个学校的人数 $x_i + y_i$ 为奇数.

如果只有 3 个学校,其中 2 个各派 1 名男孩,另 1 个学校派 1 名女孩,那么题目中的条件全满足,而奇数个选手的学校恰好 3 个.

50. 显然,如果选出 n 个小方格满足问题的条件,那么,在每一行、每一列都恰好有一个选定的小方格.

图 24 表明 $n = 7$ 时,有满足要求的选法.

设 $n > 7$,称第一个方格被选定的行为 A. 若 A 是第一行,则称第二、三行为 B, C. 若 A 是第 n 行,则称第 $n-1, n-2$ 行为 B, C. 若 A 不是第一行与第 n 行,则称与 A 相邻的两行为 B, C.

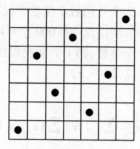

图 24

设 B 中第 b 个方格是选定的. 如果 $b \leqslant n - \left[\dfrac{n}{2}\right]$ 或 $b > \left[\dfrac{n}{2}\right] + 1$(这里 $[x]$ 表示 x 的整数部分). 那么在 A, B 两行中就可以找到一个面积不小于 n 而其中不含选定小方格的长方形,所以必定有:$n - \left[\dfrac{n}{2}\right] < b < \left[\dfrac{n}{2}\right] + 2$. 考虑 A, B, C 三行中,由第 $2, 3, \cdots, n - \left[\dfrac{n}{2}\right]$ 列构成的长方形与第 $2 + \left[\dfrac{n}{2}\right], \cdots, n$ 列构成的长方形,因为 $n > 7$,它们的面积都不小于 n,这两个长方形中都不含有 A, B 两行中选定的小方格. 而 C 这行中只能有一个选定的的小方格,所以这两个长方形中必定有一个是不包含有选定的小方格的.

因此,所求的最大值为 $n = 7$.

注:$n=6$ 时,符合问题要求的选法不存在.

51. $n=k$ 时结论显然. 假设命题对 $n-1$(不小于 k)成立. 考虑由 $s_1 > s_2 > \cdots > s_n$ 组成的 n 元集 S.

由归纳假设,对 $S_0 = \{s_2, s_3, \cdots, s_n\}$ 存在 $k(n-1-k)+1$ 个形如 $x_1 + x_2 + \cdots + x_4$ 的互不相等的数,其中 $x_1, x_2, \cdots, x_k$ 是 S_0 中不同元素.

显然
$$s_1 + s_2 + \cdots + s_k > s_1 + s_2 + \cdots + s_{k-1} + s_{k+1}$$
$$> s_1 + s_2 + \cdots + s_{k-2} + s_k + s_{k+1}$$
$$> \cdots > s_1 + s_2 + s_4 + \cdots + s_{k+1}$$
$$> s_1 + s_3 + s_4 + \cdots + s_{k+1}$$

并且这 k 个数中最小的大于 $s_2 + s_3 + \cdots + s_{k+1}$,即大于 S_0 中任 k 个元素的和. 所以对 n 元集 S,相应的集 T 至少有 $k(n-1-k)+1+k = k(n-k)+1$ 个元素.

于是,本题结论对一切自然数 $n \geq k$ 成立.

52. (1)设各组所含点数为 $x_1, x_2, \cdots, x_{83}$,则 $x_1 + x_2 + \cdots + x_{83} = 1\,994$. 且
$$m(G) = C_{x_1}^3 + C_{x_2}^3 + \cdots + C_{x_{83}}^3 \qquad (2)$$
若 $x_1 - x_2 > 1$,将第一组移到第二组. 因为
$$C_{x_1-1}^3 + C_{x_2+1}^3 - C_{x_1}^3 - C_{x_2}^3 = C_{x_2}^2 - C_{x_1-1}^2 < 0$$
$m(G)$ 将减小,所以在 $m(G)$ 最小时,每两个 x_i 的差不大于 1.

因 $1\,994 = 83 \times 24 + 2 = 24 \times 81 + 2 \times 25$

故符合条件式(2)的分组法只有一种:81 组各含 24 点,2 组各含 25 点. 这时
$$m_0 = 81C_{24}^3 + 2C_{25}^3 = 168\,544$$

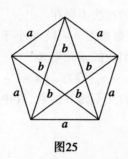

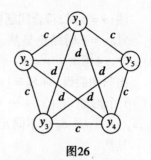

图25　　　　　　　　图26

（2）对 25 点的组染色如下：将点分为 5 组 $y_1, y_2,$ y_3, y_4, y_5，每组 5 点；每组线段按图 25 染 a, b 二色；不同组间的连线，按图 26 方式染另二色 c, d.

这样染色，没有同色边的三角形. 至于 24 点的组，只需从 25 点的组中去掉一点，以及联结它的所有线段即可，当然也不会有同色边的三角形出现.

53. 当图形成一笔画时用时最少. 但图 27 有 4 个奇顶点，要使之成为一笔画，需用一条线段联结其中两个奇顶点. 显然，用线段将 AB 联结，则由 C 开始到 D 结束构成一笔画图形，其中该装置在 A 到 B 部分离开纸面，这样用时最少，总共需用 $12 + \sqrt{2}$ s.

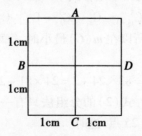

图 27

54. 8 个点，只能连出 $C_8^2 = 28$ 条线，再加一个点，由它向上述 8 点中的两个点引线，便得到 30 条线. 因

此,所求的端点数至少是 9.

55. 将集合 S 划分为两两不相交的子集的并;$F_0 \cup F_1 \cup \cdots \cup F_{116}$,这里 F_i 是 S 中除以 117 余数为 i 的元素的集合($i = 0, 1, \cdots, 116$),F_i 的元素个数记作 $|F_i|$,则

$$|F_0| = 17$$
$$|F_1| = |F_2| = |F_3| = \cdots = |F_8| = 18$$
$$|F_9| = \cdots = |F_{116}| = 17$$

F_0 中的元素最多只能有一个选入 A 中,而 F_k 与 F_{117-k} 中只能有一个集合的元素全在 A 中,为使 A 中元素尽量多,故应将 $F_1, F_2, \cdots, F_8$ 全部选入 A 中. 因此这个 A 中元素共有

$$1 + |F_1| + |F_2| + \cdots + |F_{58}| = 995$$

故 $k_{\max} = 995$.

56. 先对一般的 $n \times n$ 估计 k 的上界.

设在第 i 行取了 x_i 个小方格的中心,则 $x_1 + \cdots + x_n = k$,第 i 行中的 x_i 个中心连有 $C_{x_i}^2$ 条不同线段,故 k 个中心共连有 $\sum_{i=1}^{n} C_{x_i}^2$ 条不同的平行于方格纸边的线段. 又任一行的所有中心共连有 C_n^2 条不同的线段. 因此,要使取出的中心无四点构成矩形的顶点,则

$$\sum_{i=1}^{n} C_{x_i}^2 \leqslant C_n^2$$

即

$$\sum_{i=1}^{n} C_{x_i}^2 \leqslant n(n-1) + k$$

所以

$$\frac{k^2}{n} = \frac{1}{n} \left(\sum_{i=1}^{n} x_i \right)^2 \leqslant \sum_{i=1}^{n} x_1^2 \leqslant n(n-1) + k$$

故 $$k \leqslant \frac{n + n\sqrt{4n-3}}{2}$$

当 $n = 7$ 时，$k \leqslant 21$；当 $n = 13$ 时，$k \leqslant 52$. 另一方面，在图 28 中，取阴影方格的中心，在图 29 中也取阴影方格的中心，则分别可知 $n = 7$ 时，k 的最大值为 21；当 $n = 13$ 时，k 的最大值为 52.

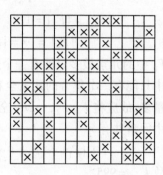

图28

图29

57. 将表 2 中 $x'_{98,1}$，$x'_{98,2}$，$\cdots$，$x'_{98,25}$，$\cdots$，$x'_{100,1}$，$x'_{100,2}\cdots$，$x'_{100,25}$ 所在的行划去，至多划去 75 行，剩下的每一行，行中的第 j 个数不小于 $x'_{97,j}(1 \leqslant j \leqslant 25)$，因此表 2 中第 97 行的行和不大于表 1 中剩下的每一行的行和. 在表 1 各行的行和不大于 1 时，表 2 的第 97 行的行和不大于 1，第 98，99，100 行的行和当然更不大于 1.

另一方面，作表 1，使得 1~4 行中，第一列数为 0；5~8 行中，第二列数为 0；$\cdots$；96~100 行中，第 25 列数为 0，其余的数均为 $\frac{1}{24}$. 显然，此表中各行之和均为

$$0 + 24 \times \frac{1}{24} = 1$$

324

满足条件. 由此表 1 得到的表 2, 1 ~ 96 行的数全是 $\frac{1}{24}$, 故第 96 行的和

$$25 \times \frac{1}{24} = \frac{25}{24} > 1$$

综合以上两方面, 知 k 的最小值为 97.

58. 易知, 所求的坐标 (x, y) 中至少有一个为整数, 且

$$S(x, y) = \sum_{i=1}^{5} (|x - x_k| + |y - y_k|)$$

若 (x, y) 不是格点 (x, y 均为整数的点), 例如, 设 m, n 为整数, 而 $x = n, m < y < m + 1$. 在 (x, y) 不是分店时, 5 个店员中有 a 人自北向南而至, b 人自南北而至. 当会合点向来人较多的方向移动时, $S(x, y)$ 将变小. 直到这个会合点移至格点或某个分店为止. 可能存在这样的分店 A_k, 其坐标 $x_k \neq n, m < y_k < m + 1$. 由它出发, 到点 (x, y) 的路程不论由南向北来还是由北向南来, 都是相等的. 此时 (x, y) 向南或向北移动, 该店店员所走的路程都是减少的, 因而只需考虑其他的人.

当 y 是整数而 x 不是整数时, 考虑会合点东西向的移动, 可得同样的结论.

综上所述, 所求的点必为格点或某分店所在地.

由于题中的坐标 $x_k (k = 1, \cdots, 5)$ 与 $y_k (k = 1, \cdots, 5)$ 的中位数分别是 $x = 2, y = 1.3$ 而最接近 $(2, 1.3)$ 的是格点 (不是某分店) $(2, 1)$. 即在格点 $(2, 1)$ 处会合, $S(x, y)$ 最小.

哈尔滨工业大学出版社刘培杰数学工作室
已出版(即将出版)图书目录

书　名	出版时间	定　价	编号
新编中学数学解题方法全书(高中版)上卷	2007－09	38.00	7
新编中学数学解题方法全书(高中版)中卷	2007－09	48.00	8
新编中学数学解题方法全书(高中版)下卷(一)	2007－09	42.00	17
新编中学数学解题方法全书(高中版)下卷(二)	2007－09	38.00	18
新编中学数学解题方法全书(高中版)下卷(三)	2010－06	58.00	73
新编中学数学解题方法全书(初中版)上卷	2008－01	28.00	29
新编中学数学解题方法全书(初中版)中卷	2010－07	38.00	75
新编中学数学解题方法全书(高考复习卷)	2010－01	48.00	67
新编中学数学解题方法全书(高考真题卷)	2010－01	38.00	62
新编中学数学解题方法全书(高考精华卷)	2011－03	68.00	118
新编平面解析几何解题方法全书(专题讲座卷)	2010－01	18.00	61
新编中学数学解题方法全书(自主招生卷)	2013－08	88.00	261
数学眼光透视	2008－01	38.00	24
数学思想领悟	2008－01	38.00	25
数学应用展观	2008－01	38.00	26
数学建模导引	2008－01	28.00	23
数学方法溯源	2008－01	38.00	27
数学史话览胜	2008－01	28.00	28
数学思维技术	2013－09	38.00	260
从毕达哥拉斯到怀尔斯	2007－10	48.00	9
从迪利克雷到维斯卡尔迪	2008－01	48.00	21
从哥德巴赫到陈景润	2008－05	98.00	35
从庞加莱到佩雷尔曼	2011－08	138.00	136
数学解题中的物理方法	2011－06	28.00	114
数学解题的特殊方法	2011－06	48.00	115
中学数学计算技巧	2012－01	48.00	116
中学数学证明方法	2012－01	58.00	117
数学趣题巧解	2012－03	28.00	128
三角形中的角格点问题	2013－01	88.00	207
含参数的方程和不等式	2012－09	28.00	213

哈尔滨工业大学出版社刘培杰数学工作室
已出版(即将出版)图书目录

书　名	出版时间	定价	编号
数学奥林匹克与数学文化(第一辑)	2006-05	48.00	4
数学奥林匹克与数学文化(第二辑)(竞赛卷)	2008-01	48.00	19
数学奥林匹克与数学文化(第二辑)(文化卷)	2008-07	58.00	36'
数学奥林匹克与数学文化(第三辑)(竞赛卷)	2010-01	48.00	59
数学奥林匹克与数学文化(第四辑)(竞赛卷)	2011-08	58.00	87
数学奥林匹克与数学文化(第五辑)	2014-09		370
发展空间想象力	2010-01	38.00	57
走向国际数学奥林匹克的平面几何试题诠释(上、下)(第1版)	2007-01	68.00	11,12
走向国际数学奥林匹克的平面几何试题诠释(上、下)(第2版)	2010-02	98.00	63,64
平面几何证明方法全书	2007-08	35.00	1
平面几何证明方法全书习题解答(第1版)	2005-10	18.00	2
平面几何证明方法全书习题解答(第2版)	2006-12	18.00	10
平面几何天天练上卷·基础篇(直线型)	2013-01	58.00	208
平面几何天天练中卷·基础篇(涉及圆)	2013-01	28.00	234
平面几何天天练下卷·提高篇	2013-01	58.00	237
平面几何专题研究	2013-07	98.00	258
最新世界各国数学奥林匹克中的平面几何试题	2007-09	38.00	14
数学竞赛平面几何典型题及新颖解	2010-07	48.00	74
初等数学复习及研究(平面几何)	2008-09	58.00	38
初等数学复习及研究(立体几何)	2010-06	38.00	71
初等数学复习及研究(平面几何)习题解答	2009-01	48.00	42
世界著名平面几何经典著作钩沉——几何作图专题卷(上)	2009-06	48.00	49
世界著名平面几何经典著作钩沉——几何作图专题卷(下)	2011-01	88.00	80
世界著名平面几何经典著作钩沉(民国平面几何老课本)	2011-03	38.00	113
世界著名解析几何经典著作钩沉——平面解析几何卷	2014-01	38.00	273
世界著名数论经典著作钩沉(算术卷)	2012-01	28.00	125
世界著名数学经典著作钩沉——立体几何卷	2011-02	28.00	88
世界著名三角学经典著作钩沉(平面三角卷Ⅰ)	2010-06	28.00	69
世界著名三角学经典著作钩沉(平面三角卷Ⅱ)	2011-01	38.00	78
世界著名初等数论经典著作钩沉(理论和实用算术卷)	2011-07	38.00	126
几何学教程(平面几何卷)	2011-03	68.00	90
几何学教程(立体几何卷)	2011-07	68.00	130
几何变换与几何证题	2010-06	88.00	70
计算方法与几何证题	2011-06	28.00	129
立体几何技巧与方法	2014-04	88.00	293
几何瑰宝——平面几何500名题暨1000条定理(上、下)	2010-07	138.00	76,77
三角形的解法与应用	2012-07	18.00	183
近代的三角形几何学	2012-07	48.00	184
一般折线几何学	即将出版	58.00	203
三角形的五心	2009-06	28.00	51
三角形趣谈	2012-08	28.00	212
解三角形	2014-01	28.00	265
三角学专门教程	2014-09	28.00	387
距离几何分析导引	2015-02	68.00	446

哈尔滨工业大学出版社刘培杰数学工作室
已出版(即将出版)图书目录

书　名	出版时间	定　价	编号
圆锥曲线习题集(上册)	2013－06	68.00	255
圆锥曲线习题集(中册)	2015－01	78.00	434
圆锥曲线习题集(下册)	即将出版		
俄罗斯平面几何问题集	2009－08	88.00	55
俄罗斯立体几何问题集	2014－03	58.00	283
俄罗斯几何大师——沙雷金论数学及其他	2014－01	48.00	271
来自俄罗斯的5000道几何习题及解答	2011－03	58.00	89
俄罗斯初等数学问题集	2012－05	38.00	177
俄罗斯函数问题集	2011－03	38.00	103
俄罗斯组合分析问题集	2011－01	48.00	79
俄罗斯初等数学万题选——三角卷	2012－11	38.00	222
俄罗斯初等数学万题选——代数卷	2013－08	68.00	225
俄罗斯初等数学万题选——几何卷	2014－01	68.00	226
463个俄罗斯几何老问题	2012－01	28.00	152
近代欧氏几何学	2012－03	48.00	162
罗巴切夫斯基几何学及几何基础概要	2012－07	28.00	188
用三角、解析几何、复数、向量计算解数学竞赛几何题	2015－03	48.00	455
美国中学几何教程	2015－04	88.00	458
三线坐标与三角形特征点	2015－04	98.00	460
平面解析几何方法与研究(第1卷)	2015－05	18.00	471
平面解析几何方法与研究(第2卷)	2015－06	18.00	472
平面解析几何方法与研究(第3卷)	即将出版		473
超越吉米多维奇.数列的极限	2009－11	48.00	58
超越普里瓦洛夫.留数卷	2015－01	28.00	437
超越普里瓦洛夫.无穷乘积与它对解析函数的应用卷	2015－05	28.00	477
超越普里瓦洛夫.积分卷	2015－06	18.00	481
超越普里瓦洛夫.基础知识卷	2015－06	28.00	482
Barban Davenport Halberstam 均值和	2009－01	40.00	33
初等数论难题集(第一卷)	2009－05	68.00	44
初等数论难题集(第二卷)(上、下)	2011－02	128.00	82,83
谈谈素数	2011－03	18.00	91
平方和	2011－03	18.00	92
数论概貌	2011－03	18.00	93
代数数论(第二版)	2013－08	58.00	94
代数多项式	2014－06	38.00	289
初等数论的知识与问题	2011－02	28.00	95
超越数论基础	2011－03	28.00	96
数论初等教程	2011－03	28.00	97
数论基础	2011－03	18.00	98
数论基础与维诺格拉多夫	2014－03	18.00	292
解析数论基础	2012－08	28.00	216
解析数论基础(第二版)	2014－01	48.00	287
解析数论问题集(第二版)	2014－05	88.00	343
解析几何研究	2015－01	38.00	425
初等几何研究	2015－02	58.00	444
数论入门	2011－03	38.00	99
代数数论入门	2015－03	38.00	448
数论开篇	2012－07	28.00	194
解析数论引论	2011－03	48.00	100

哈尔滨工业大学出版社刘培杰数学工作室
已出版(即将出版)图书目录

书　名	出版时间	定　价	编号
复变函数引论	2013—10	68.00	269
伸缩变换与抛物旋转	2015—01	38.00	449
无穷分析引论(上)	2013—04	88.00	247
无穷分析引论(下)	2013—04	98.00	245
数学分析	2014—04	28.00	338
数学分析中的一个新方法及其应用	2013—01	38.00	231
数学分析例选:通过范例学技巧	2013—01	88.00	243
高等代数例选:通过范例学技巧	2015—06	88.00	475
三角级数论(上册)(陈建功)	2013—01	38.00	232
三角级数论(下册)(陈建功)	2013—01	48.00	233
三角级数论(哈代)	2013—06	48.00	254
基础数论	2011—03	28.00	101
超越数	2011—03	18.00	109
三角和方法	2011—03	18.00	112
谈谈不定方程	2011—05	28.00	119
整数论	2011—05	38.00	120
随机过程(Ⅰ)	2014—01	78.00	224
随机过程(Ⅱ)	2014—01	68.00	235
整数的性质	2012—11	38.00	192
初等数论100例	2011—05	18.00	122
初等数论经典例题	2012—07	18.00	204
最新世界各国数学奥林匹克中的初等数论试题(上、下)	2012—01	138.00	144,145
算术探索	2011—12	158.00	148
初等数论(Ⅰ)	2012—01	18.00	156
初等数论(Ⅱ)	2012—01	18.00	157
初等数论(Ⅲ)	2012—01	28.00	158
组合数学	2012—04	28.00	178
组合数学浅谈	2012—03	28.00	159
同余理论	2012—05	38.00	163
丢番图方程引论	2012—03	48.00	172
平面几何与数论中未解决的新老问题	2013—01	68.00	229
法雷级数	2014—08	18.00	367
代数数论简史	2014—11	28.00	408
摆线族	2015—01	38.00	438
拉普拉斯变换及其应用	2015—02	38.00	447
函数方程及其解法	2015—05	38.00	470
罗巴切夫斯基几何学初步	2015—06	28.00	474
[x]与{x}	2015—04	48.00	476
历届美国中学生数学竞赛试题及解答(第一卷)1950—1954	2014—07	18.00	277
历届美国中学生数学竞赛试题及解答(第二卷)1955—1959	2014—04	18.00	278
历届美国中学生数学竞赛试题及解答(第三卷)1960—1964	2014—06	18.00	279
历届美国中学生数学竞赛试题及解答(第四卷)1965—1969	2014—04	28.00	280
历届美国中学生数学竞赛试题及解答(第五卷)1970—1972	2014—06	18.00	281
历届美国中学生数学竞赛试题及解答(第七卷)1981—1986	2015—01	18.00	424

哈尔滨工业大学出版社刘培杰数学工作室
已出版(即将出版)图书目录

书　名	出版时间	定　价	编号
历届 IMO 试题集(1959—2005)	2006－05	58.00	5
历届 CMO 试题集	2008－09	28.00	40
历届中国数学奥林匹克试题集	2014－10	38.00	394
历届加拿大数学奥林匹克试题集	2012－08	38.00	215
历届美国数学奥林匹克试题集:多解推广加强	2012－08	38.00	209
历届波兰数学竞赛试题集.第1卷,1949~1963	2015－03	18.00	453
历届波兰数学竞赛试题集.第2卷,1964~1976	2015－03	18.00	454
保加利亚数学奥林匹克	2014－10	38.00	393
圣彼得堡数学奥林匹克试题集	2015－01	48.00	429
历届国际大学生数学竞赛试题集(1994－2010)	2012－01	28.00	143
全国大学生数学夏令营数学竞赛试题及解答	2007－03	28.00	15
全国大学生数学竞赛辅导教程	2012－07	28.00	189
全国大学生数学竞赛复习全书	2014－04	48.00	340
历届美国大学生数学竞赛试题集	2009－03	88.00	43
前苏联大学生数学奥林匹克竞赛题解(上编)	2012－04	28.00	169
前苏联大学生数学奥林匹克竞赛题解(下编)	2012－04	38.00	170
历届美国数学邀请赛试题集	2014－01	48.00	270
全国高中数学竞赛试题及解答.第1卷	2014－07	38.00	331
大学生数学竞赛讲义	2014－09	28.00	371
高考数学临门一脚(含密押三套卷)(理科版)	2015－01	24.80	421
高考数学临门一脚(含密押三套卷)(文科版)	2015－01	24.80	422
新课标高考数学题型全归纳(文科版)	2015－05	72.00	467
新课标高考数学题型全归纳(理科版)	2015－05	82.00	468
整函数	2012－08	18.00	161
多项式和无理数	2008－01	68.00	22
模糊数据统计学	2008－03	48.00	31
模糊分析学与特殊泛函空间	2013－01	68.00	241
受控理论与解析不等式	2012－05	78.00	165
解析不等式新论	2009－06	68.00	48
反问题的计算方法及应用	2011－11	28.00	147
建立不等式的方法	2011－03	98.00	104
数学奥林匹克不等式研究	2009－08	68.00	56
不等式研究(第二辑)	2012－02	68.00	153
初等数学研究(Ⅰ)	2008－09	68.00	37
初等数学研究(Ⅱ)(上、下)	2009－05	118.00	46,47
中国初等数学研究　2009卷(第1辑)	2009－05	20.00	45
中国初等数学研究　2010卷(第2辑)	2010－05	30.00	68
中国初等数学研究　2011卷(第3辑)	2011－07	60.00	127
中国初等数学研究　2012卷(第4辑)	2012－07	48.00	190
中国初等数学研究　2014卷(第5辑)	2014－02	48.00	288
数阵及其应用	2012－02	28.00	164
绝对值方程—折边与组合图形的解析研究	2012－07	48.00	186
不等式的秘密(第一卷)	2012－02	28.00	154
不等式的秘密(第一卷)(第2版)	2014－02	38.00	286
不等式的秘密(第二卷)	2014－01	38.00	268
初等不等式的证明方法	2010－06	38.00	123
初等不等式的证明方法(第二版)	2014－11	38.00	407

书　　名	出版时间	定　价	编号
数学奥林匹克在中国	2014－06	98.00	344
数学奥林匹克问题集	2014－01	38.00	267
数学奥林匹克不等式散论	2010－06	38.00	124
数学奥林匹克不等式欣赏	2011－09	38.00	138
数学奥林匹克超级题库(初中卷上)	2010－01	58.00	66
数学奥林匹克不等式证明方法和技巧(上、下)	2011－08	158.00	134,135
近代拓扑学研究	2013－04	38.00	239
新编640个世界著名数学智力趣题	2014－01	88.00	242
500个最新世界著名数学智力趣题	2008－06	48.00	3
400个最新世界著名数学最值问题	2008－09	48.00	36
500个世界著名数学征解问题	2009－06	48.00	52
400个中国最佳初等数学征解老问题	2010－01	48.00	60
500个俄罗斯数学经典老题	2011－01	28.00	81
1000个国外中学物理好题	2012－04	48.00	174
300个日本高考数学题	2012－05	38.00	142
500个前苏联早期高考数学试题及解答	2012－05	28.00	185
546个早期俄罗斯大学生数学竞赛题	2014－03	38.00	285
548个来自美苏的数学好问题	2014－11	28.00	396
20所苏联著名大学早期入学试题	2015－02	18.00	452
161道德国工科大学生必做的微分方程习题	2015－05	28.00	469
500个德国工科大学生必做的高数习题	2015－06	28.00	478
德国讲义日本考题.微积分卷	2015－04	48.00	456
德国讲义日本考题.微分方程卷	2015－04	38.00	457
博弈论精粹	2008－03	58.00	30
博弈论精粹.第二版(精装)	2015－01	88.00	461
数学 我爱你	2008－01	28.00	20
精神的圣徒　别样的人生——60位中国数学家成长的历程	2008－09	48.00	39
数学史概论	2009－06	78.00	50
数学史概论(精装)	2013－03	158.00	272
斐波那契数列	2010－02	28.00	65
数学拼盘和斐波那契魔方	2010－07	38.00	72
斐波那契数列欣赏	2011－01	28.00	160
数学的创造	2011－02	48.00	85
数学中的美	2011－02	38.00	84
数论中的美学	2014－12	38.00	351
数学王者　科学巨人——高斯	2015－01	28.00	428
王连笑教你怎样学数学:高考选择题解题策略与客观题实用训练	2014－01	48.00	262
王连笑教你怎样学数学:高考数学高层次讲座	2015－02	48.00	432
最新全国及各省市高考数学试卷解法研究及点拨评析	2009－02	38.00	41
高考数学的理论与实践	2009－08	38.00	53
中考数学专题总复习	2007－04	28.00	6
向量法巧解数学高考题	2009－08	28.00	54
高考数学核心题型解题方法与技巧	2010－01	28.00	86
高考思维新平台	2014－03	38.00	259
数学解题——靠数学思想给力(上)	2011－07	38.00	131
数学解题——靠数学思想给力(中)	2011－07	48.00	132
数学解题——靠数学思想给力(下)	2011－07	38.00	133
高中数学教学通鉴	2015－05	58.00	479

哈尔滨工业大学出版社刘培杰数学工作室
已出版(即将出版)图书目录

书　名	出版时间	定　价	编号
我怎样解题	2013—01	48.00	227
和高中生漫谈：数学与哲学的故事	2014—08	28.00	369
2011年全国及各省市高考数学试题审题要津与解法研究	2011—10	48.00	139
2013年全国及各省市高考数学试题解析与点评	2014—01	48.00	282
全国及各省市高考数学试题审题要津与解法研究	2015—02	48.00	450
新课标高考数学——五年试题分章详解(2007～2011)(上、下)	2011—10	78.00	140,141
30分钟拿下高考数学选择题、填空题(第二版)	2012—01	28.00	146
全国中考数学压轴题审题要津与解法研究	2013—04	78.00	248
新编全国及各省市中考数学压轴题审题要津与解法研究	2014—05	58.00	342
全国及各省市5年中考数学压轴题审题要津与解法研究	2015—05	58.00	462
高考数学压轴题解题诀窍(上)	2012—02	78.00	166
高考数学压轴题解题诀窍(下)	2012—03	28.00	167
自主招生考试中的参数方程问题	2015—01	28.00	435
自主招生考试中的极坐标问题	2015—04	28.00	463
近年全国重点大学自主招生数学试题全解及研究.华约卷	2015—02	38.00	441
近年全国重点大学自主招生数学试题全解及研究.北约卷	即将出版		

书　名	出版时间	定　价	编号
格点和面积	2012—07	18.00	191
射影几何趣谈	2012—04	28.00	175
斯潘纳尔引理——从一道加拿大数学奥林匹克试题谈起	2014—01	28.00	228
李普希兹条件——从几道近年高考数学试题谈起	2012—10	18.00	221
拉格朗日中值定理——从一道北京高考试题的解法谈起	2012—10	18.00	197
闵科夫斯基定理——从一道清华大学自主招生试题谈起	2014—01	18.00	198
哈尔测度——从一道冬令营试题的背景谈起	2012—08	28.00	202
切比雪夫逼近问题——从一道中国台北数学奥林匹克试题谈起	2013—04	38.00	238
伯恩斯坦多项式与贝齐尔曲面——从一道全国高中数学联赛试题谈起	2013—03	38.00	236
卡塔兰猜想——从一道普特南竞赛试题谈起	2013—06	18.00	256
麦卡锡函数和阿克曼函数——从一道前南斯拉夫数学奥林匹克试题谈起	2012—08	18.00	201
贝蒂定理与拉姆贝克莫斯尔定理——从一个拣石子游戏谈起	2012—08	18.00	217
皮亚诺曲线和豪斯道夫分球定理——从无限集谈起	2012—08	18.00	211
平面凸图形与凸多面体	2012—10	28.00	218
斯坦因豪斯问题——从一道二十五省市自治区中学数学竞赛试题谈起	2012—07	18.00	196
纽结理论中的亚历山大多项式与琼斯多项式——从一道北京市高一数学竞赛试题谈起	2012—07	28.00	195
原则与策略——从波利亚"解题表"谈起	2013—04	38.00	244
转化与化归——从三大尺规作图不能问题谈起	2012—08	28.00	214
代数几何中的贝祖定理(第一版)——从一道IMO试题的解法谈起	2013—08	18.00	193
成功连贯理论与约当块理论——从一道比利时数学竞赛试题谈起	2012—04	18.00	180
磨光变换与范·德·瓦尔登猜想——从一道环球城市竞赛试题谈起	即将出版		
素数判定与大数分解	2014—08	18.00	199
置换多项式及其应用	2012—10	18.00	220
椭圆函数与模函数——从一道美国加州大学洛杉矶分校(UCLA)博士资格考题谈起	2012—10	28.00	219

哈尔滨工业大学出版社刘培杰数学工作室
已出版(即将出版)图书目录

书　名	出版时间	定　价	编号
差分方程的拉格朗日方法——从一道 2011 年全国高考理科试题的解法谈起	2012—08	28.00	200
力学在几何中的一些应用	2013—01	38.00	240
高斯散度定理、斯托克斯定理和平面格林定理——从一道国际大学生数学竞赛试题谈起	即将出版		
康托洛维奇不等式——从一道全国高中联赛试题谈起	2013—03	28.00	337
西格尔引理——从一道第 18 届 IMO 试题的解法谈起	即将出版		
罗斯定理——从一道前苏联数学竞赛试题谈起	即将出版		
拉克斯定理和阿廷定理——从一道 IMO 试题的解法谈起	2014—01	58.00	246
毕卡大定理——从一道美国大学数学竞赛试题谈起	2014—07	18.00	350
贝齐尔曲线——从一道全国高中联赛试题谈起	即将出版		
拉格朗日乘子定理——从一道 2005 年全国高中联赛试题的高等数学解法谈起	2015—05	28.00	480
雅可比定理——从一道日本数学奥林匹克试题谈起	2013—04	48.00	249
李天岩—约克定理——从一道波兰数学竞赛试题谈起	2014—06	28.00	349
整系数多项式因式分解的一般方法——从克朗耐克算法谈起	即将出版		
布劳维不动点定理——从一道前苏联数学奥林匹克试题谈起	2014—01	38.00	273
压缩不动点定理——从一道高考数学试题的解法谈起	即将出版		
伯恩赛德定理——从一道英国数学奥林匹克试题谈起	即将出版		
布查特—莫斯特定理——从一道上海市初中竞赛试题谈起	即将出版		
数论中的同余数问题——从一道普特南竞赛试题谈起	即将出版		
范·德蒙行列式——从一道美国数学奥林匹克试题谈起	即将出版		
中国剩余定理:总数法构建中国历史年表	2015—01	28.00	430
牛顿程序与方程求根——从一道全国高考试题解法谈起	即将出版		
库默尔定理——从一道 IMO 预选试题谈起	即将出版		
卢丁定理——从一道冬令营试题的解法谈起	即将出版		
沃斯滕霍姆定理——从一道 IMO 预选试题谈起	即将出版		
卡尔松不等式——从一道莫斯科数学奥林匹克试题谈起	即将出版		
信息论中的香农熵——从一道近年高考压轴题谈起	即将出版		
约当不等式——从一道希望杯竞赛试题谈起	即将出版		
拉比诺维奇定理	即将出版		
刘维尔定理——从一道《美国数学月刊》征解问题的解法谈起	即将出版		
卡塔兰恒等式与级数求和——从一道 IMO 试题的解法谈起	即将出版		
勒让德猜想与素数分布——从一道爱尔兰竞赛试题谈起	即将出版		
天平称重与信息论——从一道基辅市数学奥林匹克试题谈起	即将出版		
哈密尔顿—凯莱定理:从一道高中数学联赛试题的解法谈起	2014—09	18.00	376
艾思特曼定理——从一道 CMO 试题的解法谈起	即将出版		

哈尔滨工业大学出版社刘培杰数学工作室
已出版(即将出版)图书目录

书　名	出版时间	定　价	编号
一个爱尔特希问题——从一道西德数学奥林匹克试题谈起	即将出版		
有限群中的爱丁格尔问题——从一道北京市初中二年级数学竞赛试题谈起	即将出版		
贝克码与编码理论——从一道全国高中联赛试题谈起	即将出版		
帕斯卡三角形	2014-03	18.00	294
蒲丰投针问题——从2009年清华大学的一道自主招生试题谈起	2014-01	38.00	295
斯图姆定理——从一道"华约"自主招生试题的解法谈起	2014-01	18.00	296
许瓦兹引理——从一道加利福尼亚大学伯克利分校数学系博士生试题谈起	2014-08	18.00	297
拉格朗日中值定理——从一道北京高考试题的解法谈起	2014-01		298
拉姆塞定理——从王诗宬院士的一个问题谈起	2014-01		299
坐标法	2013-12	28.00	332
数论三角形	2014-04	38.00	341
毕克定理	2014-07	18.00	352
数林掠影	2014-09	48.00	389
我们周围的概率	2014-10	38.00	390
凸函数最值定理:从一道华约自主招生题的解法谈起	2014-10	28.00	391
易学与数学奥林匹克	2014-10	38.00	392
生物数学趣谈	2015-01	18.00	409
反演	2015-01		420
因式分解与圆锥曲线	2015-01	18.00	426
轨迹	2015-01	28.00	427
面积原理:从常庚哲命的一道CMO试题的积分解法谈起	2015-01	48.00	431
形形色色的不动点定理:从一道28届IMO试题谈起	2015-01	38.00	439
柯西函数方程:从一道上海交大自主招生的试题谈起	2015-02	28.00	440
三角恒等式	2015-02	28.00	442
无理性判定:从一道2014年"北约"自主招生试题谈起	2015-01	38.00	443
数学归纳法	2015-03	18.00	451
极端原理与解题	2015-04	28.00	464
中等数学英语阅读文选	2006-12	38.00	13
统计学专业英语	2007-03	28.00	16
统计学专业英语(第二版)	2012-07	48.00	176
统计学专业英语(第三版)	2015-04	68.00	465
幻方和魔方(第一卷)	2012-05	68.00	173
尘封的经典——初等数学经典文献选读(第一卷)	2012-07	48.00	205
尘封的经典——初等数学经典文献选读(第二卷)	2012-07	38.00	206
实变函数论	2012-06	78.00	181
非光滑优化及其变分分析	2014-01	48.00	230
疏散的马尔科夫链	2014-01	58.00	266
马尔科夫过程论基础	2015-01	28.00	433
初等微分拓扑学	2012-07	18.00	182
方程式论	2011-03	38.00	105
初级方程式论	2011-03	28.00	106
Galois理论	2011-03	18.00	107
古典数学难题与伽罗瓦理论	2012-11	58.00	223
伽罗华与群论	2014-01	28.00	290
代数方程的根式解及伽罗瓦理论	2011-03	28.00	108
代数方程的根式解及伽罗瓦理论(第二版)	2015-01	28.00	423

哈尔滨工业大学出版社刘培杰数学工作室
已出版(即将出版)图书目录

书　　名	出版时间	定　价	编号
线性偏微分方程讲义	2011-03	18.00	110
N体问题的周期解	2011-03	28.00	111
代数方程式论	2011-05	18.00	121
动力系统的不变量与函数方程	2011-07	48.00	137
基于短语评价的翻译知识获取	2012-02	48.00	168
应用随机过程	2012-04	48.00	187
概率论导引	2012-04	18.00	179
矩阵论(上)	2013-06	58.00	250
矩阵论(下)	2013-06	48.00	251
趣味初等方程妙题集锦	2014-09	48.00	388
趣味初等数论选美与欣赏	2015-02	48.00	445
对称锥互补问题的内点法:理论分析与算法实现	2014-08	68.00	368
抽象代数:方法导引	2013-06	38.00	257
闵嗣鹤文集	2011-03	98.00	102
吴从炘数学活动三十年(1951~1980)	2010-07	99.00	32
函数论	2014-11	78.00	395
耕读笔记(上卷):一位农民数学爱好者的初数探索	2015-04	48.00	459
耕读笔记(中卷):一位农民数学爱好者的初数探索	2015-05	28.00	483
耕读笔记(下卷):一位农民数学爱好者的初数探索	2015-05	28.00	484
数贝偶拾——高考数学题研究	2014-04	28.00	274
数贝偶拾——初等数学研究	2014-04	38.00	275
数贝偶拾——奥数题研究	2014-04	48.00	276
集合、函数与方程	2014-01	28.00	300
数列与不等式	2014-01	38.00	301
三角与平面向量	2014-01	28.00	302
平面解析几何	2014-01	38.00	303
立体几何与组合	2014-01	28.00	304
极限与导数、数学归纳法	2014-01	38.00	305
趣味数学	2014-03	28.00	306
教材教法	2014-04	68.00	307
自主招生	2014-05	58.00	308
高考压轴题(上)	2014-11	48.00	309
高考压轴题(下)	2014-10	68.00	310
从费马到怀尔斯——费马大定理的历史	2013-10	198.00	I
从庞加莱到佩雷尔曼——庞加莱猜想的历史	2013-10	298.00	II
从切比雪夫到爱尔特希(上)——素数定理的初等证明	2013-07	48.00	III
从切比雪夫到爱尔特希(下)——素数定理100年	2012-12	98.00	III
从高斯到盖尔方特——二次域的高斯猜想	2013-10	198.00	IV
从库默尔到朗兰兹——朗兰兹猜想的历史	2014-01	98.00	V
从比勃巴赫到德布朗斯——比勃巴赫猜想的历史	2014-02	298.00	VI
从麦比乌斯到陈省身——麦比乌斯变换与麦比乌斯带	2014-02	298.00	VII
从布尔到豪斯道夫——布尔方程与格论漫谈	2013-10	198.00	VIII
从开普勒到阿诺德——三体问题的历史	2014-05	298.00	IX
从华林到华罗庚——华林问题的历史	2013-10	298.00	X

哈尔滨工业大学出版社刘培杰数学工作室
已出版(即将出版)图书目录

书 名	出版时间	定 价	编号
吴振奎高等数学解题真经(概率统计卷)	2012—01	38.00	149
吴振奎高等数学解题真经(微积分卷)	2012—01	68.00	150
吴振奎高等数学解题真经(线性代数卷)	2012—01	58.00	151
高等数学解题全攻略(上卷)	2013—06	58.00	252
高等数学解题全攻略(下卷)	2013—06	58.00	253
高等数学复习纲要	2014—01	18.00	384
钱昌本教你快乐学数学(上)	2011—12	48.00	155
钱昌本教你快乐学数学(下)	2012—03	58.00	171
三角函数	2014—01	38.00	311
不等式	2014—01	38.00	312
数列	2014—01	38.00	313
方程	2014—01	28.00	314
排列和组合	2014—01	28.00	315
极限与导数	2014—01	28.00	316
向量	2014—09	38.00	317
复数及其应用	2014—08	28.00	318
函数	2014—01	38.00	319
集合	即将出版		320
直线与平面	2014—01	28.00	321
立体几何	2014—04	28.00	322
解三角形	即将出版		323
直线与圆	2014—01	28.00	324
圆锥曲线	2014—01	38.00	325
解题通法(一)	2014—07	38.00	326
解题通法(二)	2014—07	38.00	327
解题通法(三)	2014—05	38.00	328
概率与统计	2014—01	28.00	329
信息迁移与算法	即将出版		330
第19~23届"希望杯"全国数学邀请赛试题审题要津详细评注(初一版)	2014—03	28.00	333
第19~23届"希望杯"全国数学邀请赛试题审题要津详细评注(初二、初三版)	2014—03	38.00	334
第19~23届"希望杯"全国数学邀请赛试题审题要津详细评注(高一版)	2014—03	38.00	335
第19~23届"希望杯"全国数学邀请赛试题审题要津详细评注(高二版)	2014—03	38.00	336
第19~25届"希望杯"全国数学邀请赛试题审题要津详细评注(初一版)	2015—01	38.00	416
第19~25届"希望杯"全国数学邀请赛试题审题要津详细评注(初二、初三版)	2015—01	58.00	417
第19~25届"希望杯"全国数学邀请赛试题审题要津详细评注(高一版)	2015—01	48.00	418
第19~25届"希望杯"全国数学邀请赛试题审题要津详细评注(高二版)	2015—01	48.00	419
物理奥林匹克竞赛大题典——力学卷	2014—11	48.00	405
物理奥林匹克竞赛大题典——热学卷	2014—04	28.00	339
物理奥林匹克竞赛大题典——电磁学卷	即将出版		406
物理奥林匹克竞赛大题典——光学与近代物理卷	2014—06	28.00	345

哈尔滨工业大学出版社刘培杰数学工作室
已出版（即将出版）图书目录

书　名	出版时间	定　价	编号
历届中国东南地区数学奥林匹克试题集(2004~2012)	2014-06	18.00	346
历届中国西部地区数学奥林匹克试题集(2001~2012)	2014-07	18.00	347
历届中国女子数学奥林匹克试题集(2002~2012)	2014-08	18.00	348
几何变换(Ⅰ)	2014-07	28.00	353
几何变换(Ⅱ)	即将出版		354
几何变换(Ⅲ)	2015-01	38.00	355
几何变换(Ⅳ)	即将出版		356
美国高中数学竞赛五十讲.第1卷(英文)	2014-08	28.00	357
美国高中数学竞赛五十讲.第2卷(英文)	2014-08	28.00	358
美国高中数学竞赛五十讲.第3卷(英文)	2014-09	28.00	359
美国高中数学竞赛五十讲.第4卷(英文)	2014-09	28.00	360
美国高中数学竞赛五十讲.第5卷(英文)	2014-10	28.00	361
美国高中数学竞赛五十讲.第6卷(英文)	2014-11	28.00	362
美国高中数学竞赛五十讲.第7卷(英文)	2014-12	28.00	363
美国高中数学竞赛五十讲.第8卷(英文)	2015-01	28.00	364
美国高中数学竞赛五十讲.第9卷(英文)	2015-01	28.00	365
美国高中数学竞赛五十讲.第10卷(英文)	2015-02	38.00	366
IMO 50年.第1卷(1959—1963)	2014-11	28.00	377
IMO 50年.第2卷(1964—1968)	2014-11	28.00	378
IMO 50年.第3卷(1969—1973)	2014-09	28.00	379
IMO 50年.第4卷(1974—1978)	即将出版		380
IMO 50年.第5卷(1979—1984)	2015-04	38.00	381
IMO 50年.第6卷(1985—1989)	2015-04	58.00	382
IMO 50年.第7卷(1990—1994)	即将出版		383
IMO 50年.第8卷(1995—1999)	即将出版		384
IMO 50年.第9卷(2000—2004)	2015-04	58.00	385
IMO 50年.第10卷(2005—2008)	即将出版		386
历届美国大学生数学竞赛试题集.第一卷(1938—1949)	2015-01	28.00	397
历届美国大学生数学竞赛试题集.第二卷(1950—1959)	2015-01	28.00	398
历届美国大学生数学竞赛试题集.第三卷(1960—1969)	2015-01	28.00	399
历届美国大学生数学竞赛试题集.第四卷(1970—1979)	2015-01	18.00	400
历届美国大学生数学竞赛试题集.第五卷(1980—1989)	2015-01	28.00	401
历届美国大学生数学竞赛试题集.第六卷(1990—1999)	2015-01	28.00	402
历届美国大学生数学竞赛试题集.第七卷(2000—2009)	即将出版		403
历届美国大学生数学竞赛试题集.第八卷(2010—2012)	2015-01	18.00	404

哈尔滨工业大学出版社刘培杰数学工作室
已出版(即将出版)图书目录

书 名	出版时间	定 价	编号
新课标高考数学创新题解题诀窍:总论	2014—09	28.00	372
新课标高考数学创新题解题诀窍:必修1～5分册	2014—08	38.00	373
新课标高考数学创新题解题诀窍:选修2-1,2-2,1-1,1-2分册	2014—09	38.00	374
新课标高考数学创新题解题诀窍:选修2-3,4-4,4-5分册	2014—09	18.00	375
全国重点大学自主招生英文数学试题全攻略:词汇卷	即将出版		410
全国重点大学自主招生英文数学试题全攻略:概念卷	2015—01	28.00	411
全国重点大学自主招生英文数学试题全攻略:文章选读卷(上)	即将出版		412
全国重点大学自主招生英文数学试题全攻略:文章选读卷(下)	即将出版		413
全国重点大学自主招生英文数学试题全攻略:试题卷	即将出版		414
全国重点大学自主招生英文数学试题全攻略:名著欣赏卷	即将出版		415

联系地址:哈尔滨市南岗区复华四道街10号 哈尔滨工业大学出版社刘培杰数学工作室
网　　址:http://lpj.hit.edu.cn/
邮　　编:150006
联系电话:0451—86281378　　13904613167
E-mail:lpj1378@163.com